Springer-Lehrbuch

Springer
Berlin
Heidelberg
New York
Barcelona
Hongkong
London
Mailand
Paris
Tokio

Thomas Schickinger   Angelika Steger

Diskrete Strukturen 2

Wahrscheinlichkeitstheorie und Statistik

Mit 38 Abbildungen

 Springer

Dipl.-Inf. Thomas Schickinger
Prof. Dr. Angelika Steger

TU München
Institut für Informatik
80290 München

1. korrigierter Nachdruck 2002

ISBN 3-540-67599-X Springer-Verlag Berlin Heidelberg New York

Die Deutsche Bibliothek – CIP-Einheitsaufnahme
Diskrete Strukturen. – Berlin; Heidelberg; New York; Barcelona;
Hongkong; London; Mailand; Paris; Tokio: Springer
(Springer-Lehrbuch)
2. Wahrscheinlichkeitstheorie und Statistik / Thomas Schickinger;
Angelika Steger. – 1. korrigierter Nachdr. – 2002
ISBN 3-540-67599-X

Springer-Verlag Berlin Heidelberg New York
ein Unternehmen der BertelsmannSpringer Science+Business Media GmbH
http://www.springer.de

© Springer-Verlag Berlin Heidelberg 2001, 2002
Printed in Germany

Umschlaggestaltung: design & production GmbH, Heidelberg
Satz: Belichtungsfertige Daten von den Autoren
Gedruckt auf säurefreiem Papier – SPIN: 10876461   33/3142 GF   5 4 3 2 1 0

Vorwort

Worum es in Büchern und Vorlesungen mit Titeln wie *Analysis, Wahrschein-lichkeitstheorie* oder *Informatik* geht, kann man sich leicht vorstellen, sind die-se Begriffe doch schon aus dem Gymnasium bekannt. Um was aber geht es in einem Buch über *diskrete Strukturen*? Natürlich nicht etwa um *geheime* Strukturen, das Wort „diskret" steht hier vielmehr für das Gegenteil von „analog". Die Bedeutung der diskreten Strukturen für die Informatik ist vor allem darin begründet, dass die Arbeitsweise moderner Computer auf den binären Zuständen 0 und 1 basiert. Aber nicht nur der logische Aufbau eines Computers ist diskreter Natur, diskrete Strukturen spielen auch bei der Modellierung und Lösung von Problemen aus der Informatik eine wichtige Rolle.

Mit dem enormen Aufschwung der elektronischen Datenverarbeitung ist das Bedürfnis nach einer neuen Art von Mathematik entstanden. Insbeson-dere der lange vernachlässigte und noch Mitte des 20. Jahrhunderts oft-mals nur belächelte algorithmische Aspekt ist inzwischen wieder stark in den Vordergrund getreten. Bei der Entwicklung und der Analyse von effi-zienten Algorithmen werden vor allem Hilfsmittel aus der diskreten Ma-thematik, einem noch relativ jungen Teilgebiet der Mathematik, verwendet. Aber auch klassische Teilgebiete der Mathematik tragen wesentlich zur Ent-wicklung der Informatik bei. In der Kodierungstheorie, der Grundlage ei-ner jeden zuverlässigen Datenübertragung, kommen algebraische Metho-den zum Einsatz. Für die im Zeichen von Internet und E-Commerce immer mehr an Bedeutung gewinnende Kryptographie werden Kenntnisse aus der Zahlentheorie benötigt. Probabilistische Methoden werden nicht nur bei der Simulation und Analyse von Rechnernetzen und Systemparametern einge-setzt, sie haben darüber hinaus in den letzten Jahren die Entwicklung effizi-enter Algorithmen und Verfahren entscheidend mitgeprägt.

Das zweibändige Buch über *diskrete Strukturen* versteht sich als Einführung in für Informatiker besonders wichtige Gebiete der Mathematik. Band I ent-hält Kapitel über Kombinatorik, Graphentheorie, Zahlentheorie, Algorith-men und Algebra. Der vorliegende Band II ist der Wahrscheinlichkeitstheorie und Statistik gewidmet. Er kann auch unabhängig von Band I gelesen werden. Bei der Darstellung des Stoffes wird neben der mathematischen Exaktheit besonderer Wert darauf gelegt, auch das intuitive Verständnis zu fördern. Unterstützt wird dies durch zahlreiche Beispiele und Aufgaben. Algorithmen und Ausblicke auf Anwendungen verdeutlichen die Verankerung der vorgestellten Theorien in der Informatik.

Die Kapitel 1 und 2 beschäftigen sich mit diskreten Wahrscheinlichkeitsräumen und kontinuierlichen Zufallsvariablen mit Dichtefunktion. Diese beiden Ausprägungen des Wahrscheinlichkeitsbegriffs sind grundlegend für viele Anwendungen der Wahrscheinlichkeitstheorie in der Informatik. Die darauf aufbauenden Kapitel 3 und 4 können unabhängig voneinander gelesen werden. Kapitel 3 gibt einen Einblick in die Anwendung statistischer Verfahren, Kapitel 4 ist der Analyse von Zufallsprozessen, also von zufallsgesteuerten Systemen im Verlauf der Zeit, gewidmet. Im Anschluss an Kapitel 1–4 finden sich jeweils zahlreiche Übungsaufgaben. Für alle Aufgaben werden im Anhang entweder vollständige Lösungen oder zumindest ausführliche Lösungsskizzen angegeben. Mit einem Minuszeichen versehene Aufgaben sind unserer Meinung nach etwas leichter, die mit einem Pluszeichen versehenen Aufgaben andererseits etwas schwerer als der Durchschnitt. Das Buch wird abgerundet durch Kapitel 5, das einen Ausblick auf das Gebiet der randomisierten Algorithmen liefert. Dieses Gebiet hat in jüngerer Zeit eine faszinierende Entwicklung durchlaufen und verdeutlicht die große Bedeutung der Wahrscheinlichkeitstheorie in der Informatik. Hinweise auf weiterführende Literatur finden sich im Literaturverzeichnis am Ende des Buches.

Das Buch basiert auf den Vorlesungen „Diskrete Strukturen I/II", die seit mehreren Jahren an der Technischen Universität München für Studenten der Informatik im dritten und vierten Semester gehalten werden. Vorausgesetzt werden nur elementare mathematische Kenntnisse wie sie bereits an der Schule vermittelt werden. Das Buch ist daher auch für Studenten im ersten Studienjahr geeignet.

Profitiert haben wir in vielfältiger Weise von kritischen Bemerkungen, Vorschlägen und Diskussionen mit Kollegen, Mitarbeitern und Studenten. Besonderen Dank schulden wir Javier Esparza und Ernst W. Mayr, die eine erste Version des Buches für ihre Vorlesung verwendet haben und uns viele wertvolle Hinweise und Ergänzungsvorschläge gaben. Stefanie Gerke, Alexander Hall, Volker Heun, Klaus Holzapfel, Manuel Huber, Konstantinos Panagiotou, Mark Scharbrodt und Ulrich Voll gebührt unser Dank für das gewissenhafte Durchsehen des Textes und viele konstruktive Verbesserungsvorschläge. Dem Springer-Verlag danken wir für die angenehme Zusammenarbeit.

München, im März 2001   Thomas Schickinger
Angelika Steger

Inhaltsverzeichnis

Einleitung

Was hat Zufall mit Computern zu tun?

In gewisser Weise stellt ein Computer den Inbegriff von Determinismus dar. Wenn man das Programm kennt, dem ein Rechner folgt, so kann man die Reaktion auf bestimmte Eingaben vollständig vorausbestimmen. Bei den meisten klassischen Anwendungen der digitalen Informationsverarbeitung ist es sogar wesentlich, dass Computer in der Lage sind, mit großen Datenmengen schnell und vor allem exakt zu rechnen. Beispielsweise wäre eine Datenbank, bei der nur einige Datensätze gefunden werden, die auf eine bestimmte Anfrage passen, nicht besonders hilfreich.

Mit diesem Verhältnis zu exakten Größen steht die Informatik scheinbar im Gegensatz zu den Ingenieurwissenschaften, bei denen analoge Größen und damit automatisch auch Unsicherheiten eine Rolle spielen. Eine Elektroingenieurin hat niemals eine Spannungsquelle zur Verfügung, die konstant 1V liefert, und ein Bauingenieur hat keine Möglichkeit, eine Betonsäule zu konstruieren, die bei genau 10kN Belastung zerbricht. Dagegen ist es kein Problem, ein Programm zu schreiben, das für eine Menge von Zahlen deren exakte Summe berechnet.

Warum sollte sich ein Informatiker also mit Zufall beschäftigen? Bevor wir diese Frage untersuchen, wollen wir ein wenig näher beleuchten, was wir eigentlich unter Zufall verstehen.

Wir betrachten so genannte *Zufallsexperimente* und wollen Aussagen über deren Ausgang treffen. Beispielsweise könnte ein solches Experiment folgendermaßen aussehen:

> *Experiment 1:* Beobachte ein Atom eines radioaktiven Elements und stelle fest, ob es innerhalb der nächsten Minute zerfällt.

Auch durch die genauesten Untersuchungsmethoden sind wir nicht in der Lage, den Ausgang dieses Experiments mit Sicherheit vorherzusagen. Die Physik lehrt uns, dass solche Unsicherheiten nicht nur auf die Ungenauigkeit unserer Messinstrumente zurückzuführen sind, sondern untrennbar zu vielen physikalischen Vorgängen gehören. Jedoch sind Aussagen der Art *„voraussichtlich* wird das Atom bis übermorgen zerfallen sein" sinnvoll.

Bei Experiment 1 haben wir es also mit *Zufall als natürlichem Phänomen* („echter" Zufall) zu tun. Es gibt jedoch auch Situationen, bei denen der Zufall auf eine etwas andere Weise ins Spiel kommt. Betrachten wir dazu ein zweites Experiment:

> *Experiment 2:* Untersuche, ob in der morgigen mündlichen Prüfung bei Professor X nach der Definition von bedingten Wahrscheinlichkeiten gefragt wird.

Hier könnte es durchaus sein, dass sich der Professor bereits die Prüfungsfragen überlegt hat. In einem gewissen Sinne steht das Ergebnis des Experiments also bereits fest. Aus Sicht eines Studenten ist es jedoch aufgrund mangelnder Information sinnvoll, die Prüfung als Zufallsexperiment anzusehen (*Zufall aus Unsicherheit bzw. mangelndem Wissen*). Beispielsweise könnte er aus Prüfungsprotokollen schließen, dass bedingte Wahrscheinlichkeiten „sehr wahrscheinlich" in der Prüfung vorkommen werden.

Der Begriff „Zufall" kann also in manchem Kontext eigentlich für „Unsicherheit" stehen. Damit kehren wir zu unserer eigentlichen Frage zurück: Wo spielt Unsicherheit bei Computern eine Rolle? Dazu betrachten wir zwei Beispiele für typische Fragestellungen, mit denen Informatiker konfrontiert sein können:

- Für wie viele Benutzer muss ein Datenbankserver ausgelegt werden, um mit „großer Sicherheit" einen reibungslosen Betrieb zu ermöglichen?

- Wurde der Durchsatz eines Routers durch eine vorgenommene Modifikation der Software „wesentlich" gesteigert?

In beiden Fällen kommt der Zufall von außen, d. h. über die Eingabe in das Rechensystem, da das Verhalten des Systems vom Verhalten der Benutzer der Datenbank bzw. des Netzwerkes abhängt. Gewöhnlich können wir zum Verhalten der einzelnen Benutzer eines Systems keine sicheren Aussagen formulieren. In diesem Sinne haben wir es also mit Zufall aus mangelndem Wissen zu tun.

Aber auch „echter" Zufall kommt, zumindest in idealisierter Näherung, bei Computern vor. In Einführungsvorlesungen zur Informatik wird häufig der Quicksort-Algorithmus untersucht: Ein so genanntes Pivotelement p wird bestimmt und die zu sortierende Menge $S = \{s_1, \ldots, s_n\}$ in zwei Teilmengen $S_1 := \{x \in S \mid x \leq p\}$ und $S_2 := \{x \in S \mid x > p\}$ partitioniert, auf die dann der Algorithmus rekursiv angewandt wird. Die Wahl von p beeinflusst wesentlich die Laufzeit des Algorithmus.

Beispielsweise können wir S als Sequenz $\tilde{S} := [s_1, \ldots, s_n]$ auffassen und für p immer das erste Element s_1 verwenden. Wenn $\tilde{S}$ bereits aufsteigend sortiert ist, so ordnen wir mit diesem Verfahren in jedem Rekursionsschritt der Menge S_1 nur ein Element zu, nämlich p. Alle anderen Elemente gehören zu S_2. Man rechnet leicht nach, dass die Laufzeit von Quicksort in diesem Fall quadratisch mit der Eingabegröße wächst.

Da das Verhalten des Algorithmus offensichtlich stark von der Vorsortierung der Eingabe und der Wahl des Pivotelements abhängt, liegt es nahe, folgende Fragen zu stellen:

- Wie groß ist die Laufzeit von Quicksort „im Mittel" (wenn man also zufällige Eingaben zugrunde legt)?

- Wie groß ist die Laufzeit von Quicksort, wenn man ein zufälliges Element als Pivotelement wählt?

Bei der Analyse der ersten Frage, dem so genannten *average case*, interessiert uns die Laufzeit für eine zufällig ausgewählte Eingabe. Wie bei den weiter oben erwähnten Beispielen kommt also der Zufall über die Eingabe, wenn auch auf recht künstliche Weise.

Bei der in der zweiten Frage betrachteten Situation wird der Ablauf des Algorithmus jedoch selbst vom Zufall beeinflusst. Für solche *randomisierten Algorithmen* gibt es zahlreiche Beispiele. Oftmals sind sie einfacher und/oder besser als alle bekannten deterministischen Algorithmen für ein bestimmtes Problem. Bei manchen Problemen sind sogar keine deterministischen wohl aber randomisierte effiziente Algorithmen bekannt. Ferner existieren einige weit verbreitete Systeme, die randomisierte Techniken verwenden, wie beispielsweise das Ethernet und das kryptographische Verfahren RSA.

In diesem Buch werden Methoden vorgestellt, mit denen Fragestellungen wie in den oben skizzierten Beispielen beantwortet werden können. Soweit es der Umfang erlaubt, werden wir die mathematischen Aussagen und Techniken anhand von Anwendungen aus dem Bereich der Informatik vorstellen. Allerdings erfordern reale Probleme oft eine recht komplexe Analyse. Deshalb werden wir an etlichen Stellen nicht umhinkommen, auf die aus dem Schulunterricht bekannten Beispiele mit Urnen, Spielkarten etc. zurückzugreifen. Wir hoffen, den Leser dennoch überzeugen zu können, dass das Rechnen mit Wahrscheinlichkeiten ein *nützliches und wichtiges Hilfsmittel für jeden Informatiker* darstellt.

Diskrete Wahrscheinlichkeitsräume

1.1 Einführung

Jedem Leser werden sicherlich Situationen bekannt sein, in denen man das Ergebnis eines Vorgangs nicht exakt vorhersagen kann, aber zu denen man eine bestimmte Erwartungshaltung einnimmt. Beispielsweise könnte man sich die Frage stellen, ob bei einem Stadtbummel am nächsten Wochenende Regen zu erwarten ist und man deshalb einen Regenschirm mitnehmen sollte. Je nachdem, ob der Spaziergang in London oder in Rom stattfinden soll, oder auch je nach Jahreszeit wird man mehr oder weniger sicher mit Regenschauern rechnen.

Die Wahrscheinlichkeitsrechnung versucht solche unsicheren Situationen zu modellieren, indem ein entsprechender *Wahrscheinlichkeitsraum* definiert wird. Dazu legen wir zunächst fest, welche möglichen Ergebnisse in unserem Modell unterschieden werden sollen. Für das Wetter bei unserem Stadtbummel könnten wir z. B. die Fälle „sonnig", „bewölkt" und „regnerisch" betrachten. Diese Fälle nennen wir *Elementarereignisse* und listen sie (abgekürzt) in der *Ergebnismenge* $\Omega = \{s, b, r\}$ auf.

Eine Ergebnismenge, die in der Form $\Omega = \{\omega_1, \omega_2, \ldots\}$ dargestellt werden kann, nennt man *abzählbar* oder *diskret*. Später werden wir auch Anwendungen kennen lernen, in denen $\Omega = \mathbb{R}$ gilt und Ω somit nicht diskret ist. In diesem Kapitel werden wir uns jedoch auf diskrete Ergebnismengen beschränken. Dies reicht für Anwendungen im Bereich der Informatik oftmals aus und vermeidet einige technische Komplikationen. Bei zahlreichen Problemen betrachtet man sogar den besonders einfachen Fall, dass Ω endlich ist.

Ausgehend von den Elementarereignissen in der Ergebnismenge definieren wir nun ein beliebiges *Ereignis* $E \subseteq \Omega$ und sagen „E tritt ein", wenn ein zugehöriges Elementarereignis $e \in E$ eintritt. An E werden keine weiteren Anforderungen gestellt. Wir lassen also insbesondere auch das *unmögliche Ereignis* $\emptyset$ und das *sichere Ereignis* Ω zu. $\emptyset$ tritt nach Definition nie ein, während Ω immer eintritt.

Für unseren Stadtspaziergang ist das Ereignis $T := \{s, b\}$ interessant, das trockenes Wetter anzeigt. Falls T eintritt, brauchen wir keinen Schirm. Andernfalls, d. h. wenn $\bar{T} := \Omega \setminus T = \{r\}$ eintritt, besteht die Gefahr nass zu werden. $\bar{T}$ heißt *komplementäres Ereignis* zu T. Allgemein verwenden wir bei der Definition von Ereignissen alle bekannten Operatoren aus der Mengenlehre. Wenn also A und B Ereignisse sind, dann sind auch $A \cup B$, $A \cap B$, $A \setminus B$ etc. Ereignisse. Zwei Ereignisse A und B heißen *disjunkt* oder auch *unvereinbar*, wenn $A \cap B = \emptyset$ gilt.

Das Ziel der Wahrscheinlichkeitsrechnung besteht darin, die Sicherheit zu quantifizieren, mit der wir das Eintreten eines Ereignisses erwarten. In unserem Beispiel könnte uns aus alten Wetterdaten bekannt sein, dass in den letzten Jahren zur fraglichen Zeit in 30% der Fälle die Sonne schien. An 25% der Tage fiel Regen und bei den restlichen 45% der Tage war das Wetter trocken aber wolkenverhangen.

Diese Prozentzahlen bezeichnen die *relative Häufigkeit*, mit der das jeweilige Ereignis aufgetreten ist – eine Größe, die in der Statistik eine wichtige Rolle spielt. Man setzt dazu an:

$$
\text{relative Häufigkeit von } E \quad := \quad \frac{\text{absolute Häufigkeit von } E}{\text{Anzahl aller Beobachtungen}}
$$

$$
= \quad \frac{\text{Anzahl Eintreten von } E}{\text{Anzahl aller Beobachtungen}}.
$$

Die relative Häufigkeit eines Ereignisses in der Vergangenheit bestimmt unsere Erwartung für die Zukunft. Es erscheint sinnvoll, beim unserem Stadtbummel den Elementarereignissen die folgenden *Wahrscheinlichkeiten* zuzuordnen:

$$
\Pr[s] = 0{,}3, \quad \Pr[b] = 0{,}45, \quad \Pr[r] = 0{,}25 \,.
$$

Die Summe der prozentualen Anteile aus den alten Wetterdaten ergibt Eins, was aufgrund der Definition der relativen Häufigkeit unmittelbar klar ist. Da wir die Wahrscheinlichkeiten aus den relativen Häufigkeiten hergeleitet haben, überträgt sich diese Eigenschaft auch auf die Summe der Wahrscheinlichkeiten aller Elementarereignisse.

Nachdem wir nun einen Wahrscheinlichkeitsraum für das morgige Wetter eingeführt haben, können wir einfache Fragen beantworten. Beispielsweise können wir die Wahrscheinlichkeit ermitteln, dass es nicht regnet. Dazu betrachten wir wieder das Ereignis $T = \{s, b\}$. Da es entweder sonnig oder bewölkt ist, aber nicht beides zugleich eintreten kann, erwartet man intuitiv, dass sich die absoluten Häufigkeiten und damit auch die relativen Häufigkeiten addieren. Aus diesem Grund fordern wir für die Wahrscheinlichkeit des Ereignisses T, dass

$$\Pr[T] = \Pr[\{s, b\}] = \Pr[s] + \Pr[b] = 0{,}3 + 0{,}45 = 0{,}75\,.$$

Allgemein setzen wir als Wahrscheinlichkeit eines Ereignisses E die Summe der Wahrscheinlichkeiten aller in E enthaltenen Elementarereignisse an.

Diese Überlegungen führen uns zu folgender Definition:

Definition 1.1 *Ein* diskreter Wahrscheinlichkeitsraum *ist bestimmt durch eine* Ergebnismenge $\Omega = \{\omega_1, \omega_2, \ldots\}$ *von* Elementarereignissen. *Jedem Elementarereignis* ω_i *ist eine* (Elementar-)Wahrscheinlichkeit $\Pr[\omega_i]$ *zugeordnet, wobei wir fordern, dass* $0 \leq \Pr[\omega_i] \leq 1$ *und*

$$\sum_{\omega \in \Omega} \Pr[\omega] = 1.$$

Eine Menge $E \subseteq \Omega$ *heißt* Ereignis. *Die Wahrscheinlichkeit* $\Pr[E]$ *eines Ereignisses ist definiert durch*

$$\Pr[E] := \sum_{\omega \in E} \Pr[\omega].$$

Unter einem *Zufallsexperiment* versteht man ein Experiment, das den Gesetzmäßigkeiten eines Wahrscheinlichkeitsraums folgt. Man muss hierbei noch das reale Experiment und das im Normalfall idealisierte Gedankenexperiment unterscheiden, mit Hilfe dessen das reale Experiment modelliert wird.

Ein Wahrscheinlichkeitsraum mit $\Omega = \{\omega_1, \ldots, \omega_n\}$ heißt *endlicher Wahrscheinlichkeitsraum*. Wir werden uns in diesem Kapitel meist auf endliche Wahrscheinlichkeitsräume beschränken. Bei unendlichen Wahrscheinlichkeitsräumen werden wir gewöhnlich nur den Fall $\Omega = \mathbb{N}_0$ betrachten. Dies stellt keine große Einschränkung dar, da wir statt einer Ergebnismenge $\Omega = \{\omega_1, \omega_2, \ldots\}$ auch $\mathbb{N}_0$ als Ergebnismenge verwenden können, indem wir ω_i mit $i - 1$ identifizieren. Wir sagen, dass durch die Angabe der Elementarwahrscheinlichkeiten ein *Wahrscheinlichkeitsraum auf* Ω definiert ist.

Zur Veranschaulichung dieser Definition betrachten wir zunächst ein einfaches Beispiel.

BEISPIEL 1.2 Für das Zufallsexperiment „Ein Wurf mit einem sechsseitigen Würfel" führen wir den folgenden Wahrscheinlichkeitsraum ein:

$$\Omega = \{1, 2, 3, 4, 5, 6\} \quad \text{und} \quad \Pr[\omega] = \frac{1}{6} \text{ für alle } \omega \in \Omega.$$

Wie wir später noch sehen werden, motiviert das *Prinzip von Laplace* (siehe Seite 9) diese Wahl der Elementarwahrscheinlichkeiten.

Auch der Wahrscheinlichkeitsraum im folgenden Beispiel ist endlich, jedoch ein wenig komplexer strukturiert als der in Beispiel 1.2.

BEISPIEL 1.3 Ein Prozessor führe in jedem Arbeitsschritt entweder eine Ein-/Ausgabe-Operation (Operationstyp I/O) oder eine Rechenoperation (Typ CPU) aus. Sei p_r die Wahrscheinlichkeit, dass der Prozessor im nächsten Schritt eine Rechenoperation ausführt.

Die auf dem Prozessor laufenden Programme teilen wir in zwei Gruppen ein, nämlich Ein-/Ausgabe-lastige (Gruppe I/O) und rechenintensive Programme (Gruppe CPU). Die Wahrscheinlichkeit, dass bei einem I/O-Prozess eine Rechenoperation zur Ausführung ansteht sei 0,25, während bei CPU-Prozessen der Wert 0,8 angesetzt wird. Der aktuell laufende Prozess gehört mit Wahrscheinlichkeit 0,7 zur Gruppe I/O. Ein solches Szenario kann man gut durch eine Art „Entscheidungsbaum" veranschaulichen, bei dem die Kanten mit den zugehörigen Wahrscheinlichkeiten beschriftet sind, wie in Abbildung 1.1 dargestellt.

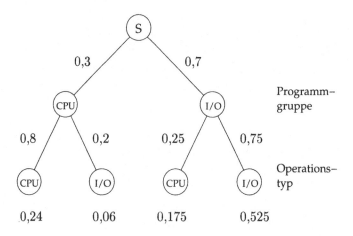

Abbildung 1.1: Entscheidungsbaum zu Beispiel 1.3

Von der mit „S" bezeichneten Wurzel führen Kanten zu zwei Kindern, die der Gruppe des ausgeführten Programms entsprechen. Deren Kinder sind mit der Gruppe der nächsten Operation beschriftet. Den zugehörigen Wahrscheinlichkeitsraum stellen wir wie folgt dar:

$$\Omega := \{(p, o) \in \{\text{cpu}, \text{io}\} \times \{\text{cpu}, \text{io}\}\},$$

wobei die erste Komponente von $\omega = (p, o) \in \Omega$ für die Programmgruppe und die zweite Komponente für die Gruppe der nächsten Operation steht.

Betrachten wir nun das Ereignis (cpu, io) und stellen uns vor, dass wir das Experiment sehr oft unter identischen Bedingungen wiederholen. In etwa 30% der Fälle werden wir mit Programmen der Gruppe CPU konfrontiert sein. Von diesen werden wiederum etwa 20% Operationen der Gruppe I/O bearbeiten. Dies entspricht einem Gesamtanteil von 6% aller Experimente.

Aufgrund dieser Überlegungen erscheint als Definition $\Pr[(cpu, io)] = 0,3 \cdot 0,2 = 0,06$ sinnvoll. Auch die Wahrscheinlichkeiten der anderen Ereignisse definieren wir durch Multiplikation der Wahrscheinlichkeiten entlang des Pfads zur Wurzel. Die gesuchte Wahrscheinlichkeit p_r ergibt sich dann durch Summation der Wahrscheinlichkeiten aller mit CPU beschrifteten Blätter, also $p_r = 0,24 + 0,175 = 0,415$.

Zufallsexperimente der Art, wie wir sie in Beispiel 1.3 kennen gelernt haben, nennt man *mehrstufige Experimente*, da man sie sich als Sequenz einfacher Experimente vorstellen kann. Im Beispiel wird zuerst die Gruppe des Programms und dann die Gruppe der Operation mit der zugehörigen Wahrscheinlichkeit ausgewürfelt.

Durch Induktion über die Höhe des Entscheidungsbaumes macht man sich leicht klar, dass bei solchen Experimenten die Summe der Wahrscheinlichkeiten aller Elementarereignisse Eins ergibt, wenn sich die Wahrscheinlichkeiten der Kinder aller internen Knoten jeweils zu Eins addieren. Wir haben also auf diese Weise einen korrekten Wahrscheinlichkeitsraum gemäß Definition 1.1 erzeugt. In Abbildung 1.1 sind für unser Beispiel die Wahrscheinlichkeiten der Elementarereignisse an den Blättern des Baumes angetragen.

Als letztes einführendes Beispiel betrachten wir ein Problem, dessen Modellierung einen unendlichen Wahrscheinlichkeitsraum erfordert.

BEISPIEL 1.4 Wir betrachten ein Rechnernetz, in dem eine Übertragung nur mit einer festen Wahrscheinlichkeit p erfolgreich durchgeführt werden kann. Wenn man die Frage untersuchen möchte, mit welcher Wahrscheinlichkeit k Versuche bis zur ersten erfolgreichen Übertragung nötig sind, so reicht ein endlicher Wahrscheinlichkeitsraum zur Modellierung nicht mehr aus. Da k beliebig groß werden kann, definieren wir $\Omega = \{\omega_1, \omega_2, \ldots\}$ mit den Elementarereignissen

$$\omega_i \mathrel{\hat{=}} i \text{ Versuche bis zur ersten erfolgreichen Übertragung.}$$

Für das Ereignis ω_i muss nach $i - 1$ fehlgeschlagenen Versuchen eine erfolgreiche Übertragung geschehen. Eine Übertragung schlägt fehl mit Wahrscheinlichkeit $q := 1 - p$. Stellt man sich das Zufallsexperiment als mehrstufiges Experiment vor, so folgt mit einer ähnlichen Argumentation wie in Beispiel 1.3, dass es sinnvoll ist, anzusetzen

$$\Pr[\omega_i] = pq^{i-1} \quad \text{für } i \in \mathbb{N}.$$

Gemäß Definition 1.1 muss die Summe aller Elementarwahrscheinlichkeiten Eins ergeben. Wir rechnen leicht nach, dass dies für unsere Wahl der $\Pr[\omega_i]$ erfüllt ist:

$$\sum_{\omega \in \Omega} \Pr[\omega] = \sum_{i=1}^{\infty} pq^{i-1} = p \cdot \sum_{i=0}^{\infty} q^i = \frac{p}{1-q} = 1.$$

Wenn also die Wahrscheinlichkeit einer erfolgreichen Übertragung $p = 0{,}8$ beträgt, so gilt beispielsweise: Mit Wahrscheinlichkeit $0{,}8 \cdot 0{,}2^0 = 0{,}8$ benötigen wir nur einen einzigen Übertragungsversuch. Mit Wahrscheinlichkeit $0{,}8 \cdot 0{,}2^2 = 0{,}032$ sind genau drei Versuche erforderlich.

Als nächstes wollen wir aus Definition 1.1 einige nützliche Konsequenzen ableiten.

Lemma 1.5 *Für Ereignisse $A, B, A_1, A_2, \dots$ gilt:*

1. $\Pr[\emptyset] = 0$, $\Pr[\Omega] = 1$.

2. $0 \le \Pr[A] \le 1$.

3. $\Pr[\bar{A}] = 1 - \Pr[A]$.

4. *Wenn $A \subseteq B$, so folgt $\Pr[A] \le \Pr[B]$.*

5. *(Additionssatz) Wenn die Ereignisse $A_1, \dots, A_n$ paarweise disjunkt sind (also wenn für alle Paare $i \ne j$ gilt, dass $A_i \cap A_j = \emptyset$), so folgt*

$$\Pr\left[\bigcup_{i=1}^{n} A_i\right] = \sum_{i=1}^{n} \Pr[A_i].$$

Für disjunkte Ereignisse A, B erhalten wir insbesondere

$$\Pr[A \cup B] = \Pr[A] + \Pr[B].$$

Für eine unendliche Menge von disjunkten Ereignissen $A_1, A_2, \dots$ gilt analog

$$\Pr\left[\bigcup_{i=1}^{\infty} A_i\right] = \sum_{i=1}^{\infty} \Pr[A_i].$$

Beweis: Die Aussagen folgen unmittelbar aus Definition 1.1, den Eigenschaften der Addition und der Definition des Summenzeichens:

1., 5. und die erste Ungleichung von 2. sind damit unmittelbar klar. Daraus folgt 3., da $1 = \Pr[\Omega] = \Pr[A \cup \bar{A}] = \Pr[A] + \Pr[\bar{A}]$. Auch 4. ist nun klar wegen $\Pr[B] = \Pr[A \cup (B \cap \bar{A})] = \Pr[A] + \Pr[B \cap \bar{A}] \ge \Pr[A]$. Aus 4. erhalten wir mit $A \subseteq \Omega$ sofort die zweite Ungleichung von 2. $\qquad \square$

Eigenschaft 5. von Lemma 1.5 gilt nur für disjunkte Ereignisse. Für den allgemeinen Fall erhalten wir folgenden Satz.

Satz 1.6 (Siebformel, Prinzip der Inklusion/Exklusion)
Für Ereignisse $A_1, \ldots, A_n$ $(n \geq 2)$ gilt:

$$
\Pr\left[\bigcup_{i=1}^{n} A_i\right] = \sum_{i=1}^{n} \Pr[A_i] - \sum_{1 \leq i_1 < i_2 \leq n} \Pr[A_{i_1} \cap A_{i_2}] + - \ldots
$$
$$
+ \; (-1)^{l-1} \sum_{1 \leq i_1 < \ldots < i_l \leq n} \Pr[A_{i_1} \cap \ldots \cap A_{i_l}] + - \ldots
$$
$$
+ \; (-1)^{n-1} \cdot \Pr[A_1 \cap \ldots \cap A_n].
$$

Insbesondere gilt für zwei Ereignisse A und B

$$
\Pr[A \cup B] = \Pr[A] + \Pr[B] - \Pr[A \cap B].
$$

Für drei Ereignisse A_1, A_2 und A_3 erhalten wir

$$
\begin{aligned}
\Pr[A_1 \cup A_2 \cup A_3] = \; & \Pr[A_1] + \Pr[A_2] + \Pr[A_3] \\
& - \Pr[A_1 \cap A_2] - \Pr[A_1 \cap A_3] - \Pr[A_2 \cap A_3] \\
& + \Pr[A_1 \cap A_2 \cap A_3].
\end{aligned}
$$

Beweis: Satz 1.6 stellt eine Verallgemeinerung des *Inklusions-Exklusions-Prinzips* dar, das in Band I behandelt wurde. Wenn man annimmt, dass alle Elementarereignisse gleich wahrscheinlich sind und somit $\Pr[A_i] = |A_i|/|\Omega|$ gilt, erhält man Satz 1.6 unmittelbar aus der in Band I bewiesenen Formel

$$
\left|\bigcup_{i=1}^{n} A_i\right| = \sum_{l=1}^{n} (-1)^{l-1} \sum_{1 \leq i_1 < \cdots < i_l \leq n} \left|\bigcap_{j=1}^{l} A_{i_j}\right|,
$$

indem man beide Seiten der Gleichung durch $|\Omega|$ dividiert.

Für den allgemeinen Fall betrachten wir zunächst nur den Spezialfall $n = 2$. Dazu setzen wir $C := A \setminus B = A \setminus (A \cap B)$. C ist so gewählt, dass C und $A \cap B$ sowie C und B disjunkt sind. Deshalb können wir Eigenschaft 5. von Lemma 1.5 anwenden:

$$
\Pr[A] = \Pr[C \cup (A \cap B)] = \Pr[C] + \Pr[A \cap B].
$$

Wegen $A \cup B = C \cup B$ folgt daraus

$$
\Pr[A \cup B] = \Pr[C \cup B] = \Pr[C] + \Pr[B] = \Pr[A] - \Pr[A \cap B] + \Pr[B].
$$

und wir haben die Behauptung für $n = 2$ gezeigt. Abbildung 1.2 auf der nächsten Seite veranschaulicht den Fall $n = 3$. Man überzeuge sich, dass durch die im Satz angegebene Summe jedes Flächenstück insgesamt genau einmal gezählt wird.

Die Argumente für die kleinen Fälle geben eine gute Intuition, warum der Satz für allgemeine n gilt. Ohne zusätzliche Hilfsmittel kann man den allgemeinen Fall durch Induktion über n zeigen (Übungsaufgabe!). Wir werden in Abschnitt 1.4.3 auf Seite 46 einen eleganten Beweis kennen lernen, der jedoch zusätzliche Techniken erfordert, die wir erst später einführen werden.

□

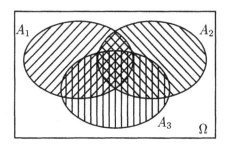

Abbildung 1.2: Beispiel zum Prinzip der Inklusion-Exklusion

Satz 1.6 findet man manchmal auch unter der Bezeichung *Satz von Poincaré-Sylvester*, nach dem Franzosen Henri Poincaré (1854–1912) und dem Engländer James Joseph Sylvester (1814–1897).

Für $n \geq 4$ werden die Formeln aus Satz 1.6 recht lang und umständlich. In diesem Fall gibt man sich deshalb oft mit der folgenden einfachen Abschätzung zufrieden, die nach George Boole (1815–1864) benannt ist. Boole ist uns bereits im Band I bei den ebenfalls nach ihm benannten *booleschen Algebren* begegnet.

Korollar 1.7 (Boolesche Ungleichung) *Für Ereignisse $A_1, \dots, A_n$ gilt*

$$\Pr\left[\bigcup_{i=1}^{n} A_i\right] \leq \sum_{i=1}^{n} \Pr[A_i].$$

Analog gilt für eine unendliche Folge von Ereignissen $A_1, A_2, \dots$, dass $\Pr[\bigcup_{i=1}^{\infty} A_i] \leq \sum_{i=1}^{\infty} \Pr[A_i]$.

Beweis: Zunächst betrachten wir die linke Seite der Ungleichung für den endlichen Fall und erhalten

$$\Pr\left[\bigcup_{i=1}^{n} A_i\right] = \sum_{\omega \in \bigcup_{i=1}^{n} A_i} \Pr[\omega].$$

Für die rechte Seite gilt

$$\sum_{i=1}^{n} \Pr[A_i] = \sum_{i=1}^{n} \sum_{\omega \in A_i} \Pr[\omega].$$

Man erkennt hieraus, dass ein beliebiges Elementarereignis $\omega \in \bigcup_{i=1}^{n} A_i$ auf der linken Seite genau einmal und auf der rechten Seite mindestens einmal einen Beitrag zur Gesamtwahrscheinlichkeit leistet. (Genauer: Für ein bestimmtes ω, das in k der Mengen $A_1, \ldots, A_n$ vorkommt, tritt der Term $\Pr[\omega]$ auf der rechten Seite k-mal auf.)

Mit denselben Argumenten können wir auch die entsprechende Aussage für eine unendliche Folge von Ereignissen beweisen. □

Wahl der Wahrscheinlichkeiten

Wenn wir Wahrscheinlichkeitsräume und die damit verbundene Theorie einsetzen wollen, müssen wir zunächst die Frage beantworten, wie bei einer konkreten Anwendung die Wahrscheinlichkeiten der Elementarereignisse sinnvoll festgelegt werden können. Einen ersten Anhaltspunkt liefert ein Prinzip, das nach PIERRE SIMON LAPLACE (1749–1827) benannt ist. Laplace leistete bedeutende Beiträge zu zahlreichen Gebieten. Insbesondere beschäftigte er sich neben der Mathematik mit Astronomie, Physik und Chemie. Unter Napoleon war er auch kurz als Minister des Inneren tätig, wurde allerdings bereits nach sechs Wochen wieder abgelöst, da er sich auch der unbedeutendsten Probleme selbst annahm.

Prinzip von Laplace: *Wenn nichts dagegen spricht, gehen wir davon aus, dass alle Elementarereignisse gleich wahrscheinlich sind.*

Bei der Anwendung des Prinzips von Laplace gilt für alle Elementarereignisse $\Pr[\omega] = 1/|\Omega|$. Daraus erhalten wir für ein beliebiges Ereignis E die aus dem Schulunterricht bekannte Formel

$$\Pr[E] = \frac{|E|}{|\Omega|}.$$

Bemerkung 1.8 Im physikalischen oder informationstheoretischen Sinn besitzt der Wahrscheinlichkeitsraum mit $\Pr[\omega] = 1/|\Omega|$ für alle $\omega \in \Omega$ die größtmögliche Entropie („Unordnung"). Jede Abweichung von der Gleichwahrscheinlichkeit bedeutet, dass wir in das Modell zusätzliche Information einfließen lassen (und dadurch die Entropie verringern). Das Prinzip von Laplace besagt nun, dass es nicht sinnvoll ist, bei der Modellierung eines Systems Wissen „vorzugaukeln", wenn man nicht über entsprechende Anhaltspunkte verfügt.

Das Prinzip von Laplace haben wir bereits in Beispiel 1.2 auf Seite 4 angewandt, als wir einen gewöhnlichen sechsseitigen Würfel modelliert haben. Da ein Würfel in Bezug auf die einzelnen Seiten symmetrisch aufgebaut ist, sollten für alle Elementarereignisse dieselben Bedingungen gelten. Solche Symmetrien treten bei zahlreichen Anwendungen auf, weshalb das Prinzip von Laplace bei der Definition von Wahrscheinlichkeitsräumen sehr verbreitet ist.

BEISPIEL 1.9   Anna und Bodo (kurz: A und B) stehen am Straßenrand und vereinbaren ein Spiel. A bekommt einen Punkt für jedes rote und jedes blaue Auto, das vorbeifährt. B hingegen zählt gelbe und weiße Autos. Nach drei vorbeigefahrenen Autos in einer dieser vier Farben wird abgerechnet, wer mehr Punkte sammeln konnte. Wir nehmen an, dass es am Wohnort von A und B keine bekannten Präferenzen für eine dieser Autofarben gibt und wenden somit das Prinzip von Laplace an.

Als Ergebnismenge wählen wir $\Omega = \{r, b, g, w\}^3$. Dann können wir beispielsweise nach der Wahrscheinlichkeit des Ereignisses E fragen, dass B keinen einzigen Punkt sammeln konnte, also

$$E := \{rrr, rrb, rbr, brr, bbr, rbb, brb, bbb\}.$$

Es gilt

$$\Pr[E] = \frac{|E|}{|\Omega|} = \frac{8}{4^3} = \frac{8}{64} = \frac{1}{8}.$$

Wenn zusätzliches Wissen über das zu modellierende Experiment vorhanden ist und die Bedingungen für die einzelnen Elementarereignisse somit nicht mehr als symmetrisch angesehen werden können, so müssen die Elementarwahrscheinlichkeiten diesen Umständen angepasst werden. Wenn beispielsweise auf einem Würfel die Seite mit der „Sechs" durch eine weitere „Eins" ersetzt wird, so ist anschaulich klar, dass die Eins nun eine doppelt so große Wahrscheinlichkeit erhalten sollte wie alle anderen Elementarereignisse.

Der allgemeinsten Interpretation von Wahrscheinlichkeiten, die auch die bisher betrachteten Varianten beinhaltet, liegt der bereits in der Einleitung dieses Kapitels eingeführte Begriff der relativen Häufigkeit zugrunde. In Abschnitt 1.6.2 auf Seite 62 werden wir einen Satz zeigen, der informell ausgedrückt folgendes besagt:

> Wenn man das gleiche Zufallsexperiment sehr oft wiederholt, so nähern sich die relativen Häufigkeiten der Ereignisse deren Wahrscheinlichkeiten an.

Dahinter verbirgt sich die Annahme, dass das *gleiche* Zufallsexperiment beliebig oft wiederholt werden kann und dass es eine unveränderliche „echte" Wahrscheinlichkeit eines Ereignisses gibt. Dies ist selbstverständlich eine Idealisierung, die allerdings in der Praxis brauchbare Ergebnisse liefert. Die Wahrscheinlichkeit wird in diesem Sinn als asymptotischer Wert der relativen Häufigkeit interpretiert.

Beispiel 1.10 *(Fortsetzung von Beispiel 1.9)* Wir nehmen an, dass B das Spiel (Zählen der Autofarben) vorgeschlagen hat, weil er weiß, dass sich in einer Seitenstraße ein großes Paketpostamt befindet. Dann haben die Ergebnisse, die wir mit der Laplace-Annahme erhalten, keine große praktische Relevanz, denn es ist anzunehmen, dass gelbe Postlieferwägen deutlich häufiger auftreten als andere Autos. In diesem Fall wäre es sinnvoll, die Straße einen Tag lang zu beobachten und die jeweilige Anzahl der auftretenden Autofarben zu zählen. Die Wahrscheinlichkeiten der Elementarereignisse könnte man dann durch die ermittelten relativen Häufigkeiten bestimmen.

Zusammengefasst haben wir also zwei Möglichkeiten kennen gelernt, die Elementarwahrscheinlichkeiten sinnvoll festzulegen. Entweder wir gehen davon aus, dass Gleichwahrscheinlichkeit nach dem Prinzip von Laplace vorliegt, oder wir verfügen über Erfahrungswerte bzw. statistische Daten zur relativen Häufigkeit der betreffenden Ereignisse.

Beschreibung von Wahrscheinlichkeitsräumen und Ereignissen

Die vollständige und mathematisch exakte Darstellung eines Wahrscheinlichkeitsraumes, sowie entsprechender Ereignisse, ist bei vielen Anwendungen recht kompliziert. Aus diesem Grund haben sich dafür einige Konventionen eingebürgert, auf die wir im Folgenden kurz eingehen werden.

Als Beispiel für einen etwas komplizierteren Wahrscheinlichkeitsraum betrachten wir ein Kartenspiel mit zwei Spielern, die wir wieder A und B nennen. Jeder Spieler erhält fünf Karten. Nach dem Prinzip von Laplace gehen wir davon aus, dass jede Auswahl der zweimal fünf Karten aus den 52 Karten im gesamten Kartenspiel (französisches Blatt mit den Farben Kreuz, Pik, Herz, Karo und den Werten 2, 3, ..., 9, 10, Bube, Dame, König, Ass, also $4 \cdot 13 = 52$ Karten) gleich wahrscheinlich ist.

Als Ergebnismenge könnten wir beispielsweise definieren

$$\Omega \quad := \quad \{(X, Y) \mid X, Y \subseteq K, X \cap Y = \emptyset, |X| = |Y| = 5,$$
$$\text{wobei } K = \{\clubsuit, \spadesuit, \heartsuit, \diamondsuit\} \times \{2, 3, \ldots, 9, 10, B, D, K, A\}\}.$$

Die Komponenten X und Y eines Elementarereignisses $(X, Y) \in \Omega$ entsprechen hierbei den Karten, die A und B erhalten.

An diesem Beispiel sieht man, dass es oft recht mühsam ist, eine Kodierung für die Ergebnismenge aufzuschreiben. In der Praxis verzichtet man deshalb häufig darauf und auch wir werden in Zukunft nicht immer eine explizite Darstellung von Ω angeben. Allerdings sollte man sich stets klarmachen, wie eine solche Darstellung im Prinzip auszusehen hätte. Wem bei einem Beispiel nicht klar ist, auf welche Weise Ω kodiert werden könnte, sollte sich auf jeden Fall über eine exakte Darstellung Gedanken machen und gegebenenfalls versuchen, diese aufzuschreiben.

Wenn man keine formale Darstellung von Ω angibt, muss man auch die Ereignisse informell angeben. Wenn wir beispielsweise die Wahrscheinlichkeit untersuchen wollen, dass Spieler A vier Asse erhält, so „definieren" wir das entsprechende Ereignis E durch

$$E := \text{„Spieler } A \text{ hat vier Asse",}$$

anstatt zu schreiben

$$E := \{(X, Y) \in \Omega \mid X = \{(f_1, w_1), \ldots, (f_5, w_5)\}$$
$$\text{und } w_1 = \ldots = w_4 = A\}.$$

Statt $\Pr[E]$ verwenden wir dann auch die Notation

$$\Pr[\text{„Spieler } A \text{ hat vier Asse"}].$$

Man kann die Beschreibung des Ereignisses $E := \text{„Spieler } A$ hat vier Asse" auch als logisches Prädikat auffassen, das angibt, welche Bedingungen von einem Elementarereignis ω erfüllt werden müssen, damit es zu E gehört.

Historische Anfänge der Wahrscheinlichkeitstheorie

Die ersten Hinweise auf mathematische Untersuchungen zu Problemen, die man heutzutage der Wahrscheinlichkeitstheorie zurechnet, finden sich in einem Briefwechsel zwischen den französischen Mathematikern PIERRE FERMAT (1601–1665), den wir bereits in Band I ausgiebig kennen gelernt haben, und BLAISE PASCAL (1623–1662). Pascal beschäftigte sich neben der Mathematik auch mit Fragestellungen aus dem Bereich der Physik und, wenn man so will, auch aus der Informatik. Sein Vater hatte als Steuerinspektor in Rouen umfangreiche Rechnungen durchzuführen und so wurde Pascal zum Bau einer mechanischen Rechenmaschine, der so genannten *Pascaline*, motiviert.

In dem zuvor erwähnten Briefwechsel taucht bereits der Ansatz $\Pr[E] = |E|/|\Omega|$ zur Berechnung der Wahrscheinlichkeit von E auf. Auch den Begriff des Erwartungswerts, mit dem wir uns später noch eingehend befassen werden, kann man dort wiederfinden. Weder Fermat noch Pascal publizierten ihre Überlegungen zur Wahrscheinlichkeitstheorie, aber dennoch hat sich ihr neuer Ansatz unter den damaligen Mathematikern herumgesprochen. Der Niederländer CHRISTIAAN HUYGENS (1629–1695) begann sich für gleichartige Fragestellungen zu interessieren und arbeitete Methoden zum Umgang mit Wahrscheinlichkeiten aus. Er publizierte im Jahre 1657 auch eine kleine Arbeit zu diesem Thema mit dem Titel „De ratiociniis in ludo aleae" (Über die Gesetzmäßigkeiten beim Würfelspiel).

Im Gegensatz zu vielen anderen Gebieten der Mathematik, wie z. B. der Geometrie, der Algebra und der Zahlentheorie, die bereits in der Antike untersucht wurden, stellt die Wahrscheinlichkeitstheorie einen relativ jungen Zweig der Mathematik dar.

1.2 Bedingte Wahrscheinlichkeiten

Durch das Bekanntwerden zusätzlicher Information verändern sich Wahrscheinlichkeiten. Nehmen wir z. B. an, dass wir bei einem Würfel die geraden Zahlen rot markieren, verdeckt würfeln und dann den Würfel aus der Ferne betrachten. In diesem Fall können wir zwar die gewürfelte Augenzahl nicht ablesen, aber wir können bereits an der Farbe erkennen, ob eine gerade oder eine ungerade Augenzahl gefallen ist. Dadurch werden manche Elementarereignisse wahrscheinlicher, während andere unwahrscheinlicher bzw. unmöglich werden.

BEISPIEL 1.11 Nachdem A das „Autozählspiel" aus Beispiel 1.10 mehrmals hintereinander verloren hat, verliert sie die Lust daran und überredet B zu einer Runde Poker. Die beiden verwenden dazu das auf Seite 11 vorgestellte Experiment (52 Karten, 5 Karten pro Spieler, keine getauschten Karten).

A und B befinden sich in der entscheidenden Phase des Spiels. A ist sehr zufrieden, denn sie hält vier Asse und eine Herz Zwei in der Hand. B kann dieses Blatt nur überbieten, wenn er einen Straight Flush (fünf Karten *einer* Farbe in aufsteigender Reihenfolge, z. B. Kreuz 9, 10, Bube, Dame, König) hat. Die Wahrscheinlichkeit für das Ereignis $F :=$ „B hat einen Straight Flush" beträgt

$$\Pr[F] = \frac{|F|}{|\Omega|} = \frac{3 \cdot 8 + 7}{\binom{52-5}{5}} = \frac{31}{1533939} = 2{,}02.. \cdot 10^{-5}.$$

Diese Rechnungen bedürfen noch ein wenig Erläuterung: Das Blatt von B wird zufällig aus den $52 - 5$ Karten gewählt, die A nicht besitzt[1]. Bei allen Farben außer Herz kann der Straight Flush bei den acht Karten 2, 3, 4, 5, 6, 7, 8 oder 9 beginnen. Bei Herz fällt die Zwei weg.

Die äußerst geringe Wahrscheinlichkeit von F würde A sehr beruhigen, wenn sie nicht die Karten gezinkt hätte und deshalb erkennen könnte, dass B nur Kreuz in

---

[1] Achtung: Wir betrachten hier nicht mehr denselben Wahrscheinlichkeitsraum wie im Beispiel auf Seite 11, da die Karten von A bereits feststehen.

der Hand hält. A beginnt also noch einmal zu rechnen: Wir setzen nun $|\Omega'| = \binom{12}{5}$, da das Blatt von B aus den zwölf Kreuzkarten gewählt wird, die nicht in der Hand von A sind. Ferner bezeichne F' das Ereignis, dass B einen Straight Flush der Farbe Kreuz hat. Wir erhalten mit derselben Argumentation wie oben $|F'| = 8$. In unserem neuen Wahrscheinlichkeitsraum gilt

$$\Pr[F'] = \frac{|F'|}{|\Omega'|} = \frac{8}{\binom{12}{5}} = \frac{8}{792} \approx 0{,}01 \, .$$

Die Wahrscheinlichkeit für einen Sieg von B ist also drastisch gestiegen, wenn sie auch absolut gesehen noch immer nicht besonders groß ist.

Beispiel 1.11 zeigt, wie zusätzliche Information den Wahrscheinlichkeitsraum und damit die Wahrscheinlichkeit eines Ereignisses beeinflussen kann. Mit $A|B$ (sprich: „A bedingt auf B" oder „A gegeben B") bezeichnen wir das Ereignis, dass A eintritt, wenn wir bereits wissen, dass das Ereignis B auf jeden Fall eintritt.

BEISPIEL 1.12 *(Fortsetzung von Beispiel 1.11)* Sei K das Ereignis, dass B nur Kreuzkarten in der Hand hat. In unserem Beispiel entspricht F' im neuen Wahrscheinlichkeitsraum Ω' somit dem Ereignis $F|K$ im Wahrscheinlichkeitsraum Ω.

Welche Eigenschaften sollte eine sinnvolle Definition von $\Pr[A|B]$ erfüllen? Die folgenden Punkte macht man sich zu dieser Frage recht schnell klar:

1. $\Pr[B|B] = 1$, denn wenn wir wissen, dass B sicher eintritt, dann sollte die Wahrscheinlichkeit für das Eintreten von B gleich Eins sein. Ebenso fordern wir $\Pr[B|\bar{B}] = 0$.

2. Die Bedingung auf Ω sollte keine Auswirkungen auf die Wahrscheinlichkeit eines beliebigen Ereignisses A haben, da die Aussage „Ω ist eingetreten" keine zusätzliche Information liefert. Wir fordern also $\Pr[A|\Omega] = \Pr[A]$.

3. Wenn wir wissen, dass B eingetreten ist, dann kann ein Ereignis A nur dann eintreten, wenn zugleich auch $A \cap B$ eintritt. Die Wahrscheinlichkeiten $\Pr[A|B]$ sollten daher für ein festes B proportional zu $\Pr[A \cap B]$ sein.

Diese Überlegungen führen auf die folgende Definition.

Definition 1.13 *A und B seien Ereignisse mit* $\Pr[B] > 0$. *Die bedingte Wahrscheinlichkeit* $\Pr[A|B]$ *von A gegeben B ist definiert durch*

$$\Pr[A|B] := \frac{\Pr[A \cap B]}{\Pr[B]} \, .$$

Der Leser überzeuge sich, dass Definition 1.13 die zuvor aufgelisteten Eigenschaften erfüllt.

BEISPIEL 1.14 *(Fortsetzung von Beispiel 1.12)* Erinnern wir uns: Da A die Karten gezinkt hat, kann sie erkennen, dass B nur Kreuzkarten in der Hand hält, das Ereignis K also eingetreten ist. Gesucht ist die Wahrscheinlichkeit des Ereignisses F, dass B einen Straight Flush in der Hand hält, unter dieser Bedingung. Gemäß Definition 1.13 berechnen wir dazu zunächst

$$\Pr[F \cap K] = \frac{8}{|\Omega|} \quad \text{und} \quad \Pr[K] = \frac{\binom{12}{5}}{|\Omega|} = \frac{|\Omega'|}{|\Omega|}.$$

Daraus folgt

$$\Pr[F|K] = \frac{\Pr[F \cap K]}{\Pr[K]} = \frac{\frac{8}{|\Omega|}}{\frac{|\Omega'|}{|\Omega|}} = \frac{8}{|\Omega'|},$$

und wir erhalten also dasselbe Ergebnis wie bei unseren vorigen, auf direkten Überlegungen basierenden Rechnungen.

Die bedingten Wahrscheinlichkeiten der Form $\Pr[\cdot|B]$ bilden für ein beliebiges Ereignis $B \subseteq \Omega$ mit $\Pr[B] > 0$ einen neuen Wahrscheinlichkeitsraum über Ω. Die Wahrscheinlichkeiten der Elementarereignisse ω_i berechnen sich durch $\Pr[\omega_i|B]$. Man überprüft leicht, dass dadurch Definition 1.1 erfüllt ist:

$$\sum_{\omega \in \Omega} \Pr[\omega|B] = \sum_{\omega \in \Omega} \frac{\Pr[\omega \cap B]}{\Pr[B]} = \sum_{\omega \in B} \frac{\Pr[\omega]}{\Pr[B]} = \frac{\Pr[B]}{\Pr[B]} = 1.$$

Damit gelten alle Rechenregeln für Wahrscheinlichkeiten auch für bedingte Wahrscheinlichkeiten. Beispielsweise erhalten wir die Regeln $\Pr[\emptyset|B] = 0$ oder $\Pr[\bar{A}|B] = 1 - \Pr[A|B]$.

Den bedingten Wahrscheinlichkeitsraum kann man sich so vorstellen, dass die Wahrscheinlichkeiten für Elementarereignisse außerhalb von B auf Null gesetzt werden. Die Wahrscheinlichkeiten für Elementarereignisse in B werden dann so skaliert, dass die Summe aller Wahrscheinlichkeiten wieder Eins ergibt. Zur Skalierung ist der Faktor $1/\Pr[B]$ nötig, da wir die Wahrscheinlichkeit für alle Elementarereignisse $\omega \in \bar{B}$ auf Null setzen und die Summe der verbleibenden Elementarwahrscheinlichkeiten somit gleich $\Pr[B]$ ist.

BEISPIEL 1.15 Im linken Diagramm von Abbildung 1.3 auf der nächsten Seite sind die Elementarwahrscheinlichkeiten eines gezinkten Würfels aufgetragen. Als zugrunde liegende Ergebnismenge definieren wir $\Omega := \{1, 2, 3, 4, 5, 6\}$. $\Pr[x]$ sei die Wahrscheinlichkeit, mit der dieser Würfel die Augenzahl x anzeigt. Im rechten Diagramm sind die bezüglich des Ereignisses $B := \{3, 4, 5\}$ bedingten Wahrscheinlichkeiten angetragen.

Man erkennt aus der Abbildung, dass durch die Bedingung auf B die Elementarwahrscheinlichkeiten für Ereignisse aus $\bar{B}$ auf Null fallen. Für die Ereignisse in B bleiben die Größenverhältnisse erhalten. Es findet jedoch eine Skalierung statt, so dass die Summe der Wahrscheinlichkeiten wieder Eins ergibt.

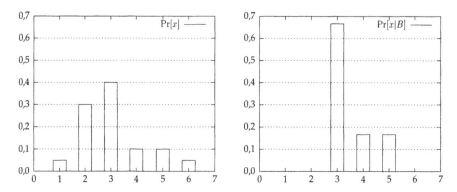

Abbildung 1.3: Skalierung bei bedingten Wahrscheinlichkeiten

Beim Umgang mit Wahrscheinlichkeiten im Allgemeinen und mit bedingten Wahrscheinlichkeiten im Besonderen ist es erforderlich, sehr sorgfältig vorzugehen und nie die formalen Definitionen aus den Augen zu verlieren, da man sonst leicht zu voreiligen Schlüssen verleitet wird. Das folgende Problem stellt ein berühmtes Beispiel hierfür dar.

BEISPIEL 1.16 (*Zweikinderproblem*) Wir sind zu Gast bei einer Familie mit zwei Kindern. Wir nehmen an, dass bei der Geburt eines Kindes beide Geschlechter gleich wahrscheinlich sind. Wie groß ist die Wahrscheinlichkeit, dass beide Kinder der Familie Mädchen sind, wenn wir bereits ein Kind kennen gelernt haben und somit wissen, dass es sich dabei um ein Mädchen handelt?

Die Frage verführt zur spontanen Antwort $\frac{1}{2}$, da für das Geschlecht des unbekannten Kindes immer noch zwei Möglichkeiten bestehen. Von diesen ist scheinbar keine bevorzugt, da das Geschlecht des Geschwisterkindes keine Auswirkung auf das Geschlecht des bislang unbekannten Kindes hat.

Bei genauerem Hinsehen stellt man aber fest, dass die Ergebnismenge so zu definieren ist: $\Omega := \{mm, mj, jm, jj\}$. Hierbei ist das Geschlecht (j für „Junge" und m für „Mädchen") der Kinder in der Reihenfolge ihrer Geburt angetragen. Wir bedingen auf das Ereignis $M := \{mm, mj, jm\}$ und interessieren uns für $A := \{mm\}$ und die Wahrscheinlichkeit $\Pr[A|M]$. Aus der Definition der bedingten Wahrscheinlichkeit folgt

$$\Pr[A|M] = \frac{\Pr[A \cap M]}{\Pr[M]} = \frac{1/4}{3/4} = \frac{1}{3}.$$

Wenn man jedoch auf das Ereignis $M' := $ „Das erstgeborene Kind ist ein Mädchen" bedingt, erhält man eine andere Antwort. In diesem Fall gilt $M' = \{mj, mm\}$ und es folgt

$$\Pr[A|M'] = \frac{\Pr[A \cap M']}{\Pr[M']} = \frac{1/4}{2/4} = \frac{1}{2},$$

wie auch anschaulich zu erwarten war.

Häufig verwendet man Definition 1.13 in der Form

$$\Pr[A \cap B] = \Pr[B|A] \cdot \Pr[A] = \Pr[A|B] \cdot \Pr[B]. \tag{1.1}$$

Anschaulich bedeutet dies: Um auszurechnen, mit welcher Wahrscheinlichkeit A und B zugleich eintreten, genügt es, die Wahrscheinlichkeiten zu multiplizieren, dass erst A allein eintritt und dann noch B unter der Bedingung, dass A schon eingetreten ist. Bei mehr als zwei Ereignissen führt dies zu folgender Rechenregel.

Satz 1.17 (Multiplikationssatz) *Seien die Ereignisse $A_1, \ldots, A_n$ gegeben. Falls* $\Pr[A_1 \cap \ldots \cap A_n] > 0$ *ist, gilt*

$$\Pr[A_1 \cap \ldots \cap A_n] = \Pr[A_1] \cdot \Pr[A_2|A_1] \cdot \Pr[A_3|A_1 \cap A_2] \cdot \ldots \cdot \Pr[A_n|A_1 \cap \ldots \cap A_{n-1}].$$

Beweis: Zunächst halten wir fest, dass alle bedingten Wahrscheinlichkeiten wohldefiniert sind, da $\Pr[A_1] \geq \Pr[A_1 \cap A_2] \geq \ldots \geq \Pr[A_1 \cap \ldots \cap A_n] > 0$.

Die rechte Seite der Aussage im Satz können wir umschreiben zu

$$\frac{\Pr[A_1]}{1} \cdot \frac{\Pr[A_1 \cap A_2]}{\Pr[A_1]} \cdot \frac{\Pr[A_1 \cap A_2 \cap A_3]}{\Pr[A_1 \cap A_2]} \cdot \ldots \cdot \frac{\Pr[A_1 \cap \ldots \cap A_n]}{\Pr[A_1 \cap \ldots \cap A_{n-1}]}.$$

Offensichtlich kürzen sich alle Terme bis auf $\Pr[A_1 \cap \ldots \cap A_n]$. □

Mit Hilfe von Satz 1.17 können wir ein klassisches Problem der Wahrscheinlichkeitsrechnung lösen:

BEISPIEL 1.18 *(Geburtstagsproblem)* Wir möchten folgende Frage beantworten: Wie groß ist die Wahrscheinlichkeit, dass in einer m-köpfigen Gruppe zwei Personen am selben Tag Geburtstag haben? Dieses Problem formulieren wir folgendermaßen um: Man werfe m Bälle zufällig und gleich wahrscheinlich in n Körbe. Wie groß ist die Wahrscheinlichkeit, dass nach dem Experiment jeder Ball allein in seinem Korb liegt? Im Fall des Geburtstagsproblems gilt (wenn man von Schaltjahren absieht und Gleichwahrscheinlichkeit der Geburtstage annimmt) $n = 365$.

Für $m > n$ folgt aus dem Schubfachprinzip (siehe Band I), dass es immer einen Korb mit mehr als einem Ball gibt. Wir fordern deshalb $0 < m \leq n$. Zur Berechnung der Lösung stellen wir uns vor, dass die Bälle nacheinander geworfen werden. A_i bezeichne das Ereignis „Ball i landet in einem noch leeren Korb". Das gesuchte Ereignis „Alle Bälle liegen allein in einem Korb" bezeichnen wir mit A. Nach Satz 1.17 können wir $\Pr[A]$ berechnen durch

$$\begin{aligned} \Pr[A] &= \Pr[\cap_{i=1}^{m} A_i] \\ &= \Pr[A_1] \cdot \Pr[A_2|A_1] \cdot \Pr[A_3|A_2 \cap A_1] \cdot \ldots \cdot \Pr[A_m|\cap_{i=1}^{m-1} A_i]. \end{aligned}$$

$\Pr[A_j|\cap_{i=1}^{j-1} A_i]$ bezeichnet die Wahrscheinlichkeit, dass der j-te Ball in einer leeren Urne landet, wenn bereits die vorherigen $j - 1$ Bälle jeweils allein in einer Urne gelandet sind. Wenn unter dieser Bedingung A_j eintritt, so muss der j-te Ball in eine der $n - (j - 1)$ leeren Urnen fallen, die aus Symmetriegründen jeweils mit derselben Wahrscheinlichkeit gewählt werden. Daraus folgt

$$\Pr[A_j \mid \cap_{i=1}^{j-1} A_i] = \frac{n - (j-1)}{n} = 1 - \frac{j-1}{n}.$$

Mit der Abschätzung $1 - x \le e^{-x}$ und wegen $\Pr[A_1] = 1$ erhalten wir

$$\Pr[A] = \prod_{j=1}^{m} \left(1 - \frac{j-1}{n}\right) \le \prod_{j=2}^{m} e^{-(j-1)/n} = e^{-(1/n)\cdot\sum_{j=1}^{m-1} j} = e^{-m(m-1)/(2n)}.$$

Abbildung 1.4 zeigt den Verlauf der Funktion

$$f(m) := e^{-m(m-1)/(2\cdot365)}.$$

Bei 50 Personen ist die Wahrscheinlichkeit, dass mindestens zwei Personen am selben Tag Geburtstag haben, bereits größer als 95%.

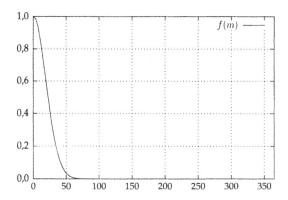

Abbildung 1.4: Geburtstagsproblem: Verlauf von $f(m)$

Bemerkung 1.19 Analysen ähnlich der in Beispiel 1.18 werden insbesondere für die Untersuchung von Hash-Verfahren benötigt. Aufgabe von Hash-Verfahren ist es, m Datensätze möglichst gut (und effizient) in n Speicherplätze einzuordnen. Wenn zwei Datensätze demselben Speicherplatz zugeordnet werden, so spricht man von einer Kollision. Da Kollisionen unerwünschte Ereignisse darstellen, möchte man das Verfahren so auslegen, dass Kollisionen nur selten auftreten. Das Geburtstagsproblem beantwortet die Frage, mit welcher Wahrscheinlichkeit keine einzige Kollision auftritt, wenn man die Datensätze *zufällig* verteilen würde. Die in der Praxis verwendeten Verfahren (die so genannten Hash-Funktionen) garantieren zwar keine „völlige" Gleichverteilung, aber die Abweichungen sind im Allgemeinen so gering, dass die obigen Abschätzungen zumindest näherungsweise zutreffen.

Ausgehend von der multiplikativen Darstellung der bedingten Wahrscheinlichkeit in (1.1) zeigen wir den folgenden Satz.

Satz 1.20 (Satz von der totalen Wahrscheinlichkeit) *Die Ereignisse $A_1, \ldots, A_n$ seien paarweise disjunkt und es gelte $B \subseteq A_1 \cup \ldots \cup A_n$. Dann folgt*

$$\Pr[B] = \sum_{i=1}^{n} \Pr[B|A_i] \cdot \Pr[A_i].$$

Analog gilt für paarweise disjunkte Ereignisse $A_1, A_2, \ldots$ mit $B \subseteq \bigcup_{i=1}^{\infty} A_i$, dass

$$\Pr[B] = \sum_{i=1}^{\infty} \Pr[B|A_i] \cdot \Pr[A_i].$$

Beweis: Wir zeigen zunächst den endlichen Fall. Wir halten fest, dass

$$B = (B \cap A_1) \cup \ldots \cup (B \cap A_n).$$

Da für beliebige i, j mit $i \neq j$ gilt, dass $A_i \cap A_j = \emptyset$, sind auch die Ereignisse $B \cap A_i$ und $B \cap A_j$ disjunkt. Wegen (1.1) folgt $\Pr[B \cap A_i] = \Pr[B|A_i] \cdot \Pr[A_i]$. Wir wenden nun den Additionssatz (Eigenschaft 5. von Lemma 1.5) an

$$\Pr[B] = \Pr[B \cap A_1] + \ldots + \Pr[B \cap A_n] = \Pr[B|A_1] \cdot \Pr[A_1] + \ldots + \Pr[B|A_n] \cdot \Pr[A_n]$$

und haben damit die Behauptung gezeigt.

Da der Additionssatz auch für unendlich viele Ereignisse $A_1, A_2, \ldots$ gilt, kann dieser Beweis direkt auf den unendlichen Fall übertragen werden. □

Der Satz von der totalen Wahrscheinlichkeit ermöglicht häufig eine einfachere Berechnung komplexer Wahrscheinlichkeiten, indem man die Ergebnismenge Ω geschickt in mehrere Fälle zerlegt und diese getrennt betrachtet. Das folgende bekannte Problem lässt sich mit dieser Technik recht einfach lösen.

BEISPIEL 1.21 *(Ziegenproblem)* Die Kandidatin einer Fernsehshow darf zwischen drei Türen wählen, um ihren Gewinn zu ermitteln. Hinter einer davon befindet sich ein teures Auto, während hinter den beiden anderen als Trostpreis jeweils eine Ziege wartet. Um die Spannung zu steigern, öffnet der Showmaster, nachdem die Kandidatin gewählt hat, eine der beiden übrigen Türen, hinter der sich (wie er weiß) eine Ziege befindet, und bietet der Kandidatin an, die Tür noch einmal zu wechseln. Würden Sie an ihrer Stelle dieses Angebot annehmen?

Wir betrachten die Ereignisse $A :=$ „Kandidatin hat bei der ersten Wahl das Auto gewählt" und $G :=$ „Kandidatin gewinnt nach Wechseln der Tür". Zu berechnen ist $\Pr[G]$. Offensichtlich gilt $\Pr[G|A] = 0$, da die Kandidatin nach dem Wechseln die „richtige" Tür verlässt. Ferner erhalten wir $\Pr[G|\bar{A}] = 1$, da die Kandidatin nach der ersten Wahl vor einer Ziege stand und die zweite Ziege vom Showmaster aufgedeckt wurde. Folglich muss sich hinter der verbleibenden Tür das Auto befinden. Mit dem Satz von der totalen Wahrscheinlichkeit schließen wir, dass

$$\Pr[G] = \Pr[G|A] \cdot \Pr[A] + \Pr[G|\bar{A}] \cdot \Pr[\bar{A}] = 0 \cdot \frac{1}{3} + 1 \cdot \frac{2}{3} = \frac{2}{3}.$$

Es zahlt sich also aus, die Tür zu wechseln.

Mit Hilfe von Satz 1.20 erhalten wir leicht einen weiteren nützlichen Satz.

Satz 1.22 (Satz von Bayes) *Die Ereignisse $A_1, \ldots, A_n$ seien paarweise disjunkt. Ferner sei $B \subseteq A_1 \cup \ldots \cup A_n$ ein Ereignis mit $\Pr[B] > 0$. Dann gilt für ein beliebiges $i = 1, \ldots, n$*

$$\Pr[A_i|B] = \frac{\Pr[A_i \cap B]}{\Pr[B]} = \frac{\Pr[B|A_i] \cdot \Pr[A_i]}{\sum_{j=1}^n \Pr[B|A_j] \cdot \Pr[A_j]}.$$

Analog gilt für paarweise disjunkte Ereignisse $A_1, A_2, \ldots$ mit $B \subseteq \bigcup_{i=1}^\infty A_i$, dass

$$\Pr[A_i|B] = \frac{\Pr[A_i \cap B]}{\Pr[B]} = \frac{\Pr[B|A_i] \cdot \Pr[A_i]}{\sum_{j=1}^\infty \Pr[B|A_j] \cdot \Pr[A_j]}.$$

$\square$

Mit dem Satz von Bayes kann man gewissermaßen die Reihenfolge der Bedingung umdrehen. Statt A_i unter der Bedingung B zu betrachten, berechnet man die Wahrscheinlichkeit von B jeweils bedingt auf die Ereignisse A_i.

THOMAS BAYES (1702–1761) war ein bekannter Theologe und Mitglied der Royal Society. Als sein bedeutendstes Werk gilt sein Beitrag zur Wahrscheinlichkeitstheorie „Essay Towards Solving a Problem in the Doctrine of Chances". Diese Arbeit wurde allerdings erst nach seinem Tod im Jahr 1763 publiziert.

Im Folgenden werden wir die in diesem Abschnitt formulierten Sätze an einem etwas größeren Beispiel einüben.

BEISPIEL 1.23 Wir betrachten einen Datenkanal, über den entweder eine Eins oder eine Null übertragen wird. Wir definieren für ein einzelnes übertragenes Bit die Ereignisse:

$$S_i := \text{„Das Zeichen } i \text{ wird gesendet"} \quad \text{für } i = 0, 1.$$

Es gelte

$$\Pr[S_0] = 0{,}3, \quad \Pr[S_1] = 0{,}7.$$

Bei der Übertragung können Fehler auftreten. Um dies zu modellieren, definieren wir zwei weitere Ereignisse:

$$R_i := \text{„Das Zeichen } i \text{ wird empfangen"} \quad \text{für } i = 0, 1.$$

30% aller gesendeten Nullen werden falsch übertragen. Von den gesendeten Einsen kommen 10% als Null an. Damit gilt

$$\Pr[R_1|S_0] = 0{,}3, \quad \Pr[R_0|S_1] = 0{,}1\,.$$

Durch Anwendung von Definition 1.13 können wir die Wahrscheinlichkeit für einen Übertragungsfehler ermitteln.

$$
\begin{aligned}
\Pr[\text{„Übertragungsfehler"}] &= \Pr[S_0 \cap R_1] + \Pr[S_1 \cap R_0] \\
&= \Pr[R_1|S_0] \cdot \Pr[S_0] + \Pr[R_0|S_1] \cdot \Pr[S_1] \\
&= 0{,}3 \cdot 0{,}3 + 0{,}1 \cdot 0{,}7 = 0{,}16\,.
\end{aligned}
$$

Als nächstes berechnen wir den Wert von $\Pr[R_1]$. Dabei hilft uns der Satz von der totalen Wahrscheinlichkeit.

$$
\begin{aligned}
\Pr[R_1] &= \Pr[R_1|S_0] \cdot \Pr[S_0] + \Pr[R_1|S_1] \cdot \Pr[S_1] \\
&= \Pr[R_1|S_0] \cdot \Pr[S_0] + (1 - \Pr[R_0|S_1]) \cdot \Pr[S_1] \\
&= 0{,}3 \cdot 0{,}3 + 0{,}9 \cdot 0{,}7 = 0{,}72\,.
\end{aligned}
$$

Zum Abschluss dieses Beispiels bestimmen wir die Wahrscheinlichkeit $\Pr[S_0|R_0]$. Wir wollen also von den gegebenen Wahrscheinlichkeiten in der Form $\Pr[\cdot|S_i]$ zu $\Pr[\cdot|R_0]$ übergehen. Dazu verwenden wir den Satz von Bayes und erhalten

$$
\begin{aligned}
\Pr[S_0|R_0] &= \frac{\Pr[R_0|S_0] \cdot \Pr[S_0]}{\Pr[R_0|S_0] \cdot \Pr[S_0] + \Pr[R_0|S_1] \cdot \Pr[S_1]} = \frac{0{,}7 \cdot 0{,}3}{0{,}7 \cdot 0{,}3 + 0{,}1 \cdot 0{,}7} \\
&= 0{,}75\,.
\end{aligned}
$$

Die Berechnung von $\Pr[S_1|R_1]$ verläuft analog und sei dem Leser als Übungsaufgabe überlassen.

1.3 Unabhängigkeit

Bei einer bedingten Wahrscheinlichkeit $\Pr[A|B]$ kann der Fall auftreten, dass die Bedingung auf B, also das Vorwissen, dass B eintritt, keinen Einfluss auf die Wahrscheinlichkeit hat, mit der wir das Eintreten von A erwarten. Es gilt also $\Pr[A|B] = \Pr[A]$ und wir nennen die Ereignisse A und B *unabhängig*. Bevor wir diesen Begriff formalisieren, betrachten wir zunächst ein einführendes Beispiel.

BEISPIEL 1.24 Wir untersuchen das Zufallsexperiment „Zweimaliges Würfeln mit einem sechsseitigen Würfel". Als Ergebnismenge verwenden wir

$$\Omega := \{(i,j) \mid 1 \leq i, j \leq 6\}.$$

Dabei bezeichnet das Elementarereignis (i,j) den Fall, dass im ersten Wurf die Zahl i und im zweiten Wurf die Zahl j gewürfelt wurde. Alle Elementarereignisse erhalten nach dem Prinzip von Laplace die Wahrscheinlichkeit $\frac{1}{36}$. Ferner definieren wir die Ereignisse

$A :=$ Augenzahl im ersten Wurf ist gerade,

$B :=$ Augenzahl im zweiten Wurf ist gerade,

$C :=$ Summe der Augenzahlen beider Würfe beträgt 7.

Es gilt $\Pr[A] = \Pr[B] = \frac{1}{2}$ und $\Pr[C] = \frac{1}{6}$. Wie groß ist $\Pr[B|A]$? Nach unserer Intuition sollte gelten $\Pr[B|A] = \Pr[B] = \frac{1}{2}$, da der Ausgang des ersten Wurfs den zweiten Wurf nicht beeinflusst (der Würfel ist „gedächtnislos"). Folglich gewinnen wir durch die Bedingung, dass A eingetreten ist, keine wesentliche Information in Bezug auf das Ereignis B hinzu. Rechnen wir nach, was die Definition für bedingte Wahrscheinlichkeiten liefert:

$$B \cap A = \{(2,2), (2,4), (2,6), (4,2), (4,4), (4,6), (6,2), (6,4), (6,6)\}.$$

Daraus folgt

$$\Pr[B|A] = \frac{\Pr[B \cap A]}{\Pr[A]} = \frac{\frac{9}{36}}{\frac{1}{2}} = \frac{1}{2} = \Pr[A].$$

Damit haben wir nachgewiesen, dass das Eintreffen des Ereignisses B mit dem Ereignis A „nichts zu tun" hat.

Die folgende Definition formalisiert den Begriff der Unabhängigkeit.

Definition 1.25 *Die Ereignisse A und B heißen* unabhängig, *wenn gilt*

$$\Pr[A \cap B] = \Pr[A] \cdot \Pr[B].$$

Wenn $\Pr[B] \neq 0$ ist, so können wir Definition 1.25 umformen zu

$$\Pr[A] = \frac{\Pr[A \cap B]}{\Pr[B]} = \Pr[A|B].$$

$\Pr[A|B]$ zeigt also für unabhängige Ereignisse A und B das Verhalten, das wir erwartet haben.

BEISPIEL 1.26 *(Fortsetzung von Beispiel 1.24)* Bei den Ereignissen A und B ist die Unabhängigkeit klar, da offensichtlich kein kausaler Zusammenhang zwischen den Ereignissen besteht. Was gilt jedoch für die Ereignisse A und C? Da das Ereignis C beide Würfe berücksichtigt, könnte es durchaus sein, dass C von A beeinflusst wird. Wir stellen fest, dass

$$A \cap C = \{(2,5), (4,3), (6,1)\}$$

und damit

$$\Pr[A \cap C] = \frac{3}{36} = \frac{1}{12} = \frac{1}{2} \cdot \frac{1}{6} = \Pr[A] \cdot \Pr[C] \quad \text{bzw.} \quad \Pr[C|A] = \Pr[C].$$

Damit haben wir nachgewiesen, dass A und C unabhängig sind. Analog zeigt man die Unabhängigkeit von B und C.

Die Unabhängigkeit von A und C bedeutet intuitiv: Wenn wir wissen, dass A eingetreten ist, so ändert sich dadurch nichts an der Wahrscheinlichkeit, mit der wir das Ereignis C erwarten. Bei der Untersuchung von Ereignis C ist es uns deshalb egal, ob A eintritt oder nicht. In Beispiel 1.26 haben wir gesehen, dass für die zwei Ereignisse A und C die Bedingung der Unabhängigkeit erfüllt ist, obwohl sie nicht wie die Ereignisse A und B in Beispiel 1.24 „physikalisch" getrennt sind. Ferner gilt $A \cap C \neq \emptyset$, d.h. unabhängige Ereignisse müssen nicht disjunkt sein. Zwei unabhängige Ereignisse A und B mit $\Pr[A], \Pr[B] > 0$, können vielmehr gar nicht disjunkt sein, da ansonsten $0 = \Pr[\emptyset] = \Pr[A \cap B] \neq \Pr[A] \cdot \Pr[B]$ gilt.

Unabhängige Ereignisse haben viele „schöne" Eigenschaften, von denen wir noch einige kennen lernen werden. Die Analyse eines Zufallsexperiments wird deshalb stark vereinfacht, wenn man zeigen kann, dass die dabei betrachteten Ereignisse unabhängig sind.

Auch für mehr als zwei Ereignisse kann man Unabhängigkeit definieren. Dabei kann durchaus der Fall eintreten, dass die beteiligten Ereignisse paarweise unabhängig sind, aber dass z. B. die Bedingung auf zwei Ereignisse Einfluss auf die Wahrscheinlichkeit eines dritten Ereignisses hat. Das folgende Beispiel veranschaulicht dies.

BEISPIEL 1.27 *(Fortsetzung von Beispiel 1.26)* Wir betrachten das Ereignis $A \cap B \cap C$. Wenn $A \cap B$ eintritt, so sind beide gewürfelten Augenzahlen gerade und somit ergibt auch die Summe davon eine gerade Zahl. Daraus folgt $\Pr[A \cap B \cap C] = 0$ bzw. $\Pr[C|A \cap B] = 0 \neq \Pr[C]$. Wenn wir also wissen, dass A und B eingetreten sind, so können wir schließen, dass C nicht ebenfalls eintreten kann. Das Ereignis $A \cap B$ liefert uns also Information über das Ereignis C.

Die folgende Definition spiegelt den Sachverhalt wider, dass die Ereignisse A, B und C aus Beispiel 1.27 *zusammen* voneinander abhängig sind, obwohl sie gemäß der obigen Untersuchungen *paarweise* unabhängig sind.

Definition 1.28 *Die Ereignisse $A_1, \ldots, A_n$ heißen unabhängig, wenn für alle Teilmengen $I \subseteq \{1, \ldots, n\}$ mit $I = \{i_1, \ldots, i_k\}$ gilt, dass*

$$\Pr[A_{i_1} \cap \ldots \cap A_{i_k}] = \Pr[A_{i_1}] \cdot \ldots \cdot \Pr[A_{i_k}]. \tag{1.2}$$

Eine unendliche Familie von Ereignissen A_i mit $i \in \mathbb{N}$ heißt unabhängig, wenn (1.2) für jede endliche Teilmenge $I \subseteq \mathbb{N}$ erfüllt ist.

Das folgende Lemma zeigt eine Bedingung, die äquivalent ist zu Definition 1.28, aber manchmal mit geringerem Aufwand überprüft werden kann.

Lemma 1.29 *Die Ereignisse $A_1, \ldots, A_n$ sind genau dann unabhängig, wenn für alle $(s_1, \ldots, s_n) \in \{0,1\}^n$ gilt, dass*

$$\Pr[A_1^{s_1} \cap \ldots \cap A_n^{s_n}] = \Pr[A_1^{s_1}] \cdot \ldots \cdot \Pr[A_n^{s_n}], \tag{1.3}$$

wobei $A_i^0 = \bar{A}_i$ und $A_i^1 = A_i$.

Beweis: Zunächst zeigen wir, dass aus (1.2) die Bedingung (1.3) folgt. Wir beweisen dies durch Induktion über die Anzahl der Nullen in $s_1, \ldots, s_n$. Wenn $s_1 = \ldots = s_n = 1$ gilt, so ist nichts zu zeigen. Andernfalls gelte ohne Einschränkung $s_1 = 0$. Aus dem Additionssatz folgt dann

$$\begin{aligned}
\Pr[\bar{A}_1 \cap A_2^{s_2} \cap \ldots \cap A_n^{s_n}] &= \Pr[A_2^{s_2} \cap \ldots \cap A_n^{s_n}] \\
&\quad - \Pr[A_1 \cap A_2^{s_2} \cap \ldots \cap A_n^{s_n}].
\end{aligned}$$

Darauf können wir die Induktionsannahme anwenden und erhalten

$$\begin{aligned}
&\Pr[\bar{A}_1 \cap A_2^{s_2} \cap \ldots \cap A_n^{s_n}] \\
&= \Pr[A_2^{s_2}] \cdot \ldots \cdot \Pr[A_n^{s_n}] - \Pr[A_1] \cdot \Pr[A_2^{s_2}] \cdot \ldots \cdot \Pr[A_n^{s_n}] \\
&= (1 - \Pr[A_1]) \cdot \Pr[A_2^{s_2}] \cdot \ldots \cdot \Pr[A_n^{s_n}],
\end{aligned}$$

woraus die Behauptung wegen $1 - \Pr[A_1] = \Pr[\bar{A}_1]$ folgt.

Die Gegenrichtung zeigen wir nicht in voller Allgemeinheit, sondern rechnen nur nach, dass die Aussage $\Pr[A_1 \cap A_2] = \Pr[A_1] \cdot \Pr[A_2]$ aus (1.3) folgt. Der allgemeine Beweis verwendet genau denselben Ansatz, ist aber etwas umständlich aufzuschreiben. Es gilt wegen des Satzes von der totalen Wahrscheinlichkeit, dass

$$\begin{aligned}
\Pr[A_1 \cap A_2] &= \sum_{s_3, \ldots, s_n \in \{0,1\}} \Pr[A_1 \cap A_2 \cap A_3^{s_3} \cap \ldots \cap A_n^{s_n}] \\
&= \sum_{s_3, \ldots, s_n \in \{0,1\}} \Pr[A_1] \cdot \Pr[A_2] \cdot \Pr[A_3^{s_3}] \cdot \ldots \cdot \Pr[A_n^{s_n}] \\
&= \Pr[A_1] \cdot \Pr[A_2] \cdot \sum_{s_3 \in \{0,1\}} \Pr[A_3^{s_3}] \cdot \ldots \cdot \sum_{s_n \in \{0,1\}} \Pr[A_n^{s_n}] \\
&= \Pr[A_1] \cdot \Pr[A_2],
\end{aligned}$$

und es folgt die Behauptung. $\qquad\square$

Definition 1.28 und Lemma 1.29 besagen anschaulich: Um zu überprüfen, ob n Ereignisse unabhängig sind, muss man entweder alle Teilmengen untersuchen oder den Schnitt aller Ereignisse betrachten, wobei an beliebiger Stelle Ereignisse komplementiert werden können. In beiden Fällen bleibt die Eigenschaft erhalten, dass die Wahrscheinlichkeit des Schnitts der Ereignisse dem Produkt der einzelnen Wahrscheinlichkeiten entspricht. Aus der Darstellung in Lemma 1.29 folgt die wichtige Beobachtung, dass für zwei unabhängige Ereignisse A und B auch die Ereignisse $\bar{A}$ und B (und analog auch A und $\bar{B}$ bzw. $\bar{A}$ und $\bar{B}$) unabhängig sind.

Wir werden nun den Begriff der Unabhängigkeit anhand eines kleinen Beispiels einüben.

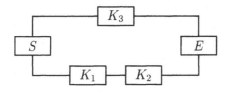

Abbildung 1.5: Ein Ausschnitt aus einem Rechnernetz

Beispiel 1.30 Abbildung 1.5 zeigt einen Ausschnitt aus einem Rechnernetz. Zwischen dem Sender S und dem Empfänger E gibt es zwei Routen. R_1 führt über die Knotenrechner K_1 und K_2, und R_2 verläuft durch K_3. Wir nehmen an, dass jeder Knotenrechner unabhängig mit Wahrscheinlichkeit p intakt ist. Die Verbindungen betrachten wir als zuverlässig. (In der Realität wird es wohl eher anders aussehen. Die folgende Analyse lässt sich jedoch auch auf unzuverlässige Verbindungen erweitern.) Wir definieren die Ereignisse $K_i :=$ „Knotenrechner i intakt" sowie $R_i :=$ „Route i verfügbar". Es gilt $R_1 = K_1 \cap K_2$ und $R_2 = K_3$. Wir definieren das Ereignis $A :=$ „Es gibt eine intakte Route von S zu E" $= R_1 \cup R_2$ und interessieren uns für $\Pr[A]$.

Dazu analysieren wir zuerst $\Pr[R_1]$:

$$\Pr[R_1] = \Pr[K_1 \cap K_2] \overset{\text{Unabh.}}{=} \Pr[K_1] \cdot \Pr[K_2] = p^2.$$

Wegen $\Pr[R_2] = \Pr[K_3] = p$ erhalten wir für die gesuchte Wahrscheinlichkeit mit Hilfe der De-Morgan-Regeln:

$$\begin{aligned}
\Pr[A] &= \Pr[R_1 \cup R_2] = 1 - \Pr[\overline{R_1 \cup R_2}] = 1 - \Pr[\bar{R}_1 \cap \bar{R}_2] \\
&\overset{\text{Unabh.}}{=} 1 - \Pr[\bar{R}_1] \cdot \Pr[\bar{R}_2] = 1 - (1-p^2)(1-p) = p + p^2 - p^3.
\end{aligned}$$

Hierbei haben wir verwendet, dass R_1 und R_2 unabhängig sind. Dies folgt aus der Tatsache, dass beide Ereignisse aus unabhängigen Ereignissen zusammengesetzt sind. Wir rechnen dies jedoch noch formal nach:

$$\begin{aligned}
\Pr[R_1 \cap R_2] &= \Pr[(K_1 \cap K_2) \cap K_3] = \Pr[K_1] \cdot \Pr[K_2] \cdot \Pr[K_3] \quad (1.4) \\
&= \Pr[K_1 \cap K_2] \cdot \Pr[K_3] = \Pr[R_1] \cdot \Pr[R_2].
\end{aligned}$$

(1.4) zeigt, dass Ereignisse, die durch den Schnitt unabhängiger Ereignisse gebildet werden, selbst wieder unabhängig sind. Auch bei Ereignissen, die durch Vereinigung unabhängiger Ereignisse entstehen, können solche Aussagen getroffen werden, wie das folgende Lemma zeigt.

Lemma 1.31 *Seien A, B und C unabhängige Ereignisse. Dann sind auch $A \cap B$ und C bzw. $A \cup B$ und C unabhängig.*

Beweis: Von der Unabhängigkeit von $A \cap B$ und C haben wir uns bereits in Beispiel 1.30 überzeugt. Aus

$$
\begin{aligned}
\Pr[(A \cup B) \cap C] &= \Pr[(A \cap C) \cup (B \cap C)] \\
&= \Pr[A \cap C] + \Pr[B \cap C] - \Pr[A \cap B \cap C] \\
&= \Pr[C] \cdot (\Pr[A] + \Pr[B] - \Pr[A \cap B]) = \Pr[A \cup B] \cdot \Pr[C]
\end{aligned}
$$

folgt die Unabhängigkeit von $A \cup B$ und C. $\qquad \square$

1.4 Zufallsvariablen

1.4.1 Definition

Bislang haben wir uns bei der Untersuchung eines Zufallsexperiments darauf beschränkt, die Wahrscheinlichkeiten bestimmter Ereignisse zu berechnen. Oftmals sind wir aber gar nicht an den Wahrscheinlichkeiten der einzelnen Ereignisse interessiert, sondern wir beobachten eine „Auswirkung" oder ein „Merkmal" des Experiments. Wir werden im Folgenden nur numerische Merkmale betrachten, d. h. wir ordnen jedem Ausgang des Experiments eine bestimmte Zahl zu. Dabei kann es sich z. B. um das bei einem Glücksspiel gewonnene bzw. verlorene Geld handeln oder um die Anzahl korrekt übertragener Bytes auf einem unsicheren Kanal. So eine Zuordnung stellt mathematisch gesehen nichts anderes dar als eine Abbildung. Damit erhalten wir die folgende Definition.

Definition 1.32 *Sei ein Wahrscheinlichkeitsraum auf der Ergebnismenge Ω gegeben. Eine Abbildung $X : \Omega \to \mathbb{R}$ heißt (numerische) Zufallsvariable.*

Eine Zufallsvariable X über einer endlichen oder abzählbar unendlichen Ergebnismenge Ω heißt diskret.

Bei diskreten Zufallsvariablen ist der *Wertebereich*

$$
W_X := X(\Omega) = \{x \in \mathbb{R} \mid \exists\, \omega \in \Omega \text{ mit } X(\omega) = x\}
$$

ebenfalls endlich (oder abzählbar unendlich).

Die Bezeichnung *abzählbar* steht hierbei für die Tatsache, dass wir sämtliche Elemente des Wertebereichs in der Form $W_X = \{x_1, x_2, \ldots\}$ auflisten können. Formal definiert man: Eine Menge S heißt abzählbar unendlich, genau dann wenn es eine bijektive Abbildung von $\mathbb{N}$ nach S gibt. Die einzige Art nicht-abzählbarer unendlicher Mengen, mit denen wir im Rahmen dieses Buches zu tun haben werden, sind Teilmengen von $\mathbb{R}$.

Bemerkung 1.33 In diesem Kapitel werden wir nur diskrete Zufallsvariablen betrachten. Der Begriff der Zufallsvariable in Definition 1.32 ist jedoch ein wenig allgemeiner gefasst, da wir später auch nicht diskrete Wahrscheinlichkeitsräume und Zufallsvariablen betrachten werden.

BEISPIEL 1.34 Wir werfen eine ideale Münze drei Mal.[2] Als Ergebnismenge erhalten wir $\Omega := \{K, W\}^3$. Die Zufallsvariable Y bezeichne die Gesamtanzahl der Würfe mit Ergebnis „Kopf". Beispielsweise gilt also $Y(KWK) = 2$ und $Y(KKK) = 3$. Y hat den Wertebereich $W_Y = \{0, 1, 2, 3\}$.

Wenn man eine Zufallsvariable X untersucht, so interessiert man sich für die Wahrscheinlichkeiten, mit denen X bestimmte Werte annimmt. Für $W_X = \{x_1, \ldots, x_n\}$ bzw. $W_X = \{x_1, x_2, \ldots\}$ betrachten wir (für ein beliebiges $1 \leq i \leq n$ bzw. $x_i \in \mathbb{N}$) das Ereignis

$$A_i := \{\omega \in \Omega \mid X(\omega) = x_i\} = X^{-1}(x_i).$$

Anstelle von $\Pr[X^{-1}(x_i)]$ verwendet man häufig die (intuitivere) Schreibweise $\Pr[„X = x_i"]$. Analog setzt man

$$\Pr[„X \leq x_i"] = \sum_{x \in W_X \,:\, x \leq x_i} \Pr[„X = x"] = \Pr[\{\omega \in \Omega \mid X(\omega) \leq x_i\}].$$

In Zukunft werden wir zur weiteren Vereinfachung zusätzlich auf die Anführungszeichen verzichten und statt $\Pr[„X \leq x_i"]$ einfach $\Pr[X \leq x_i]$ schreiben. Analog definiert man

$$\Pr[X \geq x_i], \quad \Pr[2 < X_i \leq 7], \quad \Pr[X^2 \geq 2] \text{ usw.}$$

Wie bei der Konvention für die Definition von Ereignissen (siehe Seite 12) kann man „$X \leq x_i$" auch als Prädikat für die Elementarereignisse auffassen, die zum entsprechenden Ereignis gehören.

Gemäß Definition 1.32 betrachten wir in diesem Buch nur numerische Zufallsvariablen, also Zufallsvariablen deren Wertebereich W_X eine Teilmenge der reellen Zahlen ist. Wir können daher jeder Zufallsvariablen auf natürliche Weise zwei reelle Funktionen zuordnen, in dem wir jeder reellen Zahl x

---

[2]Das Wort *ideal* bringt zum Ausdruck, dass bei jedem Wurf der Münze die beiden Ergebnisse „Kopf" K und „Wappen" W mit gleicher Wahrscheinlichkeit fallen.

die Wahrscheinlichkeit zuordnen, dass die Zufallsvariable diesen Wert bzw. einen höchstens so großen Wert annimmt. Die Funktion

$$f_X : \mathbb{R} \to [0,1], \quad x \mapsto \Pr[X = x] \qquad (1.5)$$

nennt man *(diskrete) Dichte(funktion)* von X. Die Funktion

$$F_X : \mathbb{R} \to [0,1], \quad x \mapsto \Pr[X \le x] = \sum_{x \in W_X \,:\, x' \le x} \Pr[X = x'] \qquad (1.6)$$

heißt *Verteilung(sfunktion)* von X.

BEISPIEL 1.35 *(Fortsetzung von Beispiel 1.34)* Für die Zufallsvariable Y erhalten wir

$$
\begin{aligned}
\Pr[Y = 0] &= \Pr[WWW] = \frac{1}{8}, \\
\Pr[Y = 1] &= \Pr[KWW] + \Pr[WKW] + \Pr[WWK] = \frac{3}{8}, \\
\Pr[Y = 2] &= \Pr[KKW] + \Pr[KWK] + \Pr[WKK] = \frac{3}{8}, \\
\Pr[Y = 3] &= \Pr[KKK] = \frac{1}{8}.
\end{aligned}
$$

Abbildung 1.6 zeigt die Dichte und die Verteilung von Y. Bei der Darstellung der Dichte haben wir die Stellen, an denen f_Y von Null verschiedene Werte annimmt, durch breite Balken hervorgehoben. Formal gesehen befindet sich an diesen Stellen jedoch jeweils nur ein einzelner Punkt.

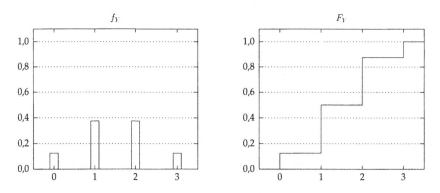

Abbildung 1.6: Dichte und Verteilung von Y

Wenn man W_X als Ergebnismenge interpretiert und die Zahlen x_i mit den Wahrscheinlichkeiten $\Pr[X = x_i]$ als Elementarwahrscheinlichkeiten auffasst, so erhält man den *zugrunde liegenden Wahrscheinlichkeitsraum* der Zufallsvariablen X. Im Allgemeinen genügt die Angabe der Dichte oder der Verteilung einer Zufallsvariable X, um alle interessierenden Eigenschaften von X zu berechnen. Der Wahrscheinlichkeitsraum Ω, auf dem X definiert ist, hat andererseits keinen weiteren Einfluss und kann deshalb bei der Untersuchung von Zufallsvariablen meist ignoriert werden. Dies kann man so interpretieren, dass man statt Ω den zugrunde liegenden Wahrscheinlichkeitsraum über W_X betrachtet. Auf dieses Thema werden wir bei der Betrachtung kontinuierlicher Wahrscheinlichkeitsräume und Zufallsvariablen noch ausführlich zurückkommen.

1.4.2 Erwartungswert und Varianz

Bei der Untersuchung einer Zufallsvariablen ist es interessant zu wissen, welches Ergebnis man „im Mittel" erwarten kann. Wenn wir beispielsweise beim Würfeln für jede Sechs einen Euro gewinnen, so erwarten wir bei n Würfen einen Gewinn von etwa $n/6$ Euro, da voraussichtlich bei ungefähr einem Sechstel der Würfe eine Sechs fallen wird. Man kann also sagen, dass wir bei jedem Spiel im Mittel $1/6$ Euro gewinnen.

Nun modifizieren wir das Spiel und gehen davon aus, dass wir für jede gerade Augenzahl zehn Euro erhalten. Mit derselben Argumentation wie zuvor folgt, dass unser Gewinn pro Spiel im Mittel $0{,}5 \cdot 10 = 5$ Euro beträgt. Diese Überlegungen lassen es sinnvoll erscheinen, den Wert der Zufallsvariable mit der Wahrscheinlichkeit für das Auftreten dieses Wertes zu gewichten.

Definition 1.36 *Zu einer Zufallsvariablen* X *definieren wir den* Erwartungswert $\mathbb{E}[X]$ *durch*

$$\mathbb{E}[X] := \sum_{x \in W_X} x \cdot \Pr[X = x] = \sum_{x \in W_X} x \cdot f_X(x),$$

sofern $\sum_{x \in W_X} |x| \cdot \Pr[X = x]$ *konvergiert.*

BEISPIEL 1.37 *(Fortsetzung von Beispiel 1.35)* Zur Veranschaulichung berechnen wir den Erwartungswert $\mathbb{E}[Y]$.

$$
\begin{aligned}
\mathbb{E}[Y] &= \sum_{i=0}^{3} i \cdot \Pr[Y = i] = 1 \cdot \Pr[Y = 1] + 2 \cdot \Pr[Y = 2] + 3 \cdot \Pr[Y = 3] \\
&= 1 \cdot \frac{3}{8} + 2 \cdot \frac{3}{8} + 3 \cdot \frac{1}{8} = \frac{3}{2}.
\end{aligned}
$$

Der Zusatz in Definition 1.36, der die Konvergenz von $\sum_{x \in W_X} |x| \cdot \Pr[X = x]$ fordert, mag auf den ersten Blick ein wenig merkwürdig erscheinen. In der

Tat ist diese Bedingung bei endlichen Wahrscheinlichkeitsräumen trivialerweise erfüllt. Bei unendlichen Wahrscheinlichkeitsräumen ist jedoch Vorsicht geboten. In diesem Fall besitzen die Summen über $x \in W_X$ unendlich viele Glieder und ihr Wert kann deshalb unter Umständen nicht definiert sein. Wenn der Erwartungswert einer Zufallsvariablen definiert ist, so sagen wir auch, dass der Erwartungswert „existiert". Unser nächstes Beispiel zeigt, welche Probleme auftreten können, wenn der Erwartungswert einer Zufallsvariablen nicht definiert ist.

BEISPIEL 1.38 In einem Casino wird folgendes Spiel angeboten: Eine Münze wird so lange geworfen, bis sie zum ersten Mal „Kopf" zeigt. Sei k die Anzahl durchgeführter Würfe. Wenn k ungerade ist, zahlt der Spieler an die Bank k Euro. Andernfalls (k gerade) muss die Bank k Euro an den Spieler auszahlen. Wir definieren die Zufallsvariable G für den Gewinn der Bank deshalb wie folgt:

$$G := \begin{cases} k & \text{falls } k \text{ ungerade,} \\ -k & \text{falls } k \text{ gerade.} \end{cases}$$

Wie in Beispiel 1.4 auf Seite 5 folgt

$$\Pr[\text{„Anzahl Würfe} = k\text{"}] = (1/2)^k.$$

Damit erhalten wir

$$\mathbb{E}[G] \quad = \quad \sum_{k=1}^{\infty} (-1)^{k-1} \cdot k \cdot \left(\frac{1}{2}\right)^k.$$

Zunächst untersuchen wir, ob $\mathbb{E}[G]$ existiert:

$$\sum_{k=1}^{\infty} |(-1)^{k-1} \cdot k| \cdot \left(\frac{1}{2}\right)^k \leq \sum_{k=1}^{\infty} k \cdot \left(\frac{1}{2}\right)^k.$$

Da die letztere Summe offensichtlich konvergiert, existiert der Erwartungswert $\mathbb{E}[G]$.

Zur Berechnung von $\mathbb{E}[G]$ betrachten wir jeweils zwei aufeinander folgende Summenglieder und erhalten

$$\begin{aligned} \mathbb{E}[G] \quad &= \quad \sum_{j=1}^{\infty} \left[(2j-1) \cdot \left(\frac{1}{2}\right)^{2j-1} - 2j \cdot \left(\frac{1}{2}\right)^{2j} \right] \\ &= \quad \sum_{j=1}^{\infty} \left(\frac{1}{2}\right)^{2j-1} \cdot [(2j-1) - j] \\ &= \quad \frac{1}{2} \cdot \sum_{j=1}^{\infty} (j-1) \cdot \left(\frac{1}{4}\right)^{j-1} = \frac{1}{2} \cdot \frac{\frac{1}{4}}{\left(1 - \frac{1}{4}\right)^2} = \frac{2}{9}. \end{aligned}$$

Das Münzwurfspiel wird den Casinobesuchern bald zu langweilig und so beschließt die Bank, den Nervenkitzel zu erhöhen, indem statt um k Euro um 2^k Euro gespielt wird. Wir definieren deshalb

$$G' := \begin{cases} 2^k & \text{falls } k \text{ ungerade,} \\ -2^k & \text{falls } k \text{ gerade.} \end{cases}$$

In diesem Fall existiert $\mathbb{E}[G']$ nicht, da

$$\sum_{k=1}^{\infty} |(-1)^{k-1} \cdot 2^k| \cdot \left(\frac{1}{2}\right)^k = \sum_{k=1}^{\infty} 1$$

gilt und diese Summe offensichtlich divergiert.

Wenn wir $\mathbb{E}[G']$ dennoch auszurechnen versuchen, so erhalten wir das folgende, unbefriedigende Ergebnis:

$$\mathbb{E}[G'] = \sum_{i=1}^{\infty}(-1)^{k-1} \cdot 2^k \cdot \left(\frac{1}{2}\right)^k = \sum_{i=1}^{\infty}(-1)^{k-1} = +1 - 1 + 1 - 1 + - \ldots.$$

Falls wir aber das Spiel so modifizieren, dass nach dem m-ten Wurf kein Geld mehr ausgezahlt oder kassiert wird, so ist der Erwartungswert gleich Null, wenn m gerade ist. Andernfalls gewinnt die Bank im Erwartungswert einen Euro. Ohne diese Modifikation ist der Erwartungswert $\mathbb{E}[G']$ nicht sinnvoll definiert.

Bemerkung 1.39 Wenn zu einer Folge $(f_n)_{n \in \mathbb{N}}$ die Summe $\sum_{n=1}^{\infty} |f_n|$ konvergiert, so sagt man in der Analysis, dass die Summe $\sum_{n=1}^{\infty} f_n$ *absolut konvergiert*. Bei absolut konvergenten Summen kann man, anschaulich gesprochen, die Assoziativität der Addition bedenkenlos ausnutzen und Summanden nach Belieben zusammenfassen und umsortieren. Für eine ausführliche und formal exakte Darstellung dieses Begriffs sei auf einführende Lehrbücher zur Analysis verwiesen.

Manchmal ist es günstig, den Erwartungswert auf eine andere Weise zu berechnen. Dazu betrachten wir den Wahrscheinlichkeitsraum Ω, über dem die Zufallsvariable definiert ist. Es gilt

$$\begin{aligned} \mathbb{E}[X] &= \sum_{x \in W_X} x \cdot \Pr[X = x] = \sum_{x \in W_X} x \sum_{\omega \in \Omega: X(\omega) = x} \Pr[\omega] \\ &= \sum_{\omega \in \Omega} X(\omega) \cdot \Pr[\omega]. \end{aligned} \tag{1.7}$$

Bei unendlichen Wahrscheinlichkeitsräumen ist es dabei analog zu Definition 1.36 erforderlich, dass $\sum_{\omega \in \Omega} |X(\omega)| \cdot \Pr[\omega]$ konvergiert.

Mit der alternativen Darstellung des Erwartungswerts (1.7) zeigen wir leicht folgende einfache Eigenschaft:

Satz 1.40 (Monotonie des Erwartungswerts) *Seien X und Y Zufallsvariablen über dem Wahrscheinlichkeitsraum Ω mit $X(\omega) \leq Y(\omega)$ für alle $\omega \in \Omega$. Dann gilt* $\mathbb{E}[X] \leq \mathbb{E}[Y]$.

Beweis: Wir rechnen direkt nach, dass

$$\mathbb{E}[X] \;=\; \sum_{\omega \in \Omega} X(\omega) \cdot \Pr[\omega] \le \sum_{\omega \in \Omega} Y(\omega) \cdot \Pr[\omega] = \mathbb{E}[Y]. \qquad \square$$

Aus Satz 1.40 folgt insbesondere, dass $a \le \mathbb{E}[X] \le b$ gilt, wenn für die Zufallsvariable X die Eigenschaft $a \le X(\omega) \le b$ für alle $\omega \in \Omega$ erfüllt ist. Dazu wählt man als Zufallsvariable Y die konstante Funktion $Y : \omega \mapsto a$ bzw. $Y : \omega \mapsto b$.

Rechenregeln für den Erwartungswert

Im Folgenden stellen wir einige Regeln für den Umgang mit Erwartungswerten zusammen. Die nachfolgenden Aussagen sind dabei selbstverständlich nur sinnvoll, wenn die beteiligten Erwartungswerte auch wirklich existieren. Um die Sätze nicht unnötig unübersichtlich zu gestalten, werden wir darauf nicht immer gesondert hinweisen.

Oft betrachtet man eine Zufallsvariable X nicht direkt, sondern wendet noch eine Funktion darauf an, d. h. man geht über zu $Y := f(X) = f \circ X$, wobei $f : \mathbb{D} \to \mathbb{R}$ eine beliebige Funktion sei mit $W_X \subseteq \mathbb{D} \subseteq \mathbb{R}$.

Beobachtung 1.41 $f(X)$ *ist wieder eine Zufallsvariable.*

Dies ist klar, da die Komposition $f \circ X$ der Funktionen X und f wieder eine Funktion von Ω nach $\mathbb{R}$ ergibt. Aus

$$\Pr[Y = y] \;=\; \Pr[\{\omega \mid f(X(\omega)) = y\}] \;=\; \sum_{x \,:\, f(x)=y} \Pr[X = x]$$

folgt sofort

$$\begin{aligned}
\mathbb{E}[f(X)] \;=\; \mathbb{E}[Y] \;&=\; \sum_{y \in W_Y} y \cdot \Pr[Y = y] \\
&=\; \sum_{y \in W_Y} y \cdot \sum_{x \,:\, f(x)=y} \Pr[X = x] \;=\; \sum_{x \in W_X} f(x) \cdot \Pr[X = x].
\end{aligned}$$

Analog zu (1.7) können wir herleiten, dass

$$\mathbb{E}[f(X)] \;=\; \sum_{\omega \in \Omega} f(X(\omega)) \cdot \Pr[\omega].$$

Wenn f linear ist, kann $\mathbb{E}[f(X)]$ besonders leicht berechnet werden:

Satz 1.42 (Linearität des Erwartungswerts, einfache Version) *Für eine beliebige Zufallsvariable X und $a, b \in \mathbb{R}$ gilt*

$$\mathbb{E}[a \cdot X + b] = a \cdot \mathbb{E}[X] + b.$$

Beweis: Wir rechnen direkt nach, dass

$$
\begin{aligned}
\mathbb{E}[a \cdot X + b] &= \sum_{x \in W_X} (a \cdot x + b) \cdot \Pr[X = x] \\
&= a \cdot \sum_{x \in W_X} x \cdot \Pr[X = x] + b \cdot \sum_{x \in W_X} \Pr[X = x] \\
&= a \cdot \mathbb{E}[X] + b. \qquad\qquad\qquad\qquad \square
\end{aligned}
$$

Satz 1.42 stellt nur einen Hilfssatz zu einem wesentlich allgemeineren Satz dar, den wir später kennen lernen werden (Satz 1.62). Aus diesem Grund haben wir Satz 1.42 nur als „einfache Version" der Linearität des Erwartungswerts bezeichnet.

Manchmal ist die folgende Darstellung des Erwartungswerts nützlich, die auf den ersten Blick wenig mit der Definition gemeinsam hat.

Satz 1.43 *Sei X eine Zufallsvariable mit $W_X \subseteq \mathbb{N}_0$. Dann gilt*

$$\mathbb{E}[X] = \sum_{i=1}^{\infty} \Pr[X \geq i].$$

Beweis: Nach Definition gilt

$$
\begin{aligned}
\mathbb{E}[X] &= \sum_{i=0}^{\infty} i \cdot \Pr[X = i] = \sum_{i=0}^{\infty} \sum_{j=1}^{i} \Pr[X = i] \\
&= \sum_{j=1}^{\infty} \sum_{i=j}^{\infty} \Pr[X = i] = \sum_{j=1}^{\infty} \Pr[X \geq j]. \qquad \square
\end{aligned}
$$

Bei der Analyse von Wahrscheinlichkeiten haben wir den Satz von der totalen Wahrscheinlichkeit (Satz 1.20 auf Seite 19) kennen gelernt, der es uns ermöglicht, den Wahrscheinlichkeitsraum in mehrere Teile zu partitionieren und diese getrennt zu untersuchen. Dies ist auch bei der Analyse von Erwartungswerten möglich. Dazu benötigen wir jedoch zunächst eine weitere Definition.

Definition 1.44 *Sei* X *eine Zufallsvariable und* A *ein Ereignis mit* $\Pr[A] > 0$. *Die* bedingte Zufallsvariable $X|A$ *besitzt die Dichte*

$$f_{X|A}(x) := \Pr[X = x \mid A] = \frac{\Pr[\text{,,}X = x\text{''} \cap A]}{\Pr[A]}.$$

Definition 1.44 überträgt Definition 1.13 von Seite 14 direkt auf Zufallsvariablen.

Man überzeugt sich leicht, dass $f_{X|A}$ eine zulässige Dichte ist, da

$$\sum_{x \in W_X} f_{X|A}(x) = \sum_{x \in W_X} \frac{\Pr[\text{,,}X = x\text{''} \cap A]}{\Pr[A]} = \frac{\Pr[A]}{\Pr[A]} = 1.$$

Wir berechnen den Erwartungswert $\mathbb{E}[X|A]$ der Zufallsvariablen $X|A$ durch

$$\mathbb{E}[X|A] = \sum_{x \in W_X} x \cdot f_{X|A}(x).$$

Damit können wir ein Analogon zum Satz von der totalen Wahrscheinlichkeit für die Berechnung von Erwartungswerten angeben.

Satz 1.45 *Sei* X *eine Zufallsvariable. Für paarweise disjunkte Ereignisse* $A_1, \ldots,$ A_n *mit* $A_1 \cup \ldots \cup A_n = \Omega$ *und* $\Pr[A_1], \ldots, \Pr[A_n] > 0$ *gilt*

$$\mathbb{E}[X] = \sum_{i=1}^{n} \mathbb{E}[X|A_i] \cdot \Pr[A_i].$$

Für paarweise disjunkte Ereignisse $A_1, A_2, \ldots$ *mit* $\bigcup_{i=1}^{\infty} A_k = \Omega$ *und* $\Pr[A_1],$ $\Pr[A_2], \ldots > 0$ *gilt analog*

$$\mathbb{E}[X] = \sum_{i=1}^{\infty} \mathbb{E}[X|A_i] \cdot \Pr[A_i],$$

sofern die Erwartungswerte auf der rechten Seite alle existieren und die Summe $\sum_{i=1}^{\infty} |\mathbb{E}[X|A_i]| \cdot \Pr[A_i]$ *konvergiert.*

Beweis: Mit Hilfe des Satzes von der totalen Wahrscheinlichkeit rechnen wir nach, dass

$$\begin{aligned}
\mathbb{E}[X] &= \sum_{x \in W_X} x \cdot \Pr[X = x] = \sum_{x \in W_X} x \cdot \sum_{i=1}^{n} \Pr[X = x|A_i] \cdot \Pr[A_i] \\
&= \sum_{i=1}^{n} \Pr[A_i] \cdot \sum_{x \in W_X} x \cdot \Pr[X = x|A_i] = \sum_{i=1}^{n} \Pr[A_i] \cdot \mathbb{E}[X|A_i].
\end{aligned}$$

Der Beweis für den unendlichen Fall verläuft analog.   □

BEISPIEL 1.46 Wir werfen eine Münze so lange, bis zum ersten Mal „Kopf" erscheint. Dies geschehe in jedem Wurf unabhängig mit Wahrscheinlichkeit p. Wir definieren dazu die Zufallsvariable $X :=$ „Anzahl der Würfe". Gemäß Beispiel 1.4 auf
Seite 5 gilt
$$\Pr[X = k] = p(1 - p)^{k-1}.$$
Wir interessieren uns nun für den Erwartungswert $\mathbb{E}[X]$. Verwendet man die Dar-
stellung aus der Definition des Erwartungswerts, so erhält man eine unendliche
Summe, die man mit Hilfe der Ableitung der geometrischen Reihe berechnen kann
(für die Details sei auf Band I verwiesen):
$$\mathbb{E}[X] = \sum_{k=1}^{\infty} k \cdot p(1 - p)^{k-1} = p \cdot \frac{1}{(1 - (1 - p))^2} = \frac{1}{p}.$$
Mit Hilfe von Satz 1.45 kann man dieses Ergebnis andererseits auch auf sehr elegante
Weise ohne große „Rechnerei" erhalten. Dazu definieren wir das Ereignis $K_1 :=$ „Im
ersten Wurf fällt Kopf". Offensichtlich gilt $\mathbb{E}[X|K_1] = 1$.

Nehmen wir also an, dass im ersten Wurf *nicht* „Kopf" gefallen ist. Wir können uns
vorstellen, dass nun das Experiment neu gestartet wird, da der erste Wurf keine Aus-
wirkungen auf die folgenden Würfe hat. Sei X' die Anzahl der Würfe bis zum ersten
Auftreten von „Kopf" im neu gestarteten Experiment. Wegen der Gleichheit der Ex-
perimente gilt $\mathbb{E}[X'] = \mathbb{E}[X]$. Damit schließen wir $\mathbb{E}[X|\bar{K}_1] = 1 + \mathbb{E}[X'] = 1 + \mathbb{E}[X]$.
Nun können wir Satz 1.20 anwenden und erhalten
$$\mathbb{E}[X] = \mathbb{E}[X|K_1] \cdot \Pr[K_1] + \mathbb{E}[X|\bar{K}_1] \cdot \Pr[\bar{K}_1] = 1 \cdot p + (1 + \mathbb{E}[X]) \cdot (1 - p).$$
Diese Gleichung können wir nach $\mathbb{E}[X]$ auflösen und erhalten ebenfalls das bereits
bekannte Ergebnis $\mathbb{E}[X] = 1/p$.

Varianz

Wenn zwei Zufallsvariablen denselben Erwartungswert besitzen, so können
sie sich dennoch deutlich voneinander unterscheiden. Ein besonders wichtiges Merkmal einer Verteilung ist die Streuung um den Erwartungswert.
Während bei manchen Zufallsvariablen nur Werte „in der Nähe" des Erwartungswerts angenommen werden und das Verhalten der Variablen somit durch den Erwartungswert sehr gut charakterisiert wird, gibt es auch
Zufallsvariablen, die niemals Werte in der Größenordnung des Erwartungswerts annehmen. Man betrachte hierzu beispielsweise die Variable X mit
$\Pr[X = -10^6] = \Pr[X = 10^6] = 1/2$ und $\mathbb{E}[X] = 0$.

Bevor wir ein Maß für die Abweichung vom Erwartungswert einführen,
betrachten wir zur Motivation ein Beispiel.

BEISPIEL 1.47 Wir untersuchen ein faires Roulette-Spiel, d. h. wir verzichten auf die Einführung der Null und beschränken uns somit auf die Zahlen $1, \ldots, 36$. Wir nehmen an, dass wir hinreichend viel Kapital besitzen, um sehr viele Runden in Folge spielen zu können. Nun vergleichen wir zwei Strategien:

Strategie 1: Setze immer auf Rot.
Strategie 2: Setze immer auf die Eins.

Wir setzen immer denselben Betrag, den wir der Einfachheit halber als Eins annehmen. Die Zufallsvariablen G_i geben den Gewinn pro Runde bei Strategie i $(i = 1, 2)$ an. Es gilt $\Pr[G_1 = 1] = \Pr[G_1 = -1] = \frac{1}{2}$, da in der Hälfte der Fälle „Rot" fällt und der doppelte Einsatz ausgezahlt wird. Ferner erhalten wir $\Pr[G_2 = 35] = \frac{1}{36}$ und $\Pr[G_2 = -1] = \frac{35}{36}$, da die Eins nur mit Wahrscheinlichkeit $1/36$ fällt und der 36-fache Einsatz ausgezahlt wird. Damit folgt

$$\mathbb{E}[G_1] = 1 \cdot \tfrac{1}{2} + (-1) \cdot \tfrac{1}{2} = 0 \qquad \mathbb{E}[G_2] = 35 \cdot \tfrac{1}{36} + (-1) \cdot \tfrac{35}{36} = 0.$$

Welche Strategie ist nun vorzuziehen? Beim Roulette ist dies wohl eine Charakterfrage. Überträgt man das Szenario andererseits auf ein Problem aus der Informatik, so wird der Unterschied recht schnell deutlich. Dazu nehmen wir an, dass wir ein Datenbanksystem für Mehrbenutzerbetrieb implementieren sollen. Die Bearbeitungsstrategie dieses Systems sei teilweise zufallsgesteuert. (Beispiele für solche randomisierte Verfahren werden wir in Kapitel 5 kennen lernen.) Die Zufallsvariable $G_i' := 100 + 50 \cdot G_i$ sei die Anzahl der Anfragen, die pro Minute beantwortet werden können, wenn das System mit Strategie i arbeitet.

Bei Strategie 1 werden jeweils in der Hälfte der Fälle 50 Anfragen bzw. 150 Anfragen bearbeitet. Bei Strategie 2 werden in seltenen Fällen 1850 Anfragen pro Minute beantwortet, in $\frac{35}{36}$ der Fälle werden jedoch nur 50 Anfragen erledigt. Obwohl beide Systeme im Mittel pro Minute die selbe Anzahl von Anfragen beantworten, ist für ein reales System das Verhalten von Strategie 1 in der Regel vorzuziehen, da sich ein Anwender auf den sehr selten auftretenden Spitzendurchsatz von Strategie 2 nicht verlassen kann. Strategie 1 verhält sich ausgeglichener: Die Werte, die von der Zufallsvariablen G_1 angenommen werden, liegen relativ nahe beim Erwartungswert.

Beispiel 1.47 zeigt, dass es bei vielen Zufallsvariablen sinnvoll ist, die zu erwartende Abweichung vom Erwartungswert zu untersuchen. Eine nahe liegende Lösung wäre, $\mathbb{E}[|X - \mu|]$ zu berechnen, wobei $\mu = \mathbb{E}[X]$ sei. Dies scheitert jedoch meist an der „unhandlichen" Betragsfunktion. Aus diesem Grund betrachtet man stattdessen $\mathbb{E}[(X - \mu)^2]$, also die quadratische Abweichung vom Erwartungswert.

Definition 1.48 *Für eine Zufallsvariable X mit $\mu = \mathbb{E}[X]$ definieren wir die Varianz $\mathrm{Var}[X]$ durch*

$$\mathrm{Var}[X] := \mathbb{E}[(X - \mu)^2] = \sum_{x \in W_X} (x - \mu)^2 \cdot \Pr[X = x].$$

Die Größe $\sigma := \sqrt{\mathrm{Var}[X]}$ heißt Standardabweichung *von X.*

Bei Zufallsvariablen über unendlichen Wahrscheinlichkeitsräumen existiert die Varianz $\mathrm{Var}[X] = \mathbb{E}[(X - \mu)^2]$ bei manchen Zufallsvariablen nicht. Dies ist genau dann der Fall, wenn der entsprechende Erwartungswert $\mathbb{E}[(X - \mu)^2]$ nicht existiert.

Mit der folgenden Formel kann man die Varianz oft einfacher berechnen als durch direkte Anwendung der Definition.

Satz 1.49 *Für eine beliebige Zufallsvariable X gilt*

$$\mathrm{Var}[X] = \mathbb{E}[X^2] - \mathbb{E}[X]^2.$$

Beweis: Sei $\mu := \mathbb{E}[X]$. Nach Definition gilt

$$\mathrm{Var}[X] = \mathbb{E}[(X - \mu)^2] = \mathbb{E}[X^2 - 2\mu \cdot X + \mu^2].$$

Durch Einsetzen der Definition des Erwartungswerts rechnet man analog zum Beweis von Satz 1.42 auf Seite 33 nach, dass

$$\mathbb{E}[X^2 - 2\mu \cdot X + \mu^2] = \mathbb{E}[X^2] - 2\mu \cdot \mathbb{E}[X] + \mu^2.$$

Es sei dem Leser als Übungsaufgabe überlassen, dies im Einzelnen zu überprüfen. Wir werden in Satz 1.62 auf Seite 43 eine allgemeine Aussage zu Summen von Erwartungswerten sehen, mit der die obige Aussage ebenfalls sofort gezeigt werden kann. Abschließend erhalten wir

$$\mathrm{Var}[X] = \mathbb{E}[X^2] - 2\mu \cdot \mathbb{E}[X] + \mu^2 = \mathbb{E}[X^2] - \mathbb{E}[X]^2. \qquad \square$$

Damit zeigen wir die folgende Rechenregel.

Satz 1.50 *Für eine beliebige Zufallsvariable X und $a, b \in \mathbb{R}$ gilt*

$$\mathrm{Var}[a \cdot X + b] = a^2 \cdot \mathrm{Var}[X].$$

Beweis: Aus der in Satz 1.42 gezeigten Linearität des Erwartungswerts folgt $\mathbb{E}[X + b] = \mathbb{E}[X] + b$. Zusammen mit der Definition der Varianz ergibt sich damit sofort

$$\mathrm{Var}[X + b] = \mathbb{E}[(X + b - \mathbb{E}[X + b])^2] = \mathbb{E}[(X - \mathbb{E}[X])^2] = \mathrm{Var}[X].$$

Wir konzentrieren uns deshalb auf den Fall der Multiplikation und rechnen mit Hilfe von Satz 1.49 nach:

$$\mathrm{Var}[a \cdot X] = \mathbb{E}[(aX)^2] - \mathbb{E}[aX]^2 = a^2\mathbb{E}[X^2] - (a\mathbb{E}[X])^2 = a^2 \cdot \mathrm{Var}[X].$$

Durch Kombination der beiden Aussagen folgt die Behauptung. $\qquad \square$

Der Erwartungswert und die Varianz gehören zu den so genannten *Momenten* einer Zufallsvariablen, die wie folgt definiert sind:

Definition 1.51 *Für eine Zufallsvariable X nennen wir $\mathbb{E}[X^k]$ das k-te Moment und $\mathbb{E}[(X - \mathbb{E}[X])^k]$ das k-te zentrale Moment.*

Der Erwartungswert ist also identisch zum ersten Moment, während die Varianz dem zweiten zentralen Moment entspricht.

1.4.3   Mehrere Zufallsvariablen

Oftmals interessiert man sich bei einem Wahrscheinlichkeitsraum für mehrere Zufallsvariablen zugleich. Wir betrachten dazu ein Beispiel:

BEISPIEL 1.52 Aus einem Skatblatt mit 32 Karten ziehen wir zufällig eine Hand von zehn Karten sowie einen Skat von zwei Karten. Unter den Karten gibt es vier Buben. Die Zufallsvariable X zählt die Anzahl der Buben in der Hand, während Y die Anzahl der Buben im Skat angibt. Die Werte von X und Y hängen offensichtlich stark voneinander ab. Beispielsweise muss $Y = 0$ sein, wenn $X = 4$ gilt.

Wir beschäftigen uns mit der Frage, wie man mit mehreren Zufallsvariablen über demselben Wahrscheinlichkeitsraum rechnen kann, auch wenn sie sich wie in Beispiel 1.52 gegenseitig beeinflussen.

Dazu untersuchen wir für zwei Zufallsvariablen X und Y Wahrscheinlichkeiten der Art

$$\Pr[X = x, Y = y] \quad = \quad \Pr[\{\omega \mid X(\omega) = x, Y(\omega) = y\}].$$

BEISPIEL 1.53 *(Fortsetzung von Beispiel 1.52)* Wenn wir nur die Zufallsvariable X betrachten, so gilt für $0 \leq x \leq 4$

$$\Pr[X = x] = \frac{\binom{4}{x}\binom{28}{10-x}}{\binom{32}{10}},$$

da zehn der 32 insgesamt vorhandenen Karten für die Hand ausgewählt werden. Von diesen zehn Karten werden x aus den vier Buben gewählt und $10 - x$ aus den restlichen 28 Karten, die keine Buben sind. Allgemein nennt man Zufallsvariablen mit der Verteilung

$$\Pr[X = x] = \frac{\binom{b}{x}\binom{a}{r-x}}{\binom{a+b}{r}},$$

hypergeometrisch verteilt. Durch diese Verteilung wird ein Experiment modelliert, bei dem r Elemente ohne Zurücklegen aus einer Grundmenge der Mächtigkeit $a + b$ mit a besonders ausgezeichneten Elementen gezogen werden.

Die Zufallsvariable Y ist für sich gesehen ebenfalls hypergeometrisch verteilt mit $b = 4$, $a = 28$ und $r = 2$. Wenn wir jedoch X und Y gleichzeitig betrachten, so besteht ein enger Zusammenhang zwischen den Werten der beiden Variablen. Beispielsweise gilt $\Pr[X = 4, Y = 1] = 0$, da insgesamt nur vier Buben vorhanden sind. Allgemein erhalten wir mit einer ähnlichen Argumentation wie zuvor

$$\Pr[X = x, Y = y] = \frac{\binom{4}{x}\binom{28}{10-x}\binom{4-x}{y}\binom{28-(10-x)}{2-y}}{\binom{32}{10}\binom{22}{2}}.$$

Bemerkung 1.54 Die Schreibweise $\Pr[X = x, Y = y]$ aus Beispiel 1.52, bei der die über Zufallsvariablen definierten Ereignisse „$X = x$" und „$Y = y$" durch Kommata getrennt aufgelistet werden, kann man sich als Abkürzung von $\Pr[„X = x \wedge Y = y"]$ vorstellen. Auch kompliziertere Ausdrücke wie beispielsweise $\Pr[X \leq x, Y \leq y_1, \sqrt{Y} = y_2]$ sind üblich.

Die Funktion

$$f_{X,Y}(x,y) := \Pr[X = x, Y = y]$$

heißt *gemeinsame Dichte* der Zufallsvariablen X und Y. Wenn man die gemeinsame Dichte gegeben hat, kann man auch wieder zu den Dichten der einzelnen Zufallsvariablen übergehen, indem man

$$f_X(x) = \sum_{y \in W_y} f_{X,Y}(x,y) \quad \text{bzw.} \quad f_Y(y) = \sum_{x \in W_x} f_{X,Y}(x,y)$$

setzt. Die Funktionen f_X und f_Y nennt man *Randdichten*.

Die Ereignisse „$Y = y$" bilden eine disjunkte Zerlegung des Wahrscheinlichkeitsraumes und es gilt somit

$$\Pr[X = x] = \sum_{y \in W_y} \Pr[X = x, Y = y] = f_X(x).$$

Die Dichten der einzelnen Zufallsvariablen entsprechen also genau den Randdichten.

Auch zur Verteilung gibt es ein Analogon bei der Betrachtung mehrerer Zufallsvariablen. Für zwei Zufallsvariablen definiert man die *gemeinsame Verteilung*

$$\begin{aligned} F_{X,Y}(x,y) &:= \Pr[X \leq x, Y \leq y] = \Pr[\{\omega \mid X(\omega) \leq x, Y(\omega) \leq y\}] \\ &= \sum_{x' \leq x}\sum_{y' \leq y} f_{X,Y}(x',y'). \end{aligned}$$

Auch hier kann man wieder zur *Randverteilung* übergehen, indem man

$$F_X(x) = \sum_{x' \leq x} f_X(x') = \sum_{x' \leq x}\sum_{y \in W_Y} f_{X,Y}(x',y).$$

ansetzt. Analog erhält man

$$F_Y(y) = \sum_{y' \le y} f_Y(y') = \sum_{y' \le y} \sum_{x \in W_X} f_{X,Y}(x, y').$$

für die Randverteilung von Y.

Unabhängigkeit von Zufallsvariablen

Bei Ereignissen haben wir den Begriff der Unabhängigkeit kennen gelernt, der anschaulich besagt, dass zwei Ereignisse „nichts miteinander zu tun" haben. Auch bei Zufallsvariablen tritt dieses Phänomen auf. Das folgende Beispiel veranschaulicht dies.

BEISPIEL 1.55 Wir ziehen zufällig eine Karte aus einem Skatspiel mit 32 Karten und betrachten zwei Zufallsvariablen X und Y, die wie folgt definiert sind. Die Zufallsvariable X ordnet dem Bild der Karte eine Punktzahl zu (z. B. Zählwert beim Skat: Ass = 11, Zehn = 10, König = 4, Dame = 3, Bube = 2, restliche Karten = 0). Die zweite Zufallsvariable Y berechnet ebenfalls einen Punktwert, der diesmal jedoch von der Farbe der Karte abhängt (Beispiel Skat: $\Diamond = 9$, $\heartsuit = 10$, $\spadesuit = 11$, $\clubsuit = 12$).

Jeder Wert von Y tritt für sich betrachtet mit Wahrscheinlichkeit 1/4 auf. Wenn wir zu einer gezogenen Karte den Punktwert X wissen, so erhalten wir dadurch keine Information in Bezug auf den Farbwert Y, da jedes Bild in allen vier Farben je einmal vorkommt und die Wahrscheinlichkeit für eine bestimmte Farbe deshalb immer noch 1/4 beträgt.

Beispielsweise gilt $\Pr[X = 11] = \frac{4}{32} = \frac{1}{8}$ und $\Pr[Y = 9] = \frac{8}{32} = \frac{1}{4}$. Ferner erhalten wir $\Pr[X = 11, Y = 9] = \frac{1}{32}$, da nur für das Karo-Ass die Bedingungen $X = 11$ und $Y = 9$ erfüllt sind. Damit gilt $\Pr[X = 11, Y = 9] = \Pr[X = 11] \cdot \Pr[Y = 9]$. Man überprüft leicht, dass

$$\Pr[X = x, Y = y] = \Pr[X = x] \cdot \Pr[Y = y]$$

für beliebige Werte $x \in \{0, 2, 3, 4, 10, 11\}$ und $y \in \{9, 10, 11, 12\}$ gilt. Die Ereignisse „$X = x$" und „$Y = y$" sind also für beliebige Werte x und y unabhängig.

Die Überlegungen aus Beispiel 1.55 motivieren die folgende, auf Zufallsvariablen erweiterte Definition von Unabhängigkeit.

Definition 1.56 *Die Zufallsvariablen $X_1, \ldots, X_n$ heißen unabhängig, wenn für alle $(x_1, \ldots, x_n) \in W_{X_1} \times \ldots \times W_{X_n}$ gilt*

$$\Pr[X_1 = x_1, \ldots, X_n = x_n] = \Pr[X_1 = x_1] \cdot \ldots \cdot \Pr[X_n = x_n].$$

Alternativ kann man Definition 1.56 auch über die Dichten formulieren. Durch Einsetzen der Definition der Dichte erhält man

$$f_{X_1,\ldots,X_n}(x_1,\ldots,x_n) = f_{X_1}(x_1) \cdot \ldots \cdot f_{X_n}(x_n).$$

Bei unabhängigen Zufallsvariablen ist also die gemeinsame Dichte gleich dem Produkt der Randverteilungen. Ebenso gilt

$$F_{X_1,\ldots,X_n}(x_1,\ldots,x_n) = F_{X_1}(x_1) \cdot \ldots \cdot F_{X_n}(x_n).$$

Definition 1.56 hängt eng mit Definition 1.28 bzw. Lemma 1.29 für die Unabhängigkeit von Ereignissen zusammen, wie der folgende Satz zeigt.

Satz 1.57 *Seien $X_1, \ldots, X_n$ unabhängige Zufallsvariablen und $S_1, \ldots, S_n$ beliebige Mengen mit $S_i \subseteq W_{X_i}$. Dann sind die Ereignisse „$X_1 \in S_1$", ..., „$X_n \in S_n$" unabhängig.*

Beweis: Wir rechnen direkt nach:

$$\Pr[X_1 \in S_1, \ldots, X_n \in S_n]$$
$$= \sum_{x_1 \in S_1} \cdots \sum_{x_n \in S_n} \Pr[X_1 = x_1, \ldots, X_n = x_n]$$
$$\overset{\text{Unabh.}}{=} \sum_{x_1 \in S_1} \cdots \sum_{x_n \in S_n} \Pr[X_1 = x_1] \cdot \ldots \cdot \Pr[X_n = x_n]$$
$$= \left(\sum_{x_1 \in S_1} \Pr[X_1 = x_1] \right) \cdot \ldots \cdot \left(\sum_{x_n \in S_n} \Pr[X_n = x_n] \right)$$
$$= \Pr[X_1 \in S_1] \cdot \ldots \cdot \Pr[X_n \in S_n]. \qquad \square$$

In Beobachtung 1.41 auf Seite 32 haben wir bereits darauf hingewiesen, dass die Anwendung einer Funktion f auf eine Zufallsvariable X wieder eine Zufallsvariable liefert, nämlich $f(X) := f \circ X$. Damit können wir Zufallsvariablen der Form $-X, 2X + 10, X^2, (X - \mathbb{E}[X])^2$ etc. betrachten. Mit Hilfe von Satz 1.57 werden wir nun zeigen, dass durch Anwendung von Funktionen auf Zufallsvariablen deren Unabhängigkeit nicht verloren geht.

Satz 1.58 *$f_1, \ldots, f_n$ seien reellwertige Funktionen ($f_i : \mathbb{R} \to \mathbb{R}$ für $i = 1, \ldots, n$). Wenn die Zufallsvariablen $X_1, \ldots, X_n$ unabhängig sind, dann gilt dies auch für $f_1(X_1), \ldots, f_n(X_n)$.*

Beweis: Wir betrachten beliebige Werte $z_1, \ldots, z_n$ mit $z_i \in W_{f(X_i)}$ für $i = 1, \ldots, n$. Zu z_i definieren wir die Menge $S_i = \{x \mid f(x) = z_i\}$. Es folgt mit Hilfe von Satz 1.57

$$\Pr[f_1(X_1) = z_1, \ldots, f_n(X_n) = z_n]$$
$$= \Pr[X_1 \in S_1, \ldots, X_n \in S_n] \overset{\text{Unabh.}}{=} \Pr[X_1 \in S_1] \cdot \ldots \cdot \Pr[X_n \in S_n]$$
$$= \Pr[f_1(X_1) = z_1] \cdot \ldots \cdot \Pr[f_n(X_n) = z_n]. \qquad \square$$

Zusammengesetzte Zufallsvariablen

Mit Hilfe einer Funktion g können mehrere Zufallsvariablen auf einem Wahrscheinlichkeitsraum miteinander kombiniert werden. Man konstruiert also aus den Zufallsvariablen $X_1, \ldots, X_n$ eine neue, zusammengesetzte Zufallsvariable Y durch $Y := g(X_1, \ldots, X_n)$. Die Wahrscheinlichkeiten der zu Y gehörenden Ereignisse „$Y = y$" für $y \in W_Y = \{Y(\omega) \mid \omega \in \Omega\}$ berechnen wir wie gewohnt:

$$\Pr[Y = y] = \Pr[\{\omega \mid Y(\omega) = y\}] = \Pr[\{\omega \mid g(X_1(\omega), \ldots, X_2(\omega)) = y\}].$$

BEISPIEL 1.59 Ein Würfel werde zweimal geworfen. X bzw. Y bezeichne die Augenzahl im ersten bzw. zweiten Wurf. Daraus kann man z. B. die Zufallsvariable $Z := X + Y$ ableiten, die der Summe der gewürfelten Augenzahlen entspricht. Für Z gilt: $\Pr[Z = 1] = \Pr[\emptyset] = 0$, $\Pr[Z = 4] = \Pr[\{(1,3), (2,2), (3,1)\}] = \frac{3}{36}$ usw.

Für die Verteilung der Summe zweier unabhängiger Zufallsvariablen gilt der folgende Satz:

Satz 1.60 *Für zwei unabhängige Zufallsvariablen X und Y sei $Z := X + Y$. Es gilt*

$$f_Z(z) = \sum_{x \in W_X} f_X(x) \cdot f_Y(z - x).$$

Beweis: Mit Hilfe des Satzes von der totalen Wahrscheinlichkeit folgt, dass

$$f_Z(z) = \Pr[Z = z] = \sum_{x \in W_X} \Pr[X + Y = z \mid X = x] \cdot \Pr[X = x]$$
$$= \sum_{x \in W_X} \Pr[Y = z - x] \cdot \Pr[X = x] = \sum_{x \in W_X} f_X(x) \cdot f_Y(z - x). \quad \square$$

Den Ausdruck $\sum_{x \in W_X} f_X(x) \cdot f_Y(z - x)$ aus Satz 1.60 nennt man in Analogie zu den entsprechenden Begriffen bei Potenzreihen (vergleiche Band I) auch *Faltung* oder *Konvolution* der Dichten f_X und f_Y.

BEISPIEL 1.61 *(Fortsetzung von Beispiel 1.59)* Wir berechnen die Dichte von Z. Nach Satz 1.60 gilt

$$
\Pr[Z = z] \;=\; \sum_{x \in W_X} \Pr[X = x] \cdot \Pr[Y = z - x] = \sum_{x=1}^{6} \frac{1}{6} \cdot \Pr[Y = z - x]
$$

$$
= \sum_{x = \max\{1,\, z-6\}}^{\min\{6,\, z-1\}} \frac{1}{36}.
$$

Im letzten Schritt haben wir verwendet, dass für $z - x < 1$ bzw. $z - x > 6$ die Wahrscheinlichkeit $\Pr[Y = z-x]$ gleich Null ist. Deshalb muss gelten, dass $z-x \geq 1$, also $x \leq z - 1$ bzw. $z - x \leq 6$, also $x \geq z - 6$ ist.

Wir können den Ausdruck für $\Pr[Z = z]$ weiter vereinfachen, indem wir die Fälle $2 \leq z \leq 7$ und $7 < z \leq 12$ unterscheiden. In allen anderen Fällen, also für $z < 2$ und $z > 12$ gilt $\Pr[Z = z] = 0$, wie auch sofort anschaulich klar ist, da die Summe der Augenzahlen zweier Würfel stets zwischen 2 und 12 liegt. Für $2 \leq z \leq 7$ erhalten wir

$$
\Pr[Z = z] = \sum_{i=1}^{z-1} \frac{1}{36} = \frac{z-1}{36}.
$$

Analog rechnet man für $7 < z \leq 12$ nach, dass $\Pr[Z = z] = \frac{13-z}{36}$.

Momente zusammengesetzter Zufallsvariablen

Im Folgenden zeigen wir einige Rechenregeln für zusammengesetzte Zufallsvariablen.

Satz 1.62 (Linearität des Erwartungswerts) *Für Zufallsvariablen $X_1, \ldots, X_n$ und $X := a_1 X_1 + \ldots + a_n X_n$ mit $a_1, \ldots, a_n \in \mathbb{R}$ gilt*

$$
\mathbb{E}[X] = a_1 \mathbb{E}[X_1] + \ldots + a_n \mathbb{E}[X_n].
$$

Beweis: Die Behauptung folgt mit Hilfe einiger elementarer Umformungen leicht aus der Darstellung des Erwartungswerts in (1.7):

$$
\mathbb{E}[X] \;=\; \sum_{\omega \in \Omega} (a_1 \cdot X_1(\omega) + \ldots + a_n \cdot X_n(\omega)) \cdot \Pr[\omega]
$$

$$
= a_1 \cdot \left(\sum_{\omega \in \Omega} X_1(\omega) \cdot \Pr[\omega] \right) + \ldots + a_n \cdot \left(\sum_{\omega \in \Omega} X_n(\omega) \cdot \Pr[\omega] \right)
$$

$$
= a_1 \cdot \mathbb{E}[X_1] + \ldots + a_n \cdot \mathbb{E}[X_n]. \qquad \square
$$

BEISPIEL 1.63 n betrunkene Seeleute torkeln nach dem Landgang in ihre Kojen. Sie haben völlig die Orientierung verloren, weshalb wir annehmen, dass jede Zuordnung der Seeleute zu den n Betten gleich wahrscheinlich ist (wobei wir aber zumindest annehmen wollen, dass in jedem Bett genau ein Seemann zu liegen kommt). Wie viele Seeleute liegen im Mittel im richtigen Bett?

Die Anzahl der Seeleute im richtigen Bett zählen wir mit der Zufallsvariable X. Wenn man versucht, die Verteilung von X zu ermitteln, so wird man bald frustriert feststellen, dass diese recht kompliziert ist. Man kann das Problem jedoch sehr leicht lösen, wenn man X als Summe der Zufallsvariablen $X_1, \ldots, X_n$ darstellt. Diese sind definiert durch

$$X_i := \begin{cases} 1 & \text{falls Seemann } i \text{ in seinem Bett liegt,} \\ 0 & \text{sonst.} \end{cases}$$

Offenbar gilt $X := X_1 + \ldots + X_n$.

Für die Variablen X_i erhalten wir $\Pr[X_i = 1] = \frac{1}{n}$, da jedes Bett von Seemann i mit gleicher Wahrscheinlichkeit aufgesucht wird. Daraus folgt

$$\mathbb{E}[X_i] = 0 \cdot \Pr[X_i = 0] \, + \, 1 \cdot \Pr[X_i = 1] = \frac{1}{n},$$

und wir sind fertig, denn

$$\mathbb{E}[X] = \sum_{i=1}^{n} \mathbb{E}[X_i] = \sum_{i=1}^{n} \frac{1}{n} = 1.$$

Im Mittel hat also nur ein Seemann sein eigenes Bett aufgesucht.

Satz 1.62 ist äußerst nützlich, da keine Voraussetzungen an die Unabhängigkeit der beteiligten Zufallsvariablen gestellt werden. Bei Produkten von Zufallsvariablen können wir hingegen auf diese Voraussetzung nicht verzichten.

Satz 1.64 (Multiplikativität des Erwartungswerts) *Für unabhängige Zufallsvariablen* $X_1, \ldots, X_n$ *gilt*

$$\mathbb{E}[X_1 \cdot \ldots \cdot X_n] = \mathbb{E}[X_1] \cdot \ldots \cdot \mathbb{E}[X_n].$$

Beweis: Wir beweisen den Fall $n = 2$. Der allgemeine Fall wird analog gezeigt (Übungsaufgabe).

$$
\begin{aligned}
\mathbb{E}[X \cdot Y] \quad &= \quad \sum_{x \in W_X} \sum_{y \in W_Y} xy \cdot \Pr[X = x, Y = y] \\[2mm]
&\overset{\text{Unabh.}}{=} \quad \sum_{x \in W_X} \sum_{y \in W_Y} xy \cdot \Pr[X = x] \cdot \Pr[Y = y] \\[2mm]
&= \quad \sum_{x \in W_X} x \cdot \Pr[X = x] \sum_{y \in W_Y} y \cdot \Pr[Y = y] = \mathbb{E}[X] \cdot \mathbb{E}[Y]. \quad \square
\end{aligned}
$$

Um einzusehen, dass für die Gültigkeit von Satz 1.64 die Unabhängigkeit der Zufallsvariablen wirklich notwendig ist, betrachte man beispielsweise den Fall $Y = -X$ für eine Zufallsvariable mit einer von Null verschiedenen Varianz. Dann gilt $\mathbb{E}[X \cdot Y] = -\mathbb{E}[X^2] \neq -(\mathbb{E}[X])^2 = \mathbb{E}[X] \cdot \mathbb{E}[Y]$.

Insbesondere Satz 1.62, aber auch Satz 1.64 zeigen, dass man mit Erwartungswerten oft recht einfach rechnen kann. Aus diesem Grund ist es manchmal hilfreich, bereits bei der Berechnung von Wahrscheinlichkeiten zu Erwartungswerten überzugehen, indem man geeignete Zufallsvariablen betrachtet.

Definition 1.65 *Zu einem Ereignis A heißt die Zufallsvariable*

$$I_A := \begin{cases} 1 & \text{falls A eintritt,} \\ 0 & \text{sonst} \end{cases}$$

Indikatorvariable *des Ereignisses A.*

Bei Indikatorvariablen besteht ein enger Zusammenhang zwischen ihrem Erwartungswert und der Wahrscheinlichkeit des entsprechenden Ereignisses.

Beobachtung 1.66 *Für die Indikatorvariable I_A gilt nach Definition*

$$\mathbb{E}[I_A] = 1 \cdot \Pr[A] + 0 \cdot \Pr[\bar{A}] = \Pr[A].$$

Ebenso gilt

$$\mathbb{E}[I_{A_1} \cdot \ldots \cdot I_{A_n}] = \Pr[A_1 \cap \ldots \cap A_n],$$

da das Produkt von Indikatorvariablen genau dann gleich Eins ist, wenn alle entsprechenden Ereignisse eintreten.

BEISPIEL 1.67 *(Fortsetzung von Beispiel 1.63)* In Beispiel 1.63 auf der vorherigen Seite haben wir bereits eine Anwendung für Indikatorvariablen gesehen. Durch die Darstellung $X := X_1 + \ldots + X_n$ der Zufallsvariablen X als Summe von Indikatorvariablen mit $\Pr[X_i = 1] = 1/n$ wurde die Berechnung des Erwartungswerts $\mathbb{E}[X] = 1$ stark vereinfacht. Wir werden nun zeigen, dass derselbe Ansatz auch bei der Berechnung der Varianz $\text{Var}[X]$ zum Ziel führt.

Sei A_i das Ereignis, dass der i-te Seemann im richtigen Bett liegt. Mit der Notation aus Definition 1.65 folgt $X_i = I_{A_i}$. Wir halten fest, dass für beliebige Werte $i, j \in \{1, \ldots, n\}$ gilt

$$\mathbb{E}[X_i X_j] = \mathbb{E}[I_{A_i} I_{A_j}] = \Pr[A_i \cap A_j] = \frac{1}{n(n-1)},$$

denn Seemann i muss sein Bett unter n Betten wählen, während Seemann j nur noch $n - 1$ Möglichkeiten zur Verfügung hat. Ferner gilt

$$\mathbb{E}[X_i^2] = 0^2 \cdot \Pr[\bar{A}_i] + 1^2 \cdot \Pr[A_i] = \Pr[A_i] = 1/n.$$

Daraus folgt wegen der Linearität des Erwartungswerts für $X = X_1 + \ldots + X_n$:

$$\mathbb{E}[X^2] = \mathbb{E}\left[\sum_{i=1}^{n} X_i^2 + \sum_{i=1}^{n}\sum_{j \neq i} X_i X_j\right] = n \cdot \frac{1}{n} + n(n-1) \cdot \frac{1}{n(n-1)} = 2.$$

Für die Varianz erhalten wir somit den Wert

$$\mathrm{Var}[X] = \mathbb{E}[X^2] - \mathbb{E}[X]^2 = 2 - 1 = 1.$$

Mit Hilfe von Indikatorvariablen sind wir in der Lage, einen einfachen Beweis für Satz 1.6 auf Seite 7 anzugeben.

Beweis von Satz 1.6: Zur Erinnerung: Zu Ereignissen $A_1, \ldots, A_n$ wollen wir die Wahrscheinlichkeit $\Pr[B]$ des Ereignisses $B := A_1 \cup \ldots \cup A_n$ ermitteln.

Wir betrachten die Indikatorvariablen $I_i := I_{A_i}$ der Ereignisse $A_1, \ldots, A_n$ und die Indikatorvariable $I_{\bar{B}}$ des Ereignisses $\bar{B}$.

Das Produkt $\prod_{i=1}^{n}(1 - I_i)$ ist genau dann gleich Eins, wenn $I_1 = \ldots = I_n = 0$, d. h. wenn B nicht eintritt. Somit gilt $I_{\bar{B}} = \prod_{i=1}^{n}(1 - I_i)$ und wir erhalten durch Ausmultiplizieren

$$I_{\bar{B}} = 1 - \sum_{1 \leq i \leq n} I_i + \sum_{1 \leq i_1 < i_2 \leq n} I_{i_1} I_{i_2} - + \ldots + (-1)^n I_1 \cdot \ldots \cdot I_n.$$

Wegen der Eigenschaften von Indikatorvariablen gilt

$$\Pr[B] = 1 - \Pr[\bar{B}] = 1 - \mathbb{E}[I_{\bar{B}}].$$

Mit Hilfe von Satz 1.62 und Satz 1.64 „verteilen" wir den Erwartungswert auf die einzelnen Produkte von Indikatorvariablen. Wenn wir nun $\mathbb{E}[I_i]$ durch $\Pr[A_i]$ und allgemein $\mathbb{E}[I_{i_1} \cdot \ldots \cdot I_{i_k}]$ durch $\Pr[A_{i_1} \cap \ldots \cap A_{i_k}]$ ersetzen, haben wir Satz 1.6 bewiesen. $\qquad\Box$

Nachdem wir nun Aussagen zum Erwartungswert von Summen und Produkten gesehen haben, wollen wir untersuchen, ob ähnliche Aussagen auch für die Varianz gelten. Der folgende Satz zeigt, dass bei unabhängigen Zufallsvariablen die Varianz der Summe auf die Varianzen der einzelnen Zufallsvariablen zurückgeführt werden kann.

Satz 1.68 *Für unabhängige Zufallsvariablen $X_1, \ldots, X_n$ und $X := X_1 + \ldots + X_n$ gilt*

$$\mathrm{Var}[X] = \mathrm{Var}[X_1] + \ldots + \mathrm{Var}[X_n].$$

Beweis: Wir beschränken uns auf den Fall $n = 2$ und betrachten die Zufallsvariablen X und Y. Der allgemeine Fall folgt sofort mit Induktion.

Es gilt

$$\mathbb{E}[(X + Y)^2] = \mathbb{E}[X^2 + 2XY + Y^2] = \mathbb{E}[X^2] + 2\mathbb{E}[X]\mathbb{E}[Y] + \mathbb{E}[Y^2]$$
$$\mathbb{E}[X + Y]^2 = (\mathbb{E}[X] + \mathbb{E}[Y])^2 = \mathbb{E}[X]^2 + 2\mathbb{E}[X]\mathbb{E}[Y] + \mathbb{E}[Y]^2$$

Wir ziehen die zweite Gleichung von der ersten ab und erhalten

$$\mathbb{E}[(X + Y)^2] - \mathbb{E}[X + Y]^2 = \mathbb{E}[X^2] - \mathbb{E}[X]^2 + \mathbb{E}[Y^2] - \mathbb{E}[Y]^2.$$

Mit Hilfe von Satz 1.49 auf Seite 37 folgt die Behauptung. $\qquad\qquad\square$

Für abhängige Zufallsvariablen $X_1, \ldots, X_n$ gilt Satz 1.68 im Allgemeinen nicht. Als Beispiel betrachte man wiederum den Fall $X = -Y$: Hier gilt $\mathrm{Var}[X + Y] = 0 \neq 2 \cdot \mathrm{Var}[X] = \mathrm{Var}[X] + \mathrm{Var}[Y]$. Bei abhängigen Zufallsvariablen ist es in der Regel daher oft sehr schwer, Aussagen über die Varianz der Summe zu treffen.

1.5 Wichtige diskrete Verteilungen

Wir haben bereits darauf hingewiesen, dass eine Zufallsvariable im Wesentlichen durch ihre Verteilungs- oder Dichtefunktion bestimmt ist. Deshalb kann man Verteilungen untersuchen, ohne auf ein zugrunde liegendes Experiment Bezug zu nehmen. In diesem Abschnitt werden wir nun einige wichtige *diskrete* Verteilungen einführen, also Verteilungen deren Wertebereich endlich oder abzählbar unendlich ist. Bei diesen Verteilungen handelt es sich um Funktionen, die von gewissen *Parametern* abhängen. Eigentlich betrachten wir also immer eine ganze Familie von ähnlichen Verteilungen.

1.5.1 Bernoulli-Verteilung

Eine Zufallsvariable X mit $W_X = \{0, 1\}$ und der Dichte

$$f_X(x) = \begin{cases} p & \text{für } x = 1, \\ 1 - p & \text{für } x = 0. \end{cases}$$

heißt *Bernoulli-verteilt*. Den Parameter p nennen wir *Erfolgswahrscheinlichkeit*. Eine solche Verteilung erhält man z. B. bei einer einzelnen Indikatorvariablen. Es gilt mit $q := 1 - p$

$$\mathbb{E}[X] = p \quad \text{und} \quad \mathrm{Var}[X] = pq,$$

wegen $\mathbb{E}[X^2] = p$ und $\text{Var}[X] = \mathbb{E}[X^2] - \mathbb{E}[X]^2 = p - p^2$.

Der Name der Bernoulli-Verteilung geht zurück auf den Schweizer Mathematiker JAKOB BERNOULLI (1654–1705). Wie viele andere Mathematiker seiner Zeit hätte auch Bernoulli nach dem Wunsch seines Vaters ursprünglich Theologe werden sollen. Sein Werk *ars conjectandi* stellt eine der ersten Arbeiten dar, die sich mit dem Teil der Mathematik beschäftigen, den wir heute als Wahrscheinlichkeitstheorie bezeichnen.

1.5.2 Binomialverteilung

Eine Bernoulli-verteilte Zufallsvariable entspricht der Verteilung *einer* Indikatorvariablen. Häufig betrachtet man jedoch Summen von Indikatorvariablen. Ist eine Zufallsvariable $X := X_1 + \ldots + X_n$ als Summe von n unabhängigen, Bernoulli-verteilten Zufallsvariablen mit gleicher Erfolgswahrscheinlichkeit p definiert, dann heißt X *binomialverteilt* mit den Parametern n und p. In Zeichen schreiben wir $X \sim \text{Bin}(n, p)$.

Es gilt $W_X = \{0, \ldots, n\}$. Die Binomialverteilung besitzt die Dichte

$$f_X(x) := b(x; n, p) = \binom{n}{x} p^x q^{n-x}$$

mit $q := 1 - p$. Da die Binomialverteilung eine sehr wichtige Rolle spielt, führen wir für die Dichtefunktion die Abkürzung $b(x; n, p)$ ein.

Die Korrektheit dieser Dichte könnte man durch Bildung der Konvolution mehrerer Bernoulli-verteilter Zufallsvariablen nachrechnen (siehe Satz 1.60 auf Seite 42). Einfacher kommt man mit folgender Argumentation zum Ziel: Wir betrachten die Ergebnismenge $\Omega := \{0, 1\}^n$ und das Ereignis

$$A := \{z \in \{0, 1\}^n \mid z \text{ enthält } x \text{ Einsen}\}.$$

Jedes Elementarereignis $a \in A$ hat die Wahrscheinlichkeit $p^x q^{n-x}$. Die Kardinalität von A wird, wie in Band I erläutert, durch den Binomialkoeffizienten $|A| = \binom{n}{x}$ angegeben und es folgt $\text{Pr}[A] = b(x; n, p)$.

Mit den Sätzen über Erwartungswert und Varianz von Summen unabhängiger Zufallsvariablen erhalten wir sofort

$$\mathbb{E}[X] = np \quad \text{und} \quad \text{Var}[X] = npq.$$

Abbildung 1.7 auf der nächsten Seite zeigt die Dichte der Binomialverteilung für den Fall $n = 10$ und verschiedene Werte von p. Man erkennt den typischen glockenförmigen Verlauf, der vor allem dann deutlich wird, wenn p weder zu klein noch zu groß ist.

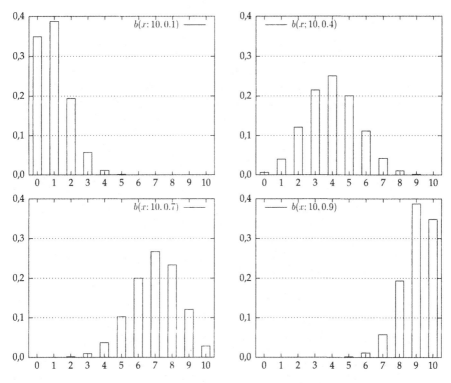

Abbildung 1.7: Dichte der Binomialverteilung

BEISPIEL 1.69 Ein Prozessor P in einem Parallelrechner ist mit 10 Prozessoren ver-
bunden. Wir nehmen an, dass jeder der Nachbarprozessoren in einer bestimmten
Zeitspanne T mit Wahrscheinlichkeit p eine Nachricht an P schickt. Die Anzahl X
der während T bei P eintreffenden Verbindungswünsche ist binomialverteilt, also
$X \sim \text{Bin}(10, p)$. Wenn $p = 0,3$ ist, so erhält P im Mittel $10 \cdot 0,3 = 3$ Nachrichten.
Ferner gilt

$$\Pr[T = 2] = \binom{10}{2} p^2 (1 - p)^8 \quad \text{und} \quad \Pr[T \geq 1] = 1 - \Pr[T = 0] = 1 - (1 - p)^{10}.$$

Satz 1.70 *Wenn $X \sim \text{Bin}(n_x, p)$ und $Y \sim \text{Bin}(n_y, p)$ unabhängig sind, dann gilt
für $Z := X + Y$, dass $Z \sim \text{Bin}(n_x + n_y, p)$.*

Beweis: Die Aussage folgt sofort, wenn man gemäß der Definition der Binomialverteilung X und Y als Summen von Indikatorvariablen darstellt. Z
ist dann offensichtlich wieder eine Summe von unabhängigen Indikatorvariablen.   □

1.5.3 Geometrische Verteilung

Wir haben bereits mehrere Male Experimente kennen gelernt, bei denen eine Aktion so lange wiederholt wird, bis sie erfolgreich ist (siehe Beispiel 1.4 auf Seite 5 oder Beispiel 1.46 auf Seite 35). Wenn ein einzelner Versuch mit Wahrscheinlichkeit p gelingt, so ist die Anzahl der Versuche bis zum Erfolg *geometrisch verteilt*. Wir erhalten mit $q := 1 - p$ die Dichte

$$f_X(i) = pq^{i-1} \quad \text{für } i \in \mathbb{N}.$$

Für Erwartungswert und Varianz geometrisch verteilter Zufallsvariablen gilt

$$\mathbb{E}[X] = \frac{1}{p} \quad \text{und} \quad \text{Var}[X] = \frac{q}{p^2},$$

denn es gilt (vergleiche Beispiel 1.46):

$$\mathbb{E}[X] = \sum_{i=1}^{\infty} i \cdot pq^{i-1} = p \cdot \sum_{i=1}^{\infty} i \cdot q^{i-1} = p \cdot \frac{1}{(1-q)^2} = \frac{1}{p}.$$

$\mathbb{E}[X^2]$ erhält man analog und berechnet damit $\text{Var}[X]$ (Übungsaufgabe).

Abbildung 1.8 auf der nächsten Seite zeigt den typischen Verlauf der Dichte einer geometrisch verteilten Zufallsvariablen.

BEISPIEL 1.71 Bei einem Rechnernetz stehe eine Leitung mit Wahrscheinlichkeit 0,8 zur Verfügung. Dann sind im Durchschnitt $\frac{1}{0,8} = 1,25$ Versuche erforderlich, um eine Nachricht erfolgreich zu übertragen.

Die geometrische Verteilung besitzt eine interessante Eigenschaft, die uns in Kapitel 2 über kontinuierliche Wahrscheinlichkeitsräume bei der so genannten Exponentialverteilung wieder begegnen wird.

Sei X geometrisch verteilt mit Erfolgswahrscheinlichkeit p. Wie groß ist die Wahrscheinlichkeit $\Pr[X > y + x \mid X > x]$? Wenn wir bereits wissen, dass bei den ersten x Versuchen kein Erfolg eintrat, dann können wir uns vorstellen, dass das „eigentliche" Experiment erst ab dem $(x + 1)$-ten Versuch startet. Die Zeit bis zum ersten Erfolg bei diesem verkürzten Experiment nennen wir X'. Damit $X > y + x$ gilt, muss $X' > y$ gelten. Es ist intuitiv einleuchtend, dass X' wieder geometrisch verteilt ist mit Erfolgswahrscheinlichkeit p, da die Experimente zur Zeit $> x$ unabhängig davon sind, was zu den Zeiten $1, \ldots x$ passiert ist. Deshalb erwarten wir für $x, y \in \mathbb{N}$

$$\Pr[X > y + x \mid X > x] = \Pr[X > y]. \tag{1.8}$$

Diese Eigenschaft nennt man *Gedächtnislosigkeit*, da eine geometrisch verteilte Zufallsvariable gewissermaßen vergisst, dass sie schon x Misserfolge

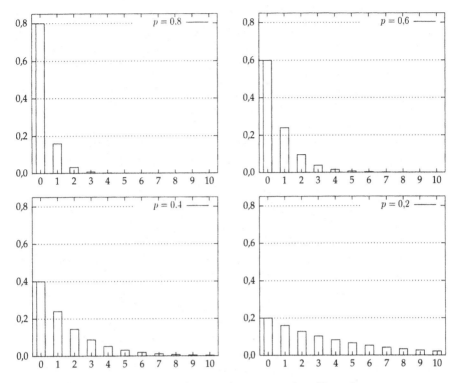

Abbildung 1.8: Dichte der geometrischen Verteilung

hinter sich hat und sich deshalb zum Zeitpunkt $y + x$ genauso verhält wie ursprünglich zur Zeit y.

Formal rechnen wir zunächst nach, dass

$$\Pr[X > x] = \sum_{i=x+1}^{\infty} (1-p)^{i-1}p = (1-p)^x p \cdot \sum_{i=0}^{\infty} (1-p)^i$$

$$= (1-p)^x p \cdot \frac{1}{1-(1-p)} = (1-p)^x.$$

Auch diese Gleichung ist intuitiv klar: Das Ereignis „$X > x$" tritt genau dann ein, wenn zu Beginn des Experiments x Misserfolge eintreten. Dies ist genau mit Wahrscheinlichkeit $(1-p)^x$ der Fall. Mit Hilfe dieses Zwischenergebnisses folgt die Gedächtnislosigkeit, denn

$$\Pr[X > y + x \mid X > x] = \frac{\Pr[X > y + x, X > x]}{\Pr[X > x]} = \frac{\Pr[X > y + x]}{\Pr[X > x]}$$

$$= (1-p)^{y+x} \cdot (1-p)^{-x} = (1-p)^y = \Pr[X > y].$$

Die geometrische Verteilung stellt den klassischen Fall eines *Warteproblems* dar, bei dem ein Experiment solange wiederholt wird, bis ein bestimmtes Ereignis eingetreten ist. Das folgende Beispiel behandelt die Variante, dass zwei Zufallsvariablen gewissermaßen „hintereinander geschaltet" werden. Die erste Zufallsvariable X bestimmt dabei einen Parameter der Verteilung der zweiten Zufallsvariable Y.

Beispiel 1.72   Eine Messsonde, die am Rand eines Vulkankraters aufgestellt ist, soll einen bevorstehenden Ausbruch beobachten. Sie sendet jede Sekunde ein Paket mit Messdaten an eine Empfangsstation. Wir gehen davon aus, dass ab dem Beginn des Ausbruchs in jeder Sekunde eine Wahrscheinlichkeit von $p_X = 0{,}05$ besteht, mit der die Sonde ihren Betrieb wegen zu großer Schäden einstellt. Die Lebensdauer der Sonde in Sekunden bezeichnen wir mit der Zufallsvariable X, wobei

$$\Pr[X = n] = (q_X)^n p_X \quad \text{mit } q_X = 1 - p_X.$$

Die Verteilung von X nennen wir *modifiziert geometrisch*, da $X' := X + 1$ geometrisch verteilt ist. Mit den bekannten Rechenregeln für Erwartungswert und Varianz folgt sofort, dass $\mathbb{E}[X] = \mathbb{E}[X' - 1] = \mathbb{E}[X'] - 1 = \frac{1}{p_X} - 1$ und $\operatorname{Var}[X] = \operatorname{Var}[X'] = \frac{q_X}{(p_X)^2}$.

Wir interessieren uns aber nicht für X selbst, sondern für die Anzahl Y von Datenpaketen, die bei der Empfangsstation ankommen. Diese hängt nicht nur von der Lebensdauer der Sonde ab, sondern auch davon, ob die Übertragung der einzelnen Pakete erfolgreich verläuft. Wir nehmen an, dass jedes Paket unabhängig mit Wahrscheinlichkeit $p_Y = 0{,}8$ empfangen werden kann. Y ist also für eine feste Lebensdauer der Sonde binomialverteilt, d. h.

$$\Pr[Y = t \mid X = n] = \binom{n}{t} (p_Y)^t (q_Y)^{n-t} = b(t; n, p_Y).$$

Damit gilt $\mathbb{E}[Y \mid X = n] = n p_Y$. Der Erwartungswert von Y ergibt sich daraus mit Hilfe von Satz 1.45 auf Seite 34:

$$
\begin{aligned}
\mathbb{E}[Y] &= \sum_{i=0}^{\infty} \mathbb{E}[Y \mid X = i] \cdot \Pr[X = i] = \sum_{i=0}^{\infty} i p_Y \cdot (q_X)^i p_X \\
&= p_Y \cdot \mathbb{E}[X] = p_Y \left(\frac{1}{p_X} - 1 \right) = 0{,}8 \cdot \left(\frac{1}{0{,}05} - 1 \right) = 15{,}2 \,.
\end{aligned}
$$

Warten auf den n-ten Erfolg.   Bei der geometrischen Verteilung wird das Experiment so lange wiederholt, bis der erste Erfolg eingetreten ist. Dies kann man auf natürliche Weise dahingehend verallgemeinern, dass man auf den n-ten Erfolg wartet.

Wir betrachten dazu n unabhängige Zufallsvariablen $X_1, \ldots, X_n$, die jeweils geometrisch verteilt sind mit Parameter p, und bestimmen die Dichte der Zufallsvariablen $Z := X_1 + \ldots + X_n$. Dabei bezeichnet Z also die Anzahl der Versuche bis zum n-ten erfolgreichen Experiment (einschließlich).

Die Dichte von Z kann man entweder mit Hilfe von Satz 1.60 auf Seite 42 bestimmen, in dem man induktiv die Konvolution der entsprechenden Dichten bestimmt. Wir wollen uns die damit verbundene Rechnerei aber sparen und bestimmen die Dichte von Z statt dessen direkt. Dazu überlegen wir uns folgendes: Z bezeichnet die Anzahl der Versuche bis zum n-ten erfolgreichen Experiment. Wenn $Z = z$ ist, so wurden also genau n erfolgreiche und $z - n$ nicht erfolgreiche Experimente durchgeführt. Da nach Definition von Z das letzte Experiment erfolgreich sein muss, steht der Zeitpunkt des n-ten erfolgreichen Experimentes fest. Die übrigen $n - 1$ erfolgreichen Experimente können beliebig auf die restlichen $z - 1$ Experimente verteilt werden. Gemäß Kapitel 1 in Band I gibt es dafür genau $\binom{z-1}{n-1}$ Möglichkeiten. Jede dieser Möglichkeiten tritt mit Wahrscheinlichkeit $p^n(1-p)^{z-n}$ ein. Für die Dichte von Z gilt also

$$f_Z(z) = \binom{z-1}{n-1} \cdot p^n(1-p)^{z-n}.$$

Die Zufallsvariable Z nennt man *negativ binomialverteilt* mit Ordnung n.

Das Coupon-Collector-Problem.   Zum Abschluss unseres kleinen Exkurses über Warteprobleme betrachten wir ein klassisches Beispiel, das in dieser oder einer ähnlichen Form bereits so große Mathematiker wie DEMOIVRE, EULER und LAPLACE beschäftigt hat.

Gelegentlich werden Produkten Abziehbilder oder ähnliche Dinge beigelegt, um den Käufer zum Sammeln anzuregen. Wenn es insgesamt n verschiedene Abziehbilder gibt, wie viele Produkte muss man im Mittel erwerben, bis man eine vollständige Sammlung besitzt? Hierbei nehmen wir an, dass bei jedem Kauf die Abziehbilder unabhängig voneinander mit gleicher Wahrscheinlichkeit auftreten.

Wir führen zunächst ein paar Bezeichnungen ein. X sei die Anzahl der Käufe bis zur Komplettierung der Sammlung. Ferner teilen wir die Zeit in Phasen ein: Phase i bezeichne die Schritte vom Erwerb des $(i - 1)$-ten Abziehbildes (ausschließlich) bis zum Erwerb des i-ten Abziehbildes (einschließlich).

Wenn beispielsweise $n = 4$ gilt und wir die Abziehbilder mit den Zahlen $1, 2, 3, 4$ identifizieren, so könnte ein vollständiges Experiment beispielsweise so aussehen:

$$\underbrace{2}_{1}, \underbrace{2, 1}_{2}, \underbrace{2, 2, 3}_{3}, \underbrace{1, 3, 2, 3, 1, 4}_{4},$$

wobei die Phasen jeweils durch die geschweiften Klammern gekennzeichnet sind.

X_i sei die Anzahl der Käufe in Phase i. Offensichtlich gilt $X = \sum_{i=1}^{n} X_i$. Phase i wird beendet, wenn wir eines der $n - i + 1$ Abziehbilder erhalten, die wir noch nicht besitzen. Somit ist X_i geometrisch verteilt mit Parameter $p = \frac{n-i+1}{n}$ und es gilt $\mathbb{E}[X_i] = \frac{n}{n-i+1}$.

Mit diesem Wissen können wir $\mathbb{E}[X]$ ausrechnen, denn es folgt wegen der Linearität des Erwartungswerts, dass

$$\mathbb{E}[X] = \sum_{i=1}^{n} \mathbb{E}[X_i] = \sum_{i=1}^{n} \frac{n}{n-i+1} = n \cdot \sum_{i=1}^{n} \frac{1}{i} = n \cdot H_n,$$

wobei $H_n := \sum_{i=1}^{n} \frac{1}{i}$ die *n-te harmonische Zahl bezeichnet*. Aus Band I wissen wir, dass $H_n = \ln n + O(1)$ und es folgt, dass $\mathbb{E}[X] = n \ln n + O(n)$.

Diese Wartezeit ist erstaunlich kurz, wenn man bedenkt, dass man im optimalen Fall n Abziehbilder erwerben muss. Durch völlig zufälliges Sammeln kommt also im Vergleich zum optimalen Vorgehen nur der Faktor $\ln n$ hinzu.

Bemerkung 1.73 Das Coupon-Collector-Problem taucht in diversen Varianten in zahlreichen Anwendungen auf. Wenn man beispielsweise durch Abhören eines Netzwerkes alle Benutzer feststellen möchte und annimmt, dass ein abgefangenes Paket von einem zufälligen Benutzer stammt, so entspricht die Wartezeit bis zu dem Moment, an dem man alle Benutzer kennt, genau der Wartezeit beim Coupon-Collector-Problem.

1.5.4 Poisson-Verteilung

Die Poisson-Verteilung mit dem Parameter λ hat den Wertebereich $W_X = \mathbb{N}_0$ und besitzt die Dichte

$$f_X(i) = \frac{e^{-\lambda} \lambda^i}{i!} \quad \text{für } i \in \mathbb{N}_0.$$

f_X ist eine zulässige Dichte, denn es gilt

$$\sum_{i=0}^{\infty} f_X(i) = \sum_{i=0}^{\infty} \frac{e^{-\lambda} \lambda^i}{i!} = e^{-\lambda} \cdot e^{\lambda} = 1,$$

wobei wir die aus der Analysis bekannte Reihenentwicklung $e^x = \sum_{i=0}^{\infty} \frac{x^i}{i!}$ verwendet haben.

Für den Erwartungswert erhalten wir

$$\mathbb{E}[X] = \sum_{i=0}^{\infty} i \cdot \frac{e^{-\lambda} \lambda^i}{i!} = \lambda e^{-\lambda} \sum_{i=1}^{\infty} \frac{\lambda^{i-1}}{(i-1)!} = \lambda e^{-\lambda} \sum_{i=0}^{\infty} \frac{\lambda^i}{i!} = \lambda e^{-\lambda} e^{\lambda} = \lambda.$$

Ferner gilt

$$\mathbb{E}[X(X-1)] = \sum_{i=0}^{\infty} i(i-1) \cdot \frac{e^{-\lambda}\lambda^i}{i!} = \lambda^2 e^{-\lambda} \sum_{i=2}^{\infty} \frac{\lambda^{i-2}}{(i-2)!} = \lambda^2 e^{-\lambda} \sum_{i=0}^{\infty} \frac{\lambda^i}{i!}$$
$$= \lambda^2 e^{-\lambda} e^{\lambda} = \lambda^2,$$

woraus wir wegen

$$\mathbb{E}[X(X-1)] + \mathbb{E}[X] - \mathbb{E}[X]^2 = \mathbb{E}[X^2] - \mathbb{E}[X] + \mathbb{E}[X] - \mathbb{E}[X]^2 = \text{Var}[X]$$

leicht die Varianz ermitteln können:

$$\text{Var}[X] = \mathbb{E}[X(X-1)] + \mathbb{E}[X] - \mathbb{E}[X]^2 = \lambda^2 + \lambda - \lambda^2 = \lambda. \qquad (1.9)$$

Um anzugeben, dass eine Zufallsvariable X Poisson-verteilt ist mit Parameter λ schreibt man auch kurz $X \sim \text{Po}(\lambda)$. Abbildung 1.9 zeigt den Verlauf der Poissonverteilung für verschiedene Werte von λ.

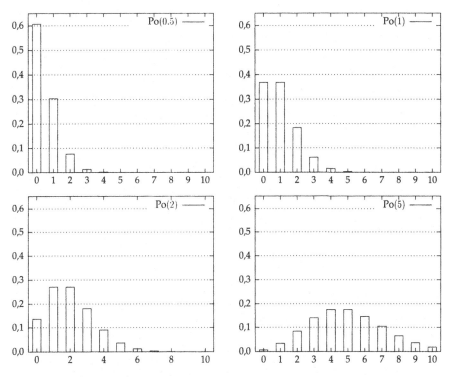

Abbildung 1.9: Dichte der Poisson-Verteilung

Die Poisson-Verteilung trägt ihren Namen zu Ehren von SIMÉON DENIS POISSON (1781–1840), der in Paris an der École Polytechnique studierte, arbeitete und lehrte, und wichtige Arbeiten zur Mathematik und Physik verfasste.

Poisson-Verteilung als Grenzwert der Binomialverteilung

Wie alle Verteilungen, die wir bislang kennen gelernt haben, lässt sich auch die Poisson-Verteilung anhand einer Anwendung motivieren.

BEISPIEL 1.74   Wir betrachten einen Druckerserver, der nach einem Spooling-Verfahren arbeitet. Die Client-Programme legen also ihre Druckaufträge in einer Warteschlange ab, anstatt selbst auf den Drucker zuzugreifen. Der Druckerserver sieht periodisch nach, ob Aufträge anliegen und führt diese gegebenenfalls aus. Wir nehmen an, dass Aufträge unabhängig und gleichverteilt ankommen, wobei im Mittel λ Aufträge pro Stunde erteilt werden. Dann ist die Wahrscheinlichkeit, dass innerhalb einer Stunde genau k Aufträge eingehen, Poisson-verteilt mit Parameter λ. — Um einzusehen, dass dies so ist, benötigen wir allerdings zunächst noch etwas Theorie.

Wir betrachten eine Folge von binomialverteilten Zufallsvariablen X_n mit $X_n \sim \text{Bin}(n, p_n)$, wobei $p_n = \lambda/n$. Für ein beliebiges k mit $0 \leq k \leq n$ ist die Wahrscheinlichkeit, dass X_n den Wert k annimmt, gleich

$$
\begin{aligned}
b(k; n, p_n) &= \binom{n}{k} \cdot p_n^k \cdot (1 - p_n)^{n-k} \\
&= \frac{(n \cdot p_n)^k}{k!} \cdot \frac{n^{\underline{k}}}{n^k} \cdot (1 - p_n)^{-k} \cdot (1 - p_n)^n \\
&= \frac{\lambda^k}{k!} \cdot \frac{n^{\underline{k}}}{n^k} \cdot \left(1 - \frac{\lambda}{n}\right)^{-k} \cdot \left(1 - \frac{\lambda}{n}\right)^n.
\end{aligned}
$$

Gehen wir zum Grenzwert $n \to \infty$ über und verwenden die aus der Analysis bekannten Aussagen $\lim_{n \to \infty} \frac{n^{\underline{k}}}{n^k} = 1$, $\lim_{n \to \infty} (1 - \frac{\lambda}{n})^{-k} = 1$ und $\lim_{n \to \infty} (1 - \frac{\lambda}{n})^n = e^{-\lambda}$, so erhalten wir, dass

$$
\lim_{n \to \infty} b(k; n, p_n) = \lim_{n \to \infty} \binom{n}{k} \cdot p_n^k \cdot (1 - p_n)^{n-k} = e^{-\lambda} \cdot \frac{\lambda^k}{k!}.
$$

Die Wahrscheinlichkeit $b(k; n, p_n)$ konvergiert also für $n \to \infty$ gegen die Wahrscheinlichkeit, dass eine Poisson-verteilte Zufallsvariable mit Parameter λ den Wert k annimmt. Insgesamt folgt somit, dass die Verteilung einer Zufallsvariablen $X \sim \text{Bin}(n, \lambda/n)$ sich für $n \to \infty$ der Poisson-Verteilung $\text{Po}(\lambda)$ annähert. In Abbildung 1.10 auf der nächsten Seite ist dies exemplarisch für den Parameter $\lambda = 3$ und $n \in \{10, 20, 50, 100\}$ dargestellt.

Ist also n im Vergleich zu λ hinreichend groß, so kann man die Poisson-Verteilung als Approximation der Binomialverteilung verwenden. Diese Tatsache wird manchmal auch als *Gesetz seltener Ereignisse* bezeichnet, da die Wahrscheinlichkeit eines einzelnen Treffers $p_n = \lambda/n$ relativ klein sein muss, wenn die Approximation gute Ergebnisse liefern soll.

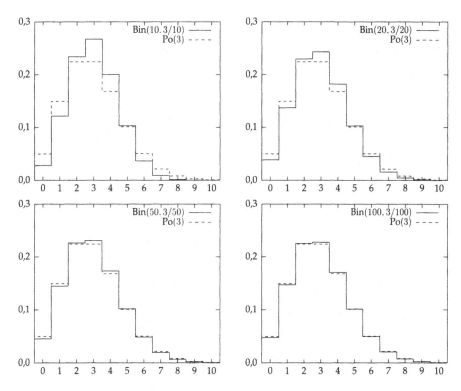

Abbildung 1.10: Vergleich von Binomial- und Poisson-Verteilung

BEISPIEL 1.75 *(Fortsetzung von Beispiel 1.74)* Kehren wir zu unserem Druckerserver zurück. Wir wollten die Wahrscheinlichkeit berechnen, dass innerhalb einer Stunde genau k Aufträge eingehen. Um diese zu ermitteln spezifizieren wir das Problem zunächst noch etwas genauer. Dazu nehmen wir an, dass der Druckerserver pro Stunde n-mal eine Überprüfung der Warteschlange vornimmt. Die Abstände zwischen den Überprüfungszeitpunkten seien hierbei gleich. Ferner gehen wir davon aus, dass bei jeder Überprüfung höchstens ein neuer Auftrag anliegt. Diese Annahme ist gerechtfertigt, wenn n sehr groß gegenüber λ ist, denn in diesem Fall ist das Zeitintervall zwischen zwei Überprüfungen vergleichsweise kurz. p_n sei die Wahrscheinlichkeit, dass bei einer Überprüfung ein Auftrag anliegt. Unter diesen Annahmen ist X binomialverteilt, also $X \sim \text{Bin}(n, p_n)$. Aus der Annahme, dass im Mittel λ Aufträge erteilt werden, folgt zudem $\lambda \overset{!}{=} \mathbb{E}[X] = np_n$ und also $p_n = \lambda/n$.

Ist die Anzahl n der Überprüfungszeitpunkte sehr groß, so konvergiert die Verteilung von X daher gegen die Poisson-Verteilung. Betrachten wir dazu noch einige konkrete Werte. Nehmen wir an, dass pro Stunde zehn Aufträge ankommen und dass der Server alle zehn Sekunden überprüft, ob ein Auftrag anliegt. Mit welcher Wahrscheinlichkeit sind genau fünf dieser Überprüfungen erfolgreich? Modellieren wir das Experiment mit einer Binomialverteilung $\text{Bin}(360, 10/360)$, so erhalten wir für die gesuchte Wahrscheinlichkeit den Wert $b(5; 360, 10/360) = 0{,}036768\ldots$ Betrachten wir hingegen kontinuierlich ankommende Druckaufträge, so gehen wir zur Poisson-Verteilung Po(10) über und erhalten für die Wahrscheinlichkeit von genau fünf ankommenden Aufträgen den Wert $(e^{-10} \cdot 10^5)/(5!) \approx 0{,}037833...$

Mit Hilfe der Interpretation der Poisson-Verteilung als Grenzwert der Binomialverteilung kann man leicht erkennen, unter welchen Voraussetzungen die Poisson-Verteilung als sinnvolle Modellierung eines Zufallsexperiments verwendet werden kann. Die Annahme einer Poisson-Verteilung ist beispielsweise dann sinnvoll, wenn wir über eine feste Zeitspanne zählen, wie oft ein bestimmtes Ereignis eintritt. Ein solches Experiment können wir mit einer Binomialverteilung darstellen, wenn wir uns die Zeit in n gleich große Beobachtungsintervalle aufgeteilt vorstellen. Durch den Übergang $n \to \infty$ verschwindet diese künstliche Diskretisierung der Zeit. Die folgenden Voraussetzungen müssen erfüllt sein, damit die Annahme der Poisson-Verteilung gerechtfertigt ist:

- Die Ereignisse treten nie zur gleichen Zeit auf. (Im Fall der Binomialverteilung ist für sehr kleine Werte von $p_n = \lambda/n$ die Wahrscheinlichkeit sehr gering, dass in einem Beobachtungsintervall zwei oder mehr Ereignisse gleichzeitig eintreten.)

- Die Wahrscheinlichkeit, dass ein Ereignis in einem (kleinen) Zeitintervall δt auftritt, ist proportional zur Länge von δt.

- Die Anzahl der Ereignisse in einem festen Zeitintervall hängt nur von dessen Länge ab, nicht aber von der Lage auf der Zeitachse (d. h. nicht von der absoluten Zeit).

- Wenn man zwei disjunkte Zeitintervalle betrachtet, so sind die Anzahlen der Ereignisse in diesen Zeiträumen voneinander unabhängig.

Neben der Interpretation der Poisson-Verteilung als Grenzwert der Binomialverteilung gibt es auch noch einen interessanten Zusammenhang zwischen der Poisson- und der Exponentialverteilung, die wir in Kapitel 2 kennen lernen werden.

BEISPIEL 1.76 Wir untersuchen die Frage, wie oft ein bestimmtes Rechenzentrum pro Jahr im Durchschnitt von einer Naturkatastrophe getroffen wird, welche die völlige Zerstörung der Anlage bewirkt. Aus Statistiken entnehmen wir, dass so ein Ereignis im Mittel 10^{-4}-mal pro Jahr auftritt. Wir interessieren uns nun für die Wahrscheinlichkeit, dass das Rechenzentrum in einem Jahr mehr als einmal von einem solchen Unglück heimgesucht wird.

Die obigen Voraussetzungen scheinen dabei erfüllt zu sein, weshalb wir uns entschließen, die Anzahl X der Katastrophen durch eine Poisson-Verteilung zu modellieren[3]. Den Parameter λ setzen wir dabei gleich 10^{-4}, da $10^{-4} = \mathbb{E}[X] = \lambda$ gilt.

---

[3] Bei sehr seltenen Ereignissen hat sich die Poisson-Verteilung bewährt, da eventuelle Abhängigkeiten zwischen den Ereignissen in diesem Fall so gut wie keine Rolle spielen. Die Er-

Damit berechnen wir die gesuchte Wahrscheinlichkeit

$$\begin{aligned}
\Pr[X \geq 2] &= 1 - \Pr[X = 0] - \Pr[X = 1] = 1 - e^{-\lambda} - \lambda e^{-\lambda} \\
&\approx 1 - 0{,}999900005 - 0{,}000099990 = 5 \cdot 10^{-9}.
\end{aligned}$$

Summe von Poisson-verteilten Zufallsvariablen. Satz 1.70 auf Seite 49 hat gezeigt, dass die Summe binomialverteilter Zufallsvariablen wieder binomialverteilt ist. Die Interpretation der Poisson-Verteilung als Grenzwert der Binomialverteilung legt nahe, dass eine entsprechende Aussage auch für die Poisson-Verteilung gilt.

Satz 1.77 *Sind X und Y unabhängige Zufallsvariablen mit $X \sim \mathrm{Po}(\lambda)$ und $Y \sim \mathrm{Po}(\mu)$, dann gilt $Z := X + Y \sim \mathrm{Po}(\lambda + \mu)$.*

Beweis: In Satz 1.60 auf Seite 42 hatten wir gesehen, dass man die Dichte einer Summe unabhängiger Zufallsvariablen durch Faltung ihrer Dichten erhält. Wir wenden diesen Satz auf X und Y an:

$$\begin{aligned}
f_Z(z) &= \sum_{x=0}^{\infty} f_X(x) \cdot f_Y(z - x) = \sum_{x=0}^{z} \frac{e^{-\lambda} \lambda^x}{x!} \cdot \frac{e^{-\mu} \mu^{z-x}}{(z-x)!} \\
&= e^{-(\lambda+\mu)} \cdot \frac{(\lambda+\mu)^z}{z!} \cdot \sum_{x=0}^{z} \frac{z!}{x!(z-x)!} \left(\frac{\lambda}{\lambda+\mu}\right)^x \left(\frac{\mu}{\lambda+\mu}\right)^{z-x} \\
&= e^{-(\lambda+\mu)} \cdot (\lambda+\mu)^z \frac{1}{z!} \cdot \sum_{x=0}^{z} \binom{z}{x} p^x (1-p)^{z-x},
\end{aligned}$$

wobei $p := \frac{\lambda}{\lambda+\mu}$. Die Summe ergibt den Wert Eins, wie sofort mit Hilfe der binomischen Formel (siehe Band I) folgt, und wir erhalten

$$f_Z(z) = e^{-(\lambda+\mu)} \cdot (\lambda+\mu)^z \frac{1}{z!},$$

womit die Behauptung bewiesen ist.   □

1.6   Abschätzen von Wahrscheinlichkeiten

1.6.1   Die Ungleichungen von Markov und Chebyshev

Bei der Analyse von Zufallsvariablen tritt häufig der Fall ein, dass man die Verteilung nicht geschlossen angeben kann. Dennoch kann man eventuell

eignisse treten gewöhnlich in so großen zeitlichen Abständen auf, dass sie aufeinander keinen Einfluss besitzen.

den Erwartungswert und vielleicht auch die Varianz berechnen. In diesem Abschnitt betrachten wir Ungleichungen, die uns unter diesen Voraussetzungen Abschätzungen für die Verteilung liefern.

Der folgende Satz ist sehr grundlegender Natur, auch wenn er auf den ersten Blick ein wenig unscheinbar aussieht.

Satz 1.78 (Ungleichung von Markov) *Sei X eine Zufallsvariable, die nur nichtnegative Werte annimmt. Dann gilt für alle $t \in \mathbb{R}$ mit $t > 0$, dass*

$$\Pr[X \geq t] \leq \frac{\mathbb{E}[X]}{t}.$$

Oder äquivalent dazu $\Pr[X \geq t \cdot \mathbb{E}[X]] \leq 1/t$.

Beweis: Wir rechnen direkt nach, dass

$$
\begin{aligned}
\mathbb{E}[X] &= \sum_{x \in W_X} x \cdot \Pr[X = x] \geq \sum_{x \in W_X,\, x \geq t} x \cdot \Pr[X = x] \\
&\geq t \cdot \sum_{x \in W_X,\, x \geq t} \Pr[X = x] = t \cdot \Pr[X \geq t].
\end{aligned}
$$
□

Man erkennt, dass die Markov-Ungleichung im Wesentlichen durch Weglassen einiger Summanden aus der Definition des Erwartungswerts entsteht.

Die Markov-Ungleichung trägt ihren Namen zu Ehren von ANDREY ANDREYEVICH MARKOV (1856–1922). Markov studierte bei Chebyshev, den wir in Kürze kennen lernen werden, an der Universität von St. Petersburg und blieb dort für den Rest seiner Laufbahn. Neben seiner mathematischen Tätigkeit fiel Markov durch heftige Proteste gegen das Zaren-Regime auf und nur sein Status als vermeintlich harmloser Akademiker schützte ihn vor Repressalien durch die Behörden. Im Jahr 1913 organisierte er parallel zum dreihundertjährigen Geburtstag der Zarenfamilie Romanov eine Feier zum zweihundertjährigen Geburtstag des Gesetzes der großen Zahlen (siehe Satz 1.81 auf Seite 62).

Man kann die Markov-Ungleichung verwenden, um weitere Abschätzungen zu erhalten, indem man geeignete Zufallsvariablen definiert. Wir zeigen dies am Beispiel der Chebyshev-Ungleichung, die ebenfalls ein sehr nützliches Instrument darstellt und von dem bereits erwähnten St. Petersburger Mathematiker PAVNUTY LVOVICH CHEBYSHEV (1821–1894) entdeckt wurde.

Satz 1.79 (Ungleichung von Chebyshev) *Sei X eine Zufallsvariable und $t \in \mathbb{R}$ mit $t > 0$. Dann gilt*

$$\Pr[|X - \mathbb{E}[X]| \geq t] \leq \frac{\text{Var}[X]}{t^2}.$$

oder äquivalent dazu $\Pr[|X - \mathbb{E}[X]| \geq t\sqrt{\text{Var}[X]}] \leq 1/t^2$.

Beweis: Es gilt

$$\Pr[|X - \mathbb{E}[X]| \geq t] = \Pr[(X - \mathbb{E}[X])^2 \geq t^2].$$

Die Zufallsvariable $Y := (X - \mathbb{E}[X])^2$ hat nach Definition der Varianz den Erwartungswert $\mathbb{E}[Y] = \text{Var}[X]$. Damit folgt die Behauptung durch Anwendung der Markov-Ungleichung:

$$\Pr[|X - \mathbb{E}[X]| \geq t] = \Pr[Y \geq t^2] \leq \frac{\mathbb{E}[Y]}{t^2} = \frac{\text{Var}[X]}{t^2}. \qquad \square$$

Die Ungleichung von Chebyshev bestätigt die intuitive Bedeutung der Varianz: Je kleiner die Varianz ist, desto größer ist die Wahrscheinlichkeit, mit der X nur Werte innerhalb eines Intervalls $[\mathbb{E}[X] - t, \mathbb{E}[X] + t]$ um den Erwartungswert $\mathbb{E}[X]$ annimmt. Die Varianz ist also in der Tat ein gutes Maß dafür, mit welcher Sicherheit wir davon ausgehen können, dass die Werte einer Zufallsvariablen „nahe" beim Erwartungswert liegen.

BEISPIEL 1.80 Wir werfen 1000-mal eine ideale Münze und ermitteln die Anzahl X der Würfe, in denen „Kopf" fällt. X ist binomialverteilt mit $X \sim \text{Bin}(1000, p = \frac{1}{2})$. Somit gilt $\mathbb{E}[X] = \frac{1}{2}n = 500$, $\text{Var}[X] = \frac{1}{4}n = 250$. Wie groß ist die Wahrscheinlichkeit, dass mehr als 550-mal „Kopf" fällt? Die Ungleichung von Chebyshev liefert

$$\Pr[X \geq 550] \leq \Pr[|X - 500| \geq 50] \leq \frac{250}{50^2} = 0{,}1.$$

Wenn wir für die Anzahl der Würfe $n = 10000$ ansetzen und wieder eine maximale prozentuale Abweichung von 10% vom Erwartungswert betrachten, so erhalten wir die Werte $\mathbb{E}[X] = 5000$, $\text{Var}[X] = 2500$ und deshalb

$$\Pr[X \geq 5500] \leq \Pr[|X - 5000| \geq 500] \leq \frac{2500}{500^2} = 0{,}01.$$

Für wachsende n wird also die Wahrscheinlichkeit für eine Abweichung um mehr als 10% vom Erwartungswert immer kleiner. Im nächsten Abschnitt werden wir diese Beobachtung zu einem allgemeinen Gesetz erweitern. Außerdem werden wir in Abschnitt 1.6.3 auf Seite 65 sehen, dass die Schranken aus der Chebyshev-Ungleichung für dieses Beispiel noch deutlich verbessert werden können.

1.6.2 Das Gesetz der großen Zahlen

Bei der Motivation des Wahrscheinlichkeitsbegriffs (siehe Abschnitt 1.1 auf Seite 1) sind wir kurz darauf eingegangen, dass Wahrscheinlichkeiten als Grenzwerte von relativen Häufigkeiten aufgefasst werden können. Dahinter steckt die folgende Annahme: Wenn wir ein und dasselbe Zufallsexperiment sehr oft wiederholen, so konvergiert die relative Häufigkeit eines bestimmten Ereignisses gegen einen festen Wert. Diesen Wert nennen wir die Wahrscheinlichkeit dieses Ereignisses. Beispielsweise nehmen wir an, dass nach 10^6 Würfen mit einem Würfel in etwa einem Sechstel der Fälle eine Eins gefallen ist.

Mit Hilfe der Chebyshev-Ungleichung können wir einen Satz zeigen, der unsere intuitive Annahme von der Konvergenz der relativen Häufigkeit bestätigt. Wir werden den Satz sogar noch allgemeiner formulieren und zeigen, dass der mittlere Wert einer Zufallsvariablen für genügend viele Wiederholungen des Experiments gegen den Erwartungswert konvergiert. Wir gehen dann darauf ein, warum dies die Konvergenz der relativen Häufigkeit gegen die Wahrscheinlichkeit beinhaltet.

Satz 1.81 (Gesetz der großen Zahlen) *Gegeben sei eine Zufallsvariable X. Ferner seien $\varepsilon, \delta > 0$ beliebig aber fest. Dann gilt für alle $n \geq \frac{\mathrm{Var}[X]}{\varepsilon \delta^2}$:*

Sind $X_1, \ldots, X_n$ unabhängige Zufallsvariablen mit derselben Verteilung wie X und setzt man

$$Z := \frac{X_1 + \ldots + X_n}{n},$$

so gilt

$$\Pr[|Z - \mathbb{E}[X]| \geq \delta] \leq \varepsilon.$$

Beweis: Für Z gilt

$$\mathbb{E}[Z] = \frac{1}{n} \cdot (\mathbb{E}[X_1] + \ldots + \mathbb{E}[X_n]) = \frac{1}{n} \cdot n \cdot \mathbb{E}[X] = \mathbb{E}[X],$$

sowie

$$\mathrm{Var}[Z] = \frac{1}{n^2} \cdot (\mathrm{Var}[X_1] + \ldots + \mathrm{Var}[X_n]) = \frac{1}{n^2} \cdot n \cdot \mathrm{Var}[X] = \frac{\mathrm{Var}[X]}{n}.$$

Mit der Chebyshev-Ungleichung erhalten wir

$$\Pr[|Z - \mathbb{E}[X]| \geq \delta] = \Pr[|Z - \mathbb{E}[Z]| \geq \delta] \leq \frac{\mathrm{Var}[Z]}{\delta^2} = \frac{\mathrm{Var}[X]}{n\delta^2} \leq \varepsilon,$$

nach Wahl von n.   □

Was besagt Satz 1.81 anschaulich? Wenn wir ein Zufallsexperiment n-mal wiederholen und das arithmetische Mittel Z aller Werte berechnen, welche die Zufallsvariablen X_i dabei annehmen, so gilt: Für genügend großes n liegt Z mit Wahrscheinlichkeit $1 - \varepsilon$ in einem beliebig kleinen Sicherheitsstreifen $[\mathbb{E}[X] - \delta, \mathbb{E}[X] + \delta]$ um den Erwartungswert $\mathbb{E}[X]$. Beliebig klein bedeutet hier, dass die Aussage für alle auch noch so kleinen Werte von ε und δ gilt. Der einzige „Preis", der für eine kleinere Fehlerwahrscheinlichkeit ε oder eine kleinere Intervallbreite δ zu bezahlen ist, liegt darin, dass die entsprechenden Schranken erst für größere Werte von n gültig sind.

Wahrscheinlichkeit und relative Häufigkeit. Wir betrachten nun den Spezialfall, dass X eine Indikatorvariable für ein Ereignis A ist, also $X = I_A$. Weiter sei $\Pr[A] = p$. Somit ist X Bernoulli-verteilt und es folgt $\mathbb{E}[X] = p$. $Z = \frac{1}{n}(X_1 + \ldots + X_n)$ gibt die relative Häufigkeit an, mit der A bei n Wiederholungen des Versuchs eintritt, denn

$$Z = \frac{\text{Anzahl der Versuche, bei denen } A \text{ eingetreten ist}}{\text{Anzahl aller Versuche}}.$$

Mit Hilfe des Gesetzes der großen Zahlen schließen wir, dass

$$\Pr[|Z - p| \geq \delta] \leq \varepsilon,$$

für genügend großes n. Daraus folgt, dass sich die relative Häufigkeit von A bei hinreichend vielen Wiederholungen des Experiments mit beliebiger Sicherheit beliebig nahe an die „wahre" Wahrscheinlichkeit p annähert. Dies rechtfertigt im Nachhinein die Interpretation von Wahrscheinlichkeiten als Grenzwert der relativen Häufigkeiten.

Grundsätzlich sollten wir nicht von *dem* Gesetz der großen Zahlen sprechen, da in der Literatur mehrere Gesetze mit diesem Namen auftauchen. Diese Gesetze der großen Zahlen haben alle dieselbe Zielrichtung wie der von uns angegebene Satz und sind nur jeweils etwas allgemeiner oder auch spezieller gefasst. Unsere Variante geht zurück auf JAKOB BERNOULLI, der den Satz in seinem Werk *ars conjectandi* zeigte. Dies war zu seiner Zeit eine beachtliche Leistung, da er nicht wie wir über so mächtige Hilfsmittel wie die Ungleichung von Chebyshev verfügte, sondern die Aussage auf direktem Weg nachrechnete.

Das folgende Beispiel verdeutlicht nochmals den Unterschied zwischen relativer und absoluter Häufigkeit.

BEISPIEL 1.82 Immer wieder hört man von Lottospielern, die bevorzugt auf die bislang am seltensten gezogenen Zahlen setzen, da diese gewissermaßen wieder „an der Reihe" wären. Wahrscheinlichkeitstheoretisch gesehen ist so eine Aussage allerdings völliger Unfug, denn dies würde bedeuten, dass das Gesetz der großen Zahlen dafür sorgt, dass bei hinreichend vielen Versuchen die *absolute Häufigkeit* der einzelnen Lottozahlen ausgeglichen wird. Das Gesetz der großen Zahlen besagt jedoch nur, dass für große n die *relative* Abweichung vom Erwartungswert mit hoher Wahrscheinlichkeit klein ist. Sei X_i die Indikatorvariable für das Ereignis, dass eine bestimmte Lottozahl y im i-ten Zug gezogen wird. In Formeln ausgedrückt spekulieren manche Lottospieler auf ein Gesetz der Form $\Pr[|\sum_i X_i - pn| \geq \delta] \leq \varepsilon$, zeigen kann man hingegen lediglich $\Pr[|\frac{1}{n}\sum_i X_i - p| \geq \delta] \leq \varepsilon$.

Praktische Anwendung des Gesetzes der großen Zahlen. Das Gesetz der großen Zahlen lässt sich auch für praktische Anwendungen ausnützen. Algorithmus 1.1 berechnet den Wert von π mit beliebiger Genauigkeit. Dazu werden zufällige Punkte aus dem Quadrat $[-1,1]^2$ daraufhin überprüft, ob sie im Einheitskreis liegen. Die erwartete relative Häufigkeit h von Treffern im Einheitskreis entspricht dem Verhältnis der Flächeninhalte des Quadrates $[-1,1]^2$ und des Einheitskreises, also $h = \pi/4$. Daraus folgt sofort, dass $\pi = 4 \cdot h$.

Algorithmus 1.1 Randomisierte Berechnung von π

<u>**func** calcPi</u>

> // *Diese Variable zählt die Treffer.*
> $H := 0$;
> // *Die Anzahl N der Iterationen bestimmt die Genauigkeit des Ergebnisses.*
> **for** $i := 1$ **to** N **do**
>> Wähle $x, y \in [-1,1]$ gleichverteilt;
>> // *Liegt (x, y) im Einheitskreis?*
>> **if** $x^2 + y^2 \leq 1$ **then**
>>> // *Treffer!*
>>> $H + +$;
>> **fi**
> **od**
> **return** $4H/N$;

Als Übungsaufgabe empfehlen wir dem Leser, Algorithmus 1.1 zu implementieren und die Genauigkeit des Ergebnisses für unterschiedliche N zu untersuchen.

Dieselbe Strategie wie in Algorithmus 1.1 kann auch zur numerischen Berechnung von Integralen $\int_a^b f(x)\,\mathrm{d}x$ verwendet werden. Dazu erzeugt man einen zufälligen Punkt innerhalb eines Rechtecks, das die zu integrierende Fläche umschließt, und stellt fest, ob der erzeugte Punkt ober- oder unterhalb von f liegt. Wenn f positiv ist, so ist die Wahrscheinlichkeit für das Ereignis „Punkt liegt unter f" proportional zu $\int_a^b f(x)\,\mathrm{d}x$.

Bemerkung 1.83 Die zuvor genannten Beispiele können nicht mit diskreten Wahrscheinlichkeitsräumen modelliert werden. Dennoch sollten die angegebenen Wahrscheinlichkeiten intuitiv plausibel erscheinen. Im nächsten Kapitel werden wir uns damit beschäftigen, wie solche Probleme mathematisch exakt behandelt werden können.

1.6.3 Chernoff-Schranken

Die Ungleichungen von Markov und Chebyshev, die wir in Abschnitt 1.6.1 kennen gelernt haben, gelten für beliebige (positive) Zufallsvariablen. Deshalb ist klar, dass diese Ungleichungen nicht in jedem Fall gute Schranken liefern können. Wenn man bestimmte Verteilungen betrachtet und deren Eigenschaften ausnützt, so kann man oftmals viel bessere Abschätzungen zeigen. Eine Standardtechnik dazu stellen die *Chernoff-Schranken* dar, die wir in diesem Abschnitt vorstellen werden. Diese Technik trägt ihren Namen nach HERMAN CHERNOFF (*1923).

Chernoff-Schranken für Summen von 0–1–Zufallsvariablen

Im Folgenden betrachten wir n unabhängige Bernoulli-verteilte Zufallsvariablen $X_1, \ldots, X_n$ mit $\Pr[X_i = 1] = p_i$ und $\Pr[X_i = 0] = 1 - p_i$, deren Summe $X := \sum_{i=1}^{n} X_i$ wir untersuchen wollen. Wenn die Bernoulli-Experimente dieselbe Verteilung besitzen, also $p_1 = \ldots = p_n =: p$ gilt, dann wissen wir, dass X binomialverteilt ist. Die Dichte von X verläuft also glockenförmig und hat ihre Spitze beim Erwartungswert $\mu := np$ (vergleiche Aufgabe 1.26).

Wenn wir beispielsweise eine ideale Münze ($p = \frac{1}{2}$) sehr oft (z. B. $n = 1000$) werfen und die Anzahl X der Würfe mit dem Ergebnis „Kopf" ermitteln, so erwarten wir intuitiv, dass X ungefähr bei 500 liegt. Allgemein sollte sich für große n der Wert von X in der Größenordnung von μ bewegen, wie uns auch das Gesetz der großen Zahlen zeigt. Mit Hilfe der Chernoff-Schranken werden wir im Folgenden zeigen, dass dies tatsächlich der Fall ist. Insbesondere werden wir sehen, dass die Wahrscheinlichkeit für eine starke Abweichung vom Erwartungswert deutlich kleiner ist als die im Gesetz der großen Zahlen angegebene Schranke.

Bei der Herleitung der Chernoff-Schranken verwenden wir die Funktion $M_X(t) := \mathbb{E}[e^{tX}]$. Diese so genannte *momenterzeugende Funktion* werden wir in Abschnitt 1.7.1 auf Seite 73 noch genauer kennen lernen. Die Grundidee zur Herleitung von Chernoff-Schranken besteht nun darin, auf $M_X(t)$ die Markov-Ungleichung anzuwenden.

Satz 1.84 *Seien* $X_1, \ldots, X_n$ *unabhängige Bernoulli-verteilte Zufallsvariablen mit* $\Pr[X_i = 1] = p_i$ *und* $\Pr[X_i = 0] = 1 - p_i$. *Dann gilt für* $X := \sum_{i=1}^{n} X_i$ *und* $\mu := \mathbb{E}[X] = \sum_{i=1}^{n} p_i$, *sowie jedes* $\delta > 0$, *dass*

$$\Pr[X \geq (1 + \delta)\mu] \leq \left(\frac{e^{\delta}}{(1 + \delta)^{1+\delta}} \right)^{\mu}.$$

Beweis: Für jedes $t > 0$ gilt

$$\Pr[X \geq (1 + \delta)\mu] = \Pr[e^{tX} \geq e^{t(1+\delta)\mu}].$$

Da e^{tX} immer positiv ist, können wir nun die Markov-Ungleichung anwenden und erhalten

$$\Pr[X \geq (1 + \delta)\mu] = \Pr[e^{tX} \geq e^{t(1+\delta)\mu}] \leq \frac{\mathbb{E}[e^{tX}]}{e^{t(1+\delta)\mu}}.$$

Damit haben wir die momenterzeugende Funktion $\mathbb{E}[e^{tX}]$ ins Spiel gebracht. Wegen der Unabhängigkeit der Zufallsvariablen $X_1, \ldots, X_n$ sind auch die Zufallsvariablen $e^{X_1}, \ldots, e^{X_n}$ unabhängig und wir können $\mathbb{E}[e^{tX}]$ mit Hilfe der Multiplikativität des Erwartungswerts bei unabhängigen Zufallsvariablen direkt umformen zu

$$\mathbb{E}[e^{tX}] = \mathbb{E}\left[\exp\left(\sum_{i=1}^{n} tX_i \right) \right] = \mathbb{E}\left[\prod_{i=1}^{n} e^{tX_i} \right] = \prod_{i=1}^{n} \mathbb{E}[e^{tX_i}].$$

Hierbei bezeichnet $\exp(x)$ die Exponentialfunktion (also $\exp(x) = e^x$).

Den Wert von $\mathbb{E}[e^{tX_i}]$ für ein beliebiges i rechnen wir ganz einfach aus:

$$\mathbb{E}[e^{tX_i}] = e^{t \cdot 1} p_i + e^{t \cdot 0}(1 - p_i) = e^t p_i + 1 - p_i = 1 + p_i(e^t - 1).$$

Damit gilt

$$\Pr[X \geq (1 + \delta)\mu] \leq \frac{\prod_{i=1}^{n}(1 + p_i(e^t - 1))}{e^{t(1+\delta)\mu}}.$$

Wegen $1 + x \leq e^x$ für alle $x \geq 0$ folgt

$$
\begin{aligned}
\Pr[X \geq (1 + \delta)\mu] &\leq \frac{\prod_{i=1}^{n} \exp(p_i(e^t - 1))}{e^{t(1+\delta)\mu}} \\
&= \frac{\exp(\sum_{i=1}^{n} p_i(e^t - 1))}{e^{t(1+\delta)\mu}} = \frac{e^{(e^t - 1)\mu}}{e^{t(1+\delta)\mu}} =: f(t).
\end{aligned}
$$

Diese Schranke enthält immer noch den Parameter t. Um die (mit diesem Ansatz) bestmögliche Schranke zu erhalten, wählen wir t so, dass $f(t)$ minimal wird. Dazu berechnen wir die Ableitung

$$f'(t) = f(t) \cdot \mu \cdot (e^t - (1 + \delta))$$

und sehen somit, dass $t = \ln(1+\delta)$ eine geschickte Wahl ist. Durch Einsetzen dieses Werts in $f(t)$ folgt der Satz. $\qquad\square$

Um ein Gefühl für die Mächtigkeit dieses Satzes zu erhalten, betrachten wir zunächst ein Beispiel.

Beispiel 1.85 Wir untersuchen dasselbe Szenario wie in Beispiel 1.80 auf Seite 61: Wir werfen eine Münze 1000-mal und ermitteln die Anzahl X der Würfe, in denen „Kopf" fällt. Es gilt also $n = 1000$, $p_1 = \ldots = p_n = \frac{1}{2}$ und somit $\mu = \frac{n}{2} = 500$. Für die Wahrscheinlichkeit, dass mehr als 550-mal „Kopf" fällt, erhalten wir nun die Abschätzung

$$\Pr[X \geq 550] = \Pr[X \geq (1 + 0{,}1) \cdot 500] \leq \left(\frac{e^{0,1}}{(1 + 0{,}1)^{1+0,1}} \right)^{500} \leq 0{,}0889.$$

Mit Hilfe der Ungleichung von Chebyshev hatten wir die Schranke 0,1 erhalten. Hier hat uns also die Einführung der vergleichsweise komplizierten Chernoff-Schranken scheinbar nicht besonders viel Nutzen gebracht.

Wenn man jedoch die Schranke aus Satz 1.84 genauer betrachtet, so ist zu bemerken, dass die Funktion exponentiell in μ fällt. Da μ mit n linear steigt, sind deshalb für große n sehr kleine Schranken für die Wahrscheinlichkeit von $X \geq (1 + \delta)\mu$ zu erwarten.

Setzen wir also $n = 10000$ und betrachten wieder eine maximale prozentuale Abweichung von 10% vom Erwartungswert. In diesem Fall gilt

$$\Pr[X \geq 5500] = \Pr[X \geq (1 + 0{,}1) \cdot 5000] \leq \left(\frac{e^{0,1}}{(1 + 0{,}1)^{1+0,1}} \right)^{5000} \leq 0{,}308 \cdot 10^{-10}.$$

Diese Wahrscheinlichkeit ist so winzig, dass Versuche mit $X \geq 5500$ praktisch nie auftreten. Die Ungleichung von Chebyshev hatte hierfür nur die deutlich schlechtere Schranke 0,01 geliefert.

In Beispiel 1.80 und Beispiel 1.85 wurden verschiedene Schranken für dasselbe Experiment hergeleitet. Hierbei erwies sich die Ungleichung von Chebyshev (bzw. das Gesetz der großen Zahlen, das im Grunde nur eine Umformulierung der Ungleichung von Chebyshev für die Summe gleichverteilter Zufallsvariablen darstellt) im Vergleich mit den Chernoff-Schranken als unterlegen. Dies wird verständlich, wenn man bedenkt, dass die Chernoff-Schranken die Kenntnis der Verteilung der zugrunde liegenden Zufallsvariablen ausnutzen. Die Ungleichung von Chebyshev stellt hingegen eine allgemein gültige Technik dar, die außer der Existenz von Erwartungswert und Varianz keinerlei Voraussetzungen an die betrachteten Zufallsvariablen stellt.

Bemerkung 1.86 Wenn eine Zufallsvariable wie in Beispiel 1.85 mit hoher Wahrscheinlichkeit nur Werte mit einer geringen relativen Abweichung vom Erwartungswert annimmt, nennt man dies *scharfe Konzentration*. Bei der Analyse von Algorithmen oder anderen Zufallsexperimenten ist es äußerst hilfreich, wenn man scharfe Konzentration nachweisen kann, da in diesem Fall der Zufallsprozess bis auf kleine Fehler bereits durch den Erwartungswert vollständig charakterisiert wird. Chernoff-Schranken stellen ein klassisches und verbreitetes Hilfsmittel dar, um scharfe Konzentration nachzuweisen.

Satz 1.84 zeigt, dass X nur mit geringer Wahrscheinlichkeit Werte annimmt, die deutlich größer als der Erwartungswert sind. Ein analoges Resultat kann man auch für zu kleine Werte zeigen.

Satz 1.87 *Seien* $X_1, \ldots, X_n$ *unabhängige Bernoulli-verteilte Zufallsvariablen mit* $\Pr[X_i = 1] = p_i$ *und* $\Pr[X_i = 0] = 1 - p_i$. *Dann gilt für* $X := \sum_{i=1}^{n} X_i$ *und* $\mu := \mathbb{E}[X] = \sum_{i=1}^{n} p_i$, *sowie jedes* $0 < \delta < 1$, *dass*

$$\Pr[X \leq (1 - \delta)\mu] \leq \left(\frac{e^{-\delta}}{(1 - \delta)^{1-\delta}} \right)^{\mu}.$$

Beweis (Skizze): Derselbe Ansatz wie im Beweis von Satz 1.84 auf Seite 66 liefert das gewünschte Resultat. Wir führen deshalb die Argumente nicht im Detail aus, sondern überlassen dies dem Leser als Übungsaufgabe.

Für $t > 0$ gilt aufgrund der Markov-Ungleichung und wegen der Unabhängigkeit der einzelnen Bernoulli-Experimente

$$
\begin{aligned}
\Pr[X \leq (1 - \delta)\mu] &= \Pr[e^{-tX} \geq e^{-t(1-\delta)\mu}] \\
&\leq \frac{\mathbb{E}[e^{-tX}]}{e^{-t(1-\delta)\mu}} = \frac{\prod_{i=1}^{n} \mathbb{E}[e^{-tX_i}]}{e^{-t(1-\delta)\mu}}.
\end{aligned}
$$

Durch Ausrechnen von $\mathbb{E}[e^{-tX_i}]$ folgt

$$\Pr[X \leq (1 - \delta)\mu] \leq \frac{e^{(e^{-t}-1)\mu}}{e^{-t(1-\delta)\mu}}.$$

Wir bilden wieder die Ableitung der rechten Seite nach t und stellen fest, dass uns $t = -\ln(1 - \delta)$ die beste Schranke liefert. Wenn man diesen Wert für t einsetzt, folgt die Behauptung. $\qquad \square$

Bemerkung 1.88 Abschätzungen, wie sie in Satz 1.84 und Satz 1.87 angegeben sind, nennt man auch *tail bounds*, da sie Schranken für die *tails*, also die vom Erwartungswert weit entfernten Bereiche angeben. Man spricht hierbei vom *upper tail* (vergleiche Satz 1.84) und vom *lower tail* (vergleiche Satz 1.87).

Die Abschätzungen aus Satz 1.84 und Satz 1.87 sind zwar im Rahmen unseres Ansatzes bestmöglich, aber in der Praxis doch recht unhandlich, da das Verhalten der Schranken als Funktion von δ nicht leicht nachvollziehbar ist. Aus diesem Grund leiten wir nun einfachere Schranken ab, die nicht ganz so scharf, dafür aber bequemer anzuwenden sind. Zu diesem Zweck benötigen wir vorab die folgenden technischen Ungleichungen.

Lemma 1.89 *Für* $0 \leq \delta < 1$ *gilt*

$$(1 - \delta)^{1-\delta} \geq e^{-\delta+\delta^2/2} \quad und \quad (1 + \delta)^{1+\delta} \geq e^{\delta+\delta^2/3}.$$

Beweis: Wir betrachten $f(x) = (1 - x)\ln(1 - x)$ und $g(x) = -x + \frac{1}{2}x^2$ und zeigen, dass $f(x) \geq g(x)$ für $0 \leq x < 1$. Daraus folgt unmittelbar die erste Ungleichung. Für den Nachweis betrachten wir die Ableitungen. Es gilt $f'(x) = -\ln(1 - x) - 1$ und $g'(x) = -1 + x$. Wegen $\ln(1 - x) \leq -x$ erhalten wir $f'(x) = -\ln(1 - x) - 1 \geq x - 1 = g'(x)$. Ferner gilt, dass $f(0) = 0 = g(0)$. Da also f und g bei $x = 0$ im selben Punkt starten und g eine kleinere Steigung als f hat, folgt $f(x) \geq g(x)$ aufgrund der Stetigkeit von f und g in $[0, 1[$. Die zweite Ungleichung beweist man analog. □

Mit Lemma 1.89 erhalten wir die folgenden „Arbeitsversionen" der Chernoff-Schranken.

Korollar 1.90 *Seien* $X_1, \ldots, X_n$ *unabhängige Bernoulli-verteilte Zufallsvariablen mit* $\Pr[X_i = 1] = p_i$ *und* $\Pr[X_i = 0] = 1 - p_i$. *Dann gelten folgende Ungleichungen für* $X := \sum_{i=1}^n X_i$ *und* $\mu := \mathbb{E}[X] = \sum_{i=1}^n p_i$:

1. $\Pr[X \geq (1 + \delta)\mu] \leq e^{-\mu\delta^2/3}$ *für alle* $0 < \delta \leq 1$,

2. $\Pr[X \leq (1 - \delta)\mu] \leq e^{-\mu\delta^2/2}$ *für alle* $0 < \delta \leq 1$,

3. $\Pr[|X - \mu| \geq \delta\mu] \leq 2e^{-\mu\delta^2/3}$ *für alle* $0 < \delta \leq 1$,

4. $\Pr[X \geq (1 + \delta)\mu] \leq \left(\frac{e}{1+\delta}\right)^{(1+\delta)\mu}$ *und*

5. $\Pr[X \geq t] \leq 2^{-t}$ *für* $t \geq 2e\mu$.

Beweis: 1. und 2. folgen direkt aus Satz 1.84 bzw. 1.87 und Lemma 1.89. Allerdings gibt es noch eine kleine technische Schwierigkeit: Um die Aussage auch für $\delta = 1$ zu zeigen, müssen wir formal zum Grenzwert übergehen. Aus 1. und 2. zusammen folgt 3. und 4. erhalten wir direkt aus Satz 1.84. 5. folgt aus 4., in dem man $t = (1 + \delta)\mu$ setzt und verwendet, dass für $t \geq 2e\mu$ gilt $e/(1 + \delta) \leq 1/2$. □

Mit den Chernoff-Schranken haben wir nun ein mächtiges Hilfsmittel kennengelernt, mit dem wir die *tails* der Binomialverteilung abschätzen können. Allerdings können die Chernoff-Schranken noch flexibler eingesetzt werden, da die Erfolgswahrscheinlichkeiten $p_1, \ldots, p_n$ der einzelnen Bernoulli-verteilten Zufallsvariablen nicht unbedingt identisch sein müssen.

Das folgende Beispiel zeigt, dass Chernoff-Schranken bei binomialverteilten Zufallsvariablen sehr gute Abschätzungen liefern, die direkt nur schwer zu erhalten sind.

BEISPIEL 1.91 Wie bei der Analyse des Geburtstagsproblems (siehe Beispiel 1.18 auf Seite 17) werfen wir n Bälle unabhängig und gleichverteilt in n Körbe. Dabei untersuchen wir die Zufallsvariablen

$$X_i := \text{Anzahl der Bälle im } i\text{-ten Korb}$$

für $i = 1, \ldots, n$, sowie $X := \max_{1 \le i \le n} X_i$. Für die Analyse von X_i ($i \in \{1, \ldots, n\}$ beliebig) kann man unmittelbar Aussage 5 von Korollar 1.90 verwenden. Hierzu setzen wir $p_1 = \ldots = p_n = \frac{1}{n}$ und $\mu = 1$ und erhalten mit $t = 2 \log n$

$$\Pr[X_i \ge 2 \log n] \le 1/n^2.$$

Daraus folgt mit der booleschen Ungleichung

$$\Pr[X \ge 2 \log n] = \Pr[X_1 \ge 2 \log n \vee \ldots \vee X_n \ge 2 \log n] \le n \cdot \frac{1}{n^2} = \frac{1}{n}.$$

Es gilt also mit Wahrscheinlichkeit $1 - 1/n$, dass $X < 2 \log n$ ist. Dieses Ergebnis findet beispielsweise Anwendung bei Lastbalancierungsstrategien bei Parallelrechnern. Wenn man n Jobs zufällig auf n Rechner verteilt, so hat der am stärksten belastete Rechner mit hoher Wahrscheinlichkeit höchstens $\mathcal{O}(\log n)$ Jobs zu bearbeiten.

1.7 Erzeugende Funktionen

1.7.1 Einführung

In Band I haben wir erzeugende Funktionen kennen gelernt, mit deren Hilfe viele Probleme für Folgen von Zahlen $(f_i)_{i \in \mathbb{N}_0}$ elegant gelöst werden können. Auch im Bereich der Wahrscheinlichkeitstheorie kann diese Technik erfolgreich eingesetzt werden. Dazu ordnen wir einer positiven, ganzzahligen Zufallsvariablen X ihre *wahrscheinlichkeitserzeugende* Funktion (engl. *probability generating function*) zu, die wie folgt definiert ist.

Definition 1.92 *Für eine Zufallsvariable X mit $W_X \subseteq \mathbb{N}_0$ ist die* (wahrscheinlichkeits-)erzeugende Funktion *definiert durch*

$$G_X(s) := \sum_{k=0}^{\infty} \Pr[X = k] \cdot s^k = \mathbb{E}[s^X].$$

Eine wahrscheinlichkeitserzeugende Funktion ist also nichts anderes als die erzeugende Funktion der Folge $(f_i)_{i \in \mathbb{N}_0}$ mit $f_i := \Pr[X = i]$. Als Erwartungswert $\mathbb{E}[s^X]$ lässt sich die zugehörige unendliche Summe sehr knapp ausdrücken.

Bei der Untersuchung der erzeugenden Funktion von $Y := X + t$ mit $t \in \mathbb{N}_0$ erhalten wir analog zur Indexverschiebung bei „gewöhnlichen" erzeugenden Funktionen, wie wir sie in Band I kennen gelernt haben,

$$G_Y(s) = \mathbb{E}[s^Y] = \mathbb{E}[s^{X+t}] = \mathbb{E}[s^t \cdot s^X] = s^t \cdot \mathbb{E}[s^X] = s^t \cdot G_X(s). \quad (1.10)$$

Während bei allgemeinen erzeugenden Funktionen nicht klar ist, ob die entsprechende Potenzreihe konvergiert, können wir für wahrscheinlichkeitserzeugende Funktionen leicht nachrechnen, dass $G_X(s)$ für $|s| < 1$ definiert ist. Wir erhalten

$$|G_X(s)| = \left| \sum_{k=0}^{\infty} \Pr[X = k] \cdot s^k \right| \leq \sum_{k=0}^{\infty} \Pr[X = k] \cdot |s^k| \leq \sum_{k=0}^{\infty} \Pr[X = k] = 1.$$

Ferner gilt $G_X(1) = \sum_{k=0}^{\infty} \Pr[X = k] = 1$.

Wir können aus $G_X(s)$ die Wahrscheinlichkeiten $\Pr[X = k]$ eindeutig rekonstruieren. Zunächst gilt $G_X(0) = \Pr[X = 0]$. Zur Berechnung von $\Pr[X = 1]$ bestimmen wir $G_X'(s)$ durch Ableiten der einzelnen Reihenglieder. Es gilt

$$G_X'(s) = \sum_{k=1}^{\infty} k \cdot \Pr[X = k] \cdot s^{k-1}, \quad (1.11)$$

und es folgt $G_X'(0) = \Pr[X = 1]$. Analog erhält man für die i-te Ableitung $G_X^{(i)}(0) = \Pr[X = i] \cdot i!$ und dementsprechend $\Pr[X = i] = G_X^{(i)}(0)/i!$.

Aus der Analysis ist bekannt, dass die Darstellung von $G_X(s)$ als Potenzreihe eindeutig ist. Daraus folgt, dass die Dichte von X durch die wahrscheinlichkeitserzeugende Funktion $G_X(s)$ eindeutig bestimmt ist.

Satz 1.93 (Eindeutigkeit der wahrscheinlichkeitserzeugenden Funktion) *Die Dichte und die Verteilung einer Zufallsvariablen X mit $W_X \subseteq \mathbb{N}$ sind durch ihre wahrscheinlichkeitserzeugende Funktion eindeutig bestimmt.* ☐

Im Folgenden geben wir eine Übersicht über die wahrscheinlichkeitserzeugenden Funktionen der wichtigsten Verteilungen, die wir bislang kennen gelernt haben.

Bernoulli-Verteilung. Sei X eine Bernoulli-verteilte Zufallsvariable mit $\Pr[X = 0] = 1 - p$ und $\Pr[X = 1] = p$. Dann gilt

$$G_X(s) = \mathbb{E}[s^X] = (1 - p) \cdot s^0 + p \cdot s^1 = 1 - p + ps.$$

Gleichverteilung auf $\{0, \ldots, n\}$. Sei X auf $\{0, \ldots, n\}$ gleichverteilt, d. h. für $0 \leq k \leq n$ gilt $\Pr[X = k] = 1/(n + 1)$. Dann gilt

$$G_X(s) = \mathbb{E}[s^X] = \sum_{k=0}^{n} \frac{1}{n + 1} \cdot s^k = \frac{s^{n+1} - 1}{(n + 1)(s - 1)}.$$

Binomialverteilung. Für $X \sim \text{Bin}(n, p)$ gilt nach der binomischen Formel

$$G_X(s) = \mathbb{E}[s^X] = \sum_{k=0}^{n} \binom{n}{k} p^k (1 - p)^{n-k} \cdot s^k = (1 - p + ps)^n.$$

Geometrische Verteilung. Sei X eine geometrisch verteilte Zufallsvariable mit Erfolgswahrscheinlichkeit p. Dann gilt

$$G_X(s) = \mathbb{E}[s^X] = \sum_{k=1}^{\infty} p(1 - p)^{k-1} \cdot s^k = ps \cdot \sum_{k=1}^{\infty} ((1 - p)s)^{k-1} = \frac{ps}{1 - (1 - p)s}.$$

Poisson-Verteilung. Für $X \sim \text{Po}(\lambda)$ gilt

$$G_X(s) = \mathbb{E}[s^X] = \sum_{k=0}^{\infty} e^{-\lambda} \frac{\lambda^k}{k!} \cdot s^k = e^{-\lambda + \lambda s} = e^{\lambda(s-1)}.$$

Beispiel 1.94 Sei X binomialverteilt mit $X \sim \text{Bin}(n, \lambda/n)$, Für $n \to \infty$ folgt

$$G_X(s) = \left(1 - \frac{\lambda}{n} + \frac{\lambda s}{n}\right)^n \to e^{\lambda(s-1)}.$$

$G_X(s)$ konvergiert also gegen die wahrscheinlichkeitserzeugende Funktion einer Poisson-verteilten Zufallsvariablen mit Parameter λ. Dies entspricht der Konvergenz, die wir in Abschnitt 1.5.4 auf Seite 56 nachgewiesen haben.

Man kann beweisen, dass aus der Konvergenz der wahrscheinlichkeitserzeugenden Funktion, wie wir sie in Beispiel 1.94 beobachtet haben, die Konvergenz der Verteilung folgt.

Zusammenhang zwischen der wahrscheinlichkeitserzeugenden Funktion und den Momenten

Wir haben gesehen, dass es prinzipiell möglich ist, aus der wahrscheinlichkeitserzeugenden Funktion die Verteilung der zugehörigen Zufallsvariablen zu rekonstruieren, indem man $\Pr[X = i] = G_X^{(i)}(0)/i!$ setzt. Allerdings ist es in der Praxis oft schwer, eine allgemeine Formel für die i-te Ableitung von G_X zu finden.

Bei vielen Anwendungen ist jedoch die genaue Kenntnis der Verteilung nicht erforderlich, sondern es genügen Aussagen zu Erwartungswert und Varianz der Zufallsvariablen. Wir zeigen im Folgenden, wie man die Momente aus der wahrscheinlichkeitserzeugenden Funktion berechnen kann, ohne die gesamte Verteilung zu ermitteln.

Beim Erwartungswert ist dies besonders einfach. Wegen (1.11) folgt

$$G'_X(1) = \sum_{k=1}^{\infty} k \cdot \Pr[x = k] = \mathbb{E}[X].$$

BEISPIEL 1.95 Wenn X binomialverteilt ist mit $X \sim \text{Bin}(n, p)$, dann gilt $G'_X(s) = n \cdot (1 - p + ps)^{n-1} \cdot p$ und somit $\mathbb{E}[X] = G'_X(1) = np$.

Analog kann man nachrechnen, dass wir den Erwartungswert der k-ten fallenden Faktoriellen $X^{\underline{k}}$ aus der k-ten Ableitung von $G_X(s)$ ermitteln können. Es gilt

$$\mathbb{E}[X(X - 1) \ldots (X - k + 1)] = G_X^{(k)}(1).$$

Gemäß (1.9) auf Seite 55 folgt

$$\text{Var}[X] = \mathbb{E}[X(X - 1)] + \mathbb{E}[X] - \mathbb{E}[X]^2 = G''_X(1) + G'_X(1) - (G'_X(1))^2.$$

Andere Momente von X kann man auf ähnliche Art und Weise berechnen.

Statt wahrscheinlichkeitserzeugenden Funktionen betrachtet man auch *momenterzeugende Funktionen*, bei denen ein besonders einfacher Zusammenhang zu den Momenten besteht, wie der Name bereits vermuten lässt.

Definition 1.96 *Zu einer Zufallsvariablen* X *definieren wir die* momenterzeugende Funktion *durch*

$$M_X(s) := \mathbb{E}[e^{Xs}].$$

Für eine Zufallsvariable X ist $\mathbb{E}[e^{Xs}]$ eine Funktion in s, sofern der entsprechende Erwartungswert existiert. Mit der aus Band I bekannten Reihenentwicklung der Exponentialfunktion $e^x = \sum_{n \geq 0} \frac{x^n}{n!}$ und der Linearität des Erwartungswerts folgt, dass

$$M_X(s) = \mathbb{E}[e^{Xs}] = \mathbb{E}\left[\sum_{i=0}^{\infty} \frac{(Xs)^i}{i!}\right] = \sum_{i=0}^{\infty} \frac{\mathbb{E}[X^i]}{i!} \cdot s^i.$$

Der k-te Koeffizient der Reihenentwicklung von $M_X(s)$ stimmt also bis auf den Faktor $\frac{1}{k!}$ mit dem k-ten Moment $\mathbb{E}[X^k]$ von X überein. Für die k-te Ableitung von $M_X(s)$ rechnet man somit leicht nach, dass $M_X^{(k)}(0) = \mathbb{E}[X^k]$. (Die hier durchgeführten Umformungen sind natürlich nur dann zulässig, wenn die entsprechenden Summen auch wirklich konvergieren. Bei den von uns intendierten Anwendungen wird dies immer der Fall sein, so dass wir auf diese Problematik hier nicht weiter eingehen wollen.)

Ferner gilt

$$M_X(s) = \mathbb{E}[e^{Xs}] = \mathbb{E}[(e^s)^X] = G_X(e^s),$$

falls die wahrscheinlichkeitserzeugende Funktion G_X definiert ist.

1.7.2 Summen von Zufallsvariablen

In Satz 1.60 haben wir gesehen, dass die Dichte einer Zufallsvariablen $Z = X + Y$ der Faltung der Dichten von X und Y entspricht. Aus Band I wissen wir, dass sich die Faltung von Folgen durch erzeugende Funktionen sehr leicht ausdrücken lässt. Diese Analogie lässt vermuten, dass die wahrscheinlichkeitserzeugende Funktion $G_Z(s)$ etwas mit $G_X(s)$ und $G_Y(s)$ zu tun hat. Der folgende Satz bestätigt diese Vermutung.

Satz 1.97 (Erzeugende Funktion einer Summe) *Für unabhängige Zufallsvariablen $X_1, \ldots, X_n$ und die Zufallsvariable $Z := X_1 + \ldots + X_n$ gilt*

$$G_Z(s) = G_{X_1}(s) \cdot \ldots \cdot G_{X_n}(s).$$

Ebenso gilt

$$M_Z(s) = M_{X_1}(s) \cdot \ldots \cdot M_{X_n}(s).$$

Beweis: Aufgrund der Unabhängigkeit von $X_1, \ldots, X_n$ gilt

$$G_Z(s) = \mathbb{E}[s^{X_1 + \ldots + X_n}] = \mathbb{E}[s^{X_1}] \cdot \ldots \cdot \mathbb{E}[s^{X_n}] = G_{X_1}(s) \cdot \ldots \cdot G_{X_n}(s).$$

Der Beweis für $M_Z(s)$ verläuft analog. □

Mit Hilfe von Satz 1.97 können wir nun einige Aussagen sehr leicht beweisen, bei denen wir zuvor für einen elementaren Beweis deutlich mehr Arbeit aufwenden mussten.

Für unabhängige Zufallsvariablen $X_1, \ldots X_k$ mit $X_i \sim \text{Bin}(n_i, p)$ und deren Summe $Z := X_1 + \ldots + X_k$ gilt beispielsweise

$$G_Z(s) = \prod_{i=1}^{k} (1 - p + ps)^{n_i} = (1 - p + ps)^{\sum_{i=1}^{k} n_i}.$$

Nach der Eindeutigkeit der wahrscheinlichkeitserzeugenden Funktion folgt $Z \sim \text{Bin}(\sum_{i=1}^{k} n_i, p)$, wie wir bereits aus Satz 1.70 auf Seite 49 wissen.

Ebenso können wir nun Satz 1.77 auf Seite 59 sehr einfach beweisen. Seien also $X_1, \ldots, X_k \sim \text{Po}(\lambda)$ unabhängige Zufallsvariablen. Dann folgt für $Z := X_1 + \ldots + X_k$

$$G_Z(s) = \prod_{i=1}^{k} e^{\lambda(s-1)} = e^{k\lambda(s-1)}$$

und Z ist somit Poisson-verteilt mit $Z \sim \text{Po}(k\lambda)$.

Zufällige Summen

Bei manchen Anwendungen wird die Situation im Vergleich zum vorigen Abschnitt dadurch verkompliziert, dass die zu untersuchende Zufallsvariable Z als Summe $Z := X_1 + \ldots + X_N$ definiert ist, wobei es sich bei N ebenfalls um eine Zufallsvariable handelt, d. h. die Länge der betrachteten Summe wird zufällig bestimmt. Auch solche Summen können mit wahrscheinlichkeitserzeugenden Funktionen gelöst werden, wie der folgende Satz zeigt.

Satz 1.98 *Seien $X_1, X_2, \ldots$ unabhängige und identisch verteilte Zufallsvariablen jeweils mit der wahrscheinlichkeitserzeugenden Funktion $G_X(s)$. N sei ebenfalls eine unabhängige Zufallsvariable mit der wahrscheinlichkeitserzeugenden Funktion $G_N(s)$. Dann besitzt die Zufallsvariable $Z := X_1 + \ldots + X_N$ die wahrscheinlichkeitserzeugende Funktion $G_Z(s) = G_N(G_X(s))$.*

Beweis: Nach Voraussetzung gilt $W_N \subseteq \mathbb{N}_0$. Deshalb können wir mit Hilfe von Satz 1.45 auf Seite 34 den Wahrscheinlichkeitsraum zerlegen und erhalten

$$
\begin{aligned}
G_Z(s) &= \sum_{n=0}^{\infty} \mathbb{E}[s^Z \mid N = n] \cdot \Pr[N = n] = \sum_{n=0}^{\infty} \mathbb{E}[s^{X_1 + \cdots + X_n}] \cdot \Pr[N = n] \\
&= \sum_{n=0}^{\infty} \mathbb{E}[s^{X_1}] \cdot \ldots \cdot \mathbb{E}[s^{X_n}] \cdot \Pr[N = n] = \sum_{n=0}^{\infty} (G_X(s))^n \cdot \Pr[N = n] \\
&= \mathbb{E}[(G_X(s))^N] = G_N(G_X(s)). \qquad \square
\end{aligned}
$$

BEISPIEL 1.99 *(Fortsetzung von Beispiel 1.72)* In Beispiel 1.72 auf Seite 52 haben wir bereits eine zufällige Summe elementar gelöst. Abstrakt formuliert haben wir dort die Zufallsvariable $Z := X_1 + \ldots + X_N$ untersucht, wobei N modifiziert geometrisch verteilt sei mit Erfolgswahrscheinlichkeit p_1. Ferner gelte $\Pr[X_i = 1] = p_2$ und $\Pr[X_i = 0] = 1 - p_2$ für $i = 1, 2, \ldots$ Die Zufallsvariablen $X_1, X_2, \ldots$ seien unabhängig.

Es gilt $G_X(s) = (1 - p_2 + sp_2)$. Aus $G_Z(s) = G_N(G_X(s)) = G_N(1 - p_2 + sp_2)$ folgt $G_Z'(s) = G_N'(1 - p_2 + sp_2) \cdot p_2$ und wir erhalten den Erwartungswert

$$
\mathbb{E}[Z] = G_Z'(1) = G_N'(1) \cdot p_2 = \mathbb{E}[N] \cdot p_2 = p_2 \left(\frac{1}{p_1} - 1 \right).
$$

Dieses Ergebnis stimmt mit dem in Beispiel 1.72 auf Seite 52 gezeigten Resultat überein. Durch die Verwendung von wahrscheinlichkeitserzeugenden Funktionen erhalten wir zusätzlich ohne große Mühe die Varianz $\mathrm{Var}[Z]$. Aus

$$
G_Z''(s) = G_N''(1 - p_2 + sp_2) \cdot p_2^2
$$

folgt $\mathrm{Var}[Z] = G_Z''(1) + G_Z'(1) - (G_Z'(1))^2 = G_N''(1) \cdot p_2^2 + \mathbb{E}[Z] - \mathbb{E}[Z]^2$. Wegen (1.10) gilt $G_N(s) = \frac{p_1}{1 - (1 - p_1)s}$ und somit $G_N''(s) = \frac{2p_1(1 - p_1)^2}{(1 - (1 - p_1)s)^3}$. Damit erhalten wir $G_N''(1) = 2(1/p_1 - 1)^2$. Durch Einsetzen folgt schließlich nach einigen Vereinfachungen

$$
\mathrm{Var}[Z] = \frac{(1 - p_1)p_2(p_1 + p_2 - p_1 p_2)}{p_1^2}.
$$

1.7.3 Rekurrente Ereignisse

Dieser Abschnitt enthält eine fortgeschrittene Anwendung von erzeugenden Funktionen und kann deshalb beim ersten Lesen übersprungen werden. Bevor wir definieren, was wir unter einem *rekurrenten Ereignis* verstehen, betrachten wir zunächst ein bekanntes Problem, das mit Hilfe von erzeugenden Funktionen erstaunlich einfach gelöst werden kann.

BEISPIEL 1.100 *(Random Walk im d-dimensionalen Gitter $\mathbb{Z}^d$)*

Wir betrachten ein Partikel, das sich zufällig auf den Punkten aus $\mathbb{Z}$ bewegt. Es starte im Punkt 0 und bewege sich in jedem Zeitschritt jeweils mit Wahrscheinlichkeit $1/2$ vom Punkt i zum Punkt $i + 1$ („nach rechts") bzw. $i - 1$ („nach links"). Man nennt dieses Experiment auch *Random Walk auf den ganzen Zahlen*. Abbildung 1.11 auf der nächsten Seite veranschaulicht diesen Prozess.

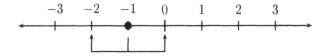

Abbildung 1.11: Random Walk auf den ganzen Zahlen

Für $k \in \mathbb{N}$ bezeichne H_k das Ereignis $H_k := $ „Partikel befindet sich im k-ten Schritt im Punkt 0". Die Anzahl der Schritte nach rechts bzw. nach links bis zum k-ten Schritt ist binomialverteilt mit den Parametern $n = k$ und $p = 1/2$. Für die Wahrscheinlichkeit $h_k := \Pr[H_k]$ erhalten wir deshalb

$$h_k = \binom{k}{k/2} 2^{-k},$$

falls k gerade ist und $h_k = 0$ sonst, da jeweils genau die Hälfte der insgesamt k Schritte in eine der beiden Richtungen führen muss.

Man kann den Random Walk auf $\mathbb{Z}$ leicht zu einem *Random Walk in $\mathbb{Z}^d$* für $d \in \mathbb{N}$ erweitern, indem man annimmt, dass das Partikel in jedem Zeitschritt unabhängig eine Bewegung in jeder Dimension ausführt. In diesem Fall gilt für gerades k, dass

$$h_k = \left(\binom{k}{k/2} 2^{-k} \right)^d.$$

Sei h'_k die Wahrscheinlichkeit, dass das Partikel im k-ten Schritt *zum ersten Mal* zum Punkt 0 zurückkehrt. Wir wollen nun die Wahrscheinlichkeit $r := \sum_{k=1}^{\infty} h'_k$ bestimmen, dass das Partikel *irgendwann* zum Startpunkt zurückkehrt. Dabei ist es durchaus denkbar, dass $r < 1$ ist. In diesem Fall sagen wir, dass das Partikel manchmal unendlich viele Schritte braucht, um zum Punkt 0 zurückzukehren.

Es ist intuitiv einleuchtend, dass die Wahrscheinlichkeit r mit wachsender Dimension d kleiner wird, da der Raum größer wird und sich das Partikel somit leichter „verirren" kann. Doch wie lässt sich dies quantifizieren? Wenn man das Zufallsexperiment simuliert, so stellt man fest, dass das Partikel ab $d \geq 3$ bei einigen Versuchen auch nach sehr langer Laufzeit nicht zum Startpunkt zurückgekehrt. Dies lässt vermuten, dass $r < 1$ für $d \geq 3$ gilt. Die im Folgenden vorgestellten Techniken werden uns ermöglichen, dieses Problem genau zu untersuchen.

Der in Beispiel 1.100 beschriebene Prozess hat die Eigenschaft, dass sich das Experiment nach jedem Besuch im Zustand 0 wieder genauso verhält wie beim Start des Prozesses im Zustand 0. Da also nach dem Eintreten eines Ereignisses H_k der Prozess gewissermaßen von neuem beginnt, nennt man die Ereignisse $H_1, H_2, \ldots$ *rekurrent*. Mit solchen Ereignissen beschäftigt sich die Erneuerungstheorie (engl. *renewal theory*), in die der folgende Abschnitt einen Einblick vermitteln soll.

Definition 1.101 *Die Ereignisse* $H_1, H_2, \ldots$ *heißen rekurrent wenn für* $i, j \in \mathbb{N}$ *mit* $i > j$ *gilt, dass*

$$\Pr[H_i \mid \bar{H}_1 \cap \ldots \cap \bar{H}_{j-1} \cap H_j] = \Pr[H_{i-j}].$$

Die Zufallsvariable Z *mit* $W_Z = \mathbb{N} \cup \{\infty\}$ *misst die* Wartezeit *bis zum Auftreten des ersten Ereignisses* H_k. *Die Verteilung von* Z *ist definiert durch*

$$\Pr[Z = k] = \Pr[\bar{H}_1 \cap \ldots \cap \bar{H}_{k-1} \cap H_k],$$

für $k \in \mathbb{N}$ *und* $\Pr[Z = \infty] = 1 - \sum_{k=0}^{\infty} \Pr[Z = k]$.

Es erweist sich als hilfreich, bei rekurrenten Ereignissen die folgenden erzeugenden Funktionen zu betrachten.

Definition 1.102 *Für* $i \in \mathbb{N}$ *bezeichne* $h_i := \Pr[H_i]$ *die* Auftrittswahrscheinlichkeit *im* i-ten *Zeitschritt. Wir setzen* $h_0 := 1$ *und erhalten die* erzeugende Funktion der Auftrittswahrscheinlichkeiten *durch*

$$H(s) := \sum_{k=0}^{\infty} h_k s^k.$$

Ferner sei die erzeugende Funktion der Wartezeit Z *gegeben durch*

$$T(s) := \sum_{k=0}^{\infty} \Pr[Z = k] \cdot s^k.$$

Bemerkung 1.103 $H(s)$ ist keine wahrscheinlichkeitserzeugende Funktion im Sinne von Definition 1.92 auf Seite 70, da die Ereignisse H_i und H_j für $i \neq j$ nicht disjunkt sein müssen. Somit können wir für $H(s)$ nicht garantieren, dass $H(1) = 1$ gilt. Wenn beispielsweise $\Pr[H_k] = 1$ für alle $k \in \mathbb{N}$ gilt, so sind die Ereignisse $H_1, H_2, \ldots$ rekurrent und es gilt $H(1) = \infty$.

Auch $T(s)$ stellt keine „echte" wahrscheinlichkeitserzeugende Funktion dar, da $T(s)$ nur die Terme enthält, die den Wahrscheinlichkeiten $\Pr[Z = k]$ für $k \in \mathbb{N}_0$ entsprechen. Die Wahrscheinlichkeit $\Pr[Z = \infty]$ taucht also in $T(s)$ nicht auf. (Zur Erinnerung: Die Schreibweise „$\sum_{k=0}^{\infty}$" steht für „$\sum_{k \in \mathbb{N}_0}$" und präzise formuliert gilt somit $T(s) = \sum_{k \in \mathbb{N}_0} \Pr[Z = k] \cdot s^k$.) Daraus folgt

$$\Pr[Z = \infty] = 1 - \sum_{k \in \mathbb{N}_0} \Pr[Z = k] = 1 - T(1). \tag{1.12}$$

Bei rekurrenten Ereignissen besteht ein verblüffend einfacher Zusammenhang zwischen Wartezeit und Auftrittswahrscheinlichkeiten, wie der folgende Satz zeigt.

Satz 1.104 *Für rekurrente Ereignisse gilt*

$$H(s) = \frac{1}{1 - T(s)}.$$

Beweis (Skizze): Nach dem Satz von der totalen Wahrscheinlichkeit gilt für die Auftrittswahrscheinlichkeit h_n ($n \in \mathbb{N}$ beliebig) die Gleichung

$$h_n = \Pr[H_n] = \sum_{k=1}^{\infty} \Pr[H_n \mid Z = k] \cdot \Pr[Z = k]. \tag{1.13}$$

Da sich das System nach dem Auftreten eines rekurrenten Ereignisses wegen der Unabhängigkeit der Wartezeiten genauso verhält wie zur Zeit 0 (die Zeit fängt gewissermaßen von neuem zu laufen an), gilt für $k < n$

$$\Pr[H_n \mid Z = k] = \Pr[H_n \mid \bar{H}_1 \cap \ldots \cap \bar{H}_{k-1} \cap H_k] = \Pr[H_{n-k}].$$

Wegen $\Pr[H_n \mid Z = n] = 1$ und $\Pr[H_n \mid Z = k] = 0$ für $k > n$ erhalten wir aus (1.13) für $n \in \mathbb{N}$

$$h_n = \sum_{k=1}^{n} h_{n-k} \cdot \Pr[Z = k] = \sum_{k=0}^{n} h_{n-k} \cdot \Pr[Z = k]. \tag{1.14}$$

Im letzten Schritt haben wir verwendet, dass $\Pr[Z = 0] = 0$ gilt. Die rechte Seite von (1.14) ergibt für $n = 0$ somit den Wert Null. Durch Faltung von $h_0, h_1, \ldots$ und $\Pr[Z = 0], \Pr[Z = 1], \ldots$ entsteht somit die Folge $0, h_1, h_2, \ldots$. Für die erzeugenden Funktionen gilt deshalb $H(s) - 1 = H(s)T(s)$. Durch Auflösen nach $H(s)$ folgt die Behauptung. $\qquad\square$

BEISPIEL 1.105 Wir betrachten den einfachen Fall, dass die Ereignisse $H_1, H_2, \ldots$ unabhängig mit Wahrscheinlichkeit p eintreten. Unter dieser Bedingung ist klar, dass die Wartezeit geometrisch verteilt ist. Zur Einübung von Satz 1.104 wollen wir dies nun mit Hilfe von erzeugenden Funktionen überprüfen. Es gilt

$$H(s) = 1 + \sum_{k=1}^{\infty} p s^k = 1 + \frac{sp}{1 - s} = \frac{sp + 1 - s}{1 - s}.$$

Daraus folgt

$$T(s) = 1 - \frac{1}{H(s)} = 1 - \frac{1 - s}{sp + 1 - s} = \frac{sp}{1 - (1 - p)s}.$$

$T(s)$ ist identisch zur wahrscheinlichkeitserzeugenden Funktion der geometrischen Verteilung mit Erfolgswahrscheinlichkeit p.

Bei rekurrenten Ereignissen interessiert man sich für die Frage, ob die Wartezeiten immer endlich sind, d. h. ob $\Pr[Z < \infty] = 1$ gilt. Aus Satz 1.104 erhalten wir mit Hilfe von (1.12) sofort das folgende Korollar, das uns hilft, diese Frage zu beantworten.

Korollar 1.106 *Für rekurrente Ereignisse gilt* $\Pr[Z < \infty] = 1$ *genau dann, wenn* $H(1) = \infty$ *ist, wenn also die Summe* $\sum_{k=1}^{\infty} h_k$ *der Auftrittswahrscheinlichkeiten divergiert.*

Beweis: Nach Satz 1.104 gilt $T(s) = (H(s) - 1)/H(s)$. Daraus folgt

$$\Pr[Z < \infty] = T(1) = 1 - 1/H(1)$$

und damit die Behauptung.   □

BEISPIEL 1.107 *(Fortsetzung von Beispiel 1.100)* Wir wenden nun Korollar 1.106 auf den Random Walk im $\mathbb{Z}^d$ an. Sei zunächst $d = 1$. Nach der aus Band I bekannten Stirlingformel gilt $n! = \Theta(\sqrt{n}(n/e)^n)$. Daraus folgt

$$\binom{2n}{n} = \frac{(2n)!}{(n!)^2} = \Theta\left(\frac{\sqrt{2n}(2n)^{2n}}{e^{2n}} \cdot \left(\frac{e^n}{\sqrt{n}n^n}\right)^2\right) = \Theta\left(\frac{2^{2n}}{\sqrt{n}}\right).$$

Damit erhalten wir

$$H(1) = \sum_{k=0}^{\infty} h_k = \sum_{k=0}^{\infty} \binom{2k}{k} 2^{-2k} = \sum_{k=0}^{\infty} \Theta(k^{-1/2}) = \infty,$$

da die Summe $\sum_{k=0}^{\infty} 1/k^\alpha$ für $\alpha \leq 1$ divergiert. Nach Korollar 1.106 kehrt das Partikel also mit Wahrscheinlichkeit 1 immer wieder zum Punkt 0 zurück.

Für beliebiges $d \in \mathbb{N}$ gilt allgemein

$$H(1) = \sum_{k=0}^{\infty} h_k = \sum_{k=0}^{\infty} \Theta(k^{-(1/2)d}).$$

In den Fällen $d = 1$ und $d = 2$ divergiert die Summe, während sie für $d \geq 3$ konvergiert. Dies bedeutet, dass das Partikel im ein- und im zweidimensionalen Raum mit Wahrscheinlichkeit 1 zum Punkt 0 zurückkehrt, während dies im drei- oder noch höherdimensionalen Raum nicht der Fall ist. Im dreidimensionalen Fall gilt

$$\Pr[\text{„Partikel kehrt nie zum Punkt 0 zurück"}]$$

$$= \Pr[Z = \infty] = 1/H(1) = \left(\sum_{k=0}^{\infty} \binom{2k}{k} 2^{-2k}\right)^{-3} \approx 0{,}7178,$$

wie man durch Auswertung der Summe mittels eines Computeralgebra-Systems leicht nachprüfen kann.

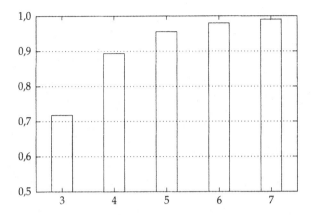

Abbildung 1.12: $\Pr[Z = \infty]$ für den Random Walk in $\mathbb{Z}^d$

1.8 Formelsammlung

In diesem Abschnitt fassen wir die wichtigsten Gesetze zusammen, die wir bislang gezeigt haben.

Gesetze zum Rechnen mit Ereignissen

Im Folgenden seien A und B, sowie $A_1, \ldots, A_n$ Ereignisse. Die Notation $A \,\dot\cup\, B$ steht für $A \cup B$ und zugleich $A \cap B = \emptyset$ (disjunkte Vereinigung). $A_1 \,\dot\cup \ldots \dot\cup\, A_n = \Omega$ bedeutet also, dass die Ereignisse $A_1, \ldots, A_n$ eine Partition der Ergebnismenge Ω bilden.

$\Pr[\emptyset] = 0$	
$0 \leq \Pr[A] \leq 1$	
$\Pr[\bar{A}] = 1 - \Pr[A]$	
$A \subseteq B \implies \Pr[A] \leq \Pr[B]$	
$\forall i \neq j : A_i \cap A_j = \emptyset \implies$ $\Pr\left[\bigcup_{i=1}^{n} A_i\right] = \sum_{i=1}^{n} \Pr[A_i]$	Additionssatz
$\Pr[A \cup B] = \Pr[A] + \Pr[B] - \Pr[A \cap B]$ allgemeine Form: siehe Satz 1.6 auf Seite 7	Inklusion/Exklusion, Siebformel

$\Pr\left[\bigcup_{i=1}^n A_i\right] \le \sum_{i=1}^n \Pr[A_i]$	Boolesche Ungleichung
$\Pr[A\|B] = \frac{\Pr[A\cap B]}{\Pr[B]}$ für $\Pr[B] > 0$	Def. bedingte Ws.
$B \subseteq A_1 \,\dot\cup\,\ldots\,\dot\cup\, A_n \;\Longrightarrow$ $\Pr[B] = \sum_{i=1}^n \Pr[B\|A_i]\cdot\Pr[A_i]$	Satz von der totalen Wahrscheinlichkeit
$\Pr[B] > 0,\, B \subseteq A_1 \,\dot\cup\,\ldots\,\dot\cup\, A_n \;\Longrightarrow$ $\Pr[A_i\|B] = \frac{\Pr[B\|A_i]\cdot\Pr[A_i]}{\sum_{i=1}^n \Pr[B\|A_i]\cdot\Pr[A_i]}$	Satz von Bayes
$\Pr[A_1\cap\ldots\cap A_n] = \Pr[A_1]\cdot\Pr[A_2\|A_1]\cdot\ldots\cdot\Pr[A_n \mid A_1\cap\ldots\cap A_{n-1}]$	Multiplikationssatz
A und B unabhängig $\Longleftrightarrow$ $\Pr[A\cap B] = \Pr[A]\cdot\Pr[B]$	Definition Unabhängigkeit

Erwartungswert und Varianz diskreter Zufallsvariablen

Sei X eine diskrete Zufallsvariable. Für Erwartungswert und Varianz gelten die folgenden Formeln (sofern $\mathbb{E}[X]$ und $\mathrm{Var}[X]$ existieren).

$\begin{aligned} \mathbb{E}[X] &= \sum_{x\in W_X} x\cdot\Pr[X=x] \\ &= \sum_{\omega\in\Omega} X(\omega)\cdot\Pr[\omega] \\ \Big(&= \sum_{i=1}^\infty \Pr[X\ge i], \quad\text{falls } W_X\subseteq\mathbb{N}_0\,\Big) \end{aligned}$	Erwartungswert
$\begin{aligned} \mathrm{Var}[X] &= \mathbb{E}[(X-\mathbb{E}[X])^2] \\ &= \sum_{x\in W_X}(x-\mathbb{E}[X])^2\cdot\Pr[X=x] \end{aligned}$	Varianz

Gesetze zum Rechnen mit Zufallsvariablen

Im Folgenden seien X, X_1, ..., X_n Zufallsvariablen, von denen wir voraussetzen, dass Erwartungswert und Varianz existieren. Bei a, b, a_1, ..., a_n handelt es sich um reelle Zahlen und bei $f_1, \ldots, f_n$ um Funktionen mit $f_i : \mathbb{R} \to \mathbb{R}$.

$X_1, \ldots, X_n$ unabhängig $\iff$ für alle $a_1, \ldots, a_n$ $\Pr[X_1 = a_1, \ldots, X_n = a_n] = \Pr[X_1 = a_1] \cdot \ldots \cdot \Pr[X_n = a_n]$	
$X_1, \ldots, X_n$ unabhängig $\implies$ $f_1(X_1), \ldots, f_n(X_n)$ unabhängig	
$\mathbb{E}[a \cdot X + b] = a \cdot \mathbb{E}[X] + b$	
$X(\omega) \leq Y(\omega)$ für alle $\omega \in \Omega \implies$ $\mathbb{E}[X] \leq \mathbb{E}[Y]$	Monotonie des Erwartungswerts
$\mathbb{E}[X] = \sum_{i=1}^{n} \mathbb{E}[X|A_i] \cdot \Pr[A_i]$	
$\mathrm{Var}[X] = \mathbb{E}[X^2] - \mathbb{E}[X]^2$	
$\mathrm{Var}[a \cdot X + b] = a^2 \cdot \mathrm{Var}[X]$	
$\mathbb{E}[a_1 X_1 + \ldots + a_n X_n]$ $= a_1 \mathbb{E}[X_1] + \ldots + a_n \mathbb{E}[X_n]$	Linearität des Erwartungswerts
$X_1, \ldots, X_n$ unabhängig $\implies$ $\mathbb{E}[X_1 \cdot \ldots \cdot X_n] = \mathbb{E}[X_1] \cdot \ldots \cdot \mathbb{E}[X_n]$	Multiplikativität des Erwartungswerts
$X_1, \ldots, X_n$ unabhängig $\implies$ $\mathrm{Var}[X_1 + \ldots + X_n] = \mathrm{Var}[X_1] + \ldots + \mathrm{Var}[X_n]$	Varianz einer Summe
$X \geq 0 \implies \Pr[X \geq t] \leq \mathbb{E}[X]/t$ für $t > 0$	Markov
$\Pr[|X - \mathbb{E}[X]| \geq t] \leq \mathrm{Var}[X]/t^2$ für $t > 0$	Chebyshev
siehe Satz 1.81 auf Seite 62	Gesetz der großen Zahlen

Übungsaufgaben

Elementares Rechnen mit Wahrscheinlichkeiten

1.1˙ Es werden zwei Würfel geworfen. Sei A das Ereignis, dass die Summe der Augen ungerade ist, und sei B das Ereignis, dass wenigstens eine „1" geworfen wurde. Bestimmen Sie die Wahrscheinlichkeiten der Ereignisse $A \cap B$, $A \cup B$ und $A \cap \bar{B}$.

1.2 Urne 1 enthält eine weiße und zwei schwarze Murmeln, Urne 2 eine schwarze und zwei weiße Murmeln, und Urne 3 enthält je drei weiße und schwarze Murmeln. Ein Würfel wird geworfen. Falls 1, 3 oder 5 Augen erscheinen, wird Urne 1 ausgewählt, bei der Augenzahl 2 die Urne 2, und bei 4 oder 6 die Urne 3. Nun wird aus dieser Urne eine Murmel gezogen, wobei jede der vorhandenen Murmeln mit gleicher Wahrscheinlichkeit gewählt wird. Sei W das Ereignis, dass die gezogene Murmel weiß ist. Bestimmen Sie $\Pr[W]$.

1.3˙ Mit welcher Wahrscheinlichkeit ist die oberste Karte eines (zufällig gemischten) Kartenspiels mit 52 Karten ein Ass? Wie groß ist diese Wahrscheinlichkeit, wenn zuvor zufällig $n \leq 51$ Karten aus dem Spiel entfernt wurden, ohne sie anzusehen?

1.4 Eine Urne enthält 100 Bälle, die mit den Zahlen $1, \ldots, 100$ beschriftet sind. Es werden nacheinander 4 Bälle ohne Zurücklegen gezogen. Mit welcher Wahrscheinlichkeit ist die Zahl des ersten Balls größer als die des vierten Balls? Wie groß ist die Wahrscheinlichkeit, dass das Maximum der gezogenen Zahlen gleich m ist?

1.5˙ Beweisen Sie: Für beliebige Ereignisse A und B gilt
$$\Pr[A \cap B] \geq \Pr[A] + \Pr[B] - 1.$$

1.6 Wie groß ist die Wahrscheinlichkeit, dass eine zufällig ausgewählte Zahl $x \in \{1, \ldots, 100\}$ durch 2 oder 5 teilbar ist? Mit welcher Wahrscheinlichkeit ist x nicht durch 4,8,10 teilbar?

1.7 Es werden nacheinander fünf Münzen geworfen (jeweils mit den möglichen Ergebnissen Kopf = K und Wappen = W). Geben Sie die Wahrscheinlichkeit der Folge KKWKW und einer beliebigen Folge mit genau drei Köpfen an. Mit welcher Wahrscheinlichkeit fällt mindestens dreimal Kopf?

1.8 Auf einer Party sind zwölf Leute anwesend. Wie groß ist die Wahrscheinlichkeit, dass alle Geburtstage in verschiedene Monate fallen? Nehmen Sie dabei Gleichverteilung für die Monate an.

1.9 Beim Spiel Mensch-ärgere-Dich-nicht muss man (in gewissen Spielsituationen) warten, bis man eine Sechs würfelt. Mit welcher Wahrscheinlichkeit dauert dies genau bzw. länger als drei Würfe? Welche

Anzahl Würfe ist die wahrscheinlichste Wartedauer? Wie oft muss man werfen, bis man mit Wahrscheinlichkeit $\geq 0{,}95$ eine Sechs gewürfelt hat?

1.10 Wir betrachten ein einfaches Lottospiel, bei dem 6 aus 49 Zahlen (ohne Zusatzzahl) gezogen werden. Berechnen Sie eine möglichst gute Schranke für die minimale Anzahl von Ziehungen bis mit Wahrscheinlichkeit $\geq 1/2$ ein Ziehungsergebnis doppelt auftritt. Wie vielen Jahren entspricht dies, wenn jede Woche zwei Ziehungen stattfinden?

1.11 A werfe sechs, B zwölf Würfel. Wie groß ist die Wahrscheinlichkeit, dass A mindestens eine „6" bzw. dass B mindestens zwei „6en" wirft?

Zeigen Sie, dass es wahrscheinlicher ist, bei viermaligem Würfeln eines Würfels (mindestens) eine „6" zu werfen als bei 24-maligem Werfen von zwei Würfeln (mindestens) einen Pasch von „6en" (Méré's Paradox).

1.12 Man würfelt mit vier Würfeln und multipliziert die Augenzahlen. D_i bezeichne das Ereignis, dass die so erhaltene Zahl durch i teilbar ist. Ferner sei F das Ereignis, dass die letzte Ziffer der Zahl eine fünf ist. Berechnen Sie $\Pr[D_5]$ und $\Pr[F]$.

1.13 Eine Fluggesellschaft geht davon aus, dass 5% aller für einen Flug gebuchten Passagiere nicht zum Abflug erscheinen. Sie überbucht daher einen Flug mit 50 Sitzplätzen, indem sie 52 Tickets verkauft. Wie groß ist die Wahrscheinlichkeit, dass ein Passagier nicht befördert wird, obwohl er ein reguläres Ticket besitzt?

Bedingte Wahrscheinlichkeiten und Unabhängigkeit

1.14 Wie groß ist die Wahrscheinlichkeit für einen Royal Flush beim Poker (Spiel mit 52 Karten, 5 davon werden ausgeteilt, Royal Flush bedeutet 10, B, D, K, A von einer Farbe)? Wie verändert sich die Wahrscheinlichkeit, wenn die letzte Karte offen ausgeteilt wird und es sich dabei um das Herz-Ass handelt?

1.15 In einer Chipfabrik werden Chips in drei Produktionsstraßen A, B und C erzeugt, und zwar 25% auf A, 35% auf B und der Rest auf C. Die Fehlerraten der einzelnen Straßen seien 5%, 4% und 2%. Aus der Produktion wird zufällig ein Chip ausgewählt, und es stellt sich heraus, dass er defekt ist. Wie groß ist jeweils die Wahrscheinlichkeit, dass er in Straße A, B und C gefertigt wurde?

1.16 Eine sehr seltene Krankheit tritt mit Wahrscheinlichkeit 1/100000 auf. Ein Antikörpertest für diese Krankheit erkennt eine Infektion mit

Wahrscheinlichkeit 0,95. Gesunde Menschen werden mit Wahrscheinlichkeit 0,005 irrtümlich als krank eingestuft. Wie groß ist die Wahrscheinlichkeit, dass bei einem positiv ausgefallenen Test tatsächlich
eine Infektion vorliegt?

1.17 Seien drei gezinkte Münzen gegeben (Ergebnis Kopf K oder Wap-
pen W). Die Wahrscheinlichkeiten für Kopf seien $\frac{1}{3}$, $\frac{2}{3}$ und 1. Wir werfen eine zufällig gewählte Münze zweimal. M_k bezeichne das Ereig-
nis, dass die k-te Münze gewählt wurde. K_j bezeichne das Ereignis,
dass im j-ten Wurf Kopf fällt. Berechnen Sie $\Pr[M_k|K_1]$ für $k = 1, 2, 3$
sowie $\Pr[K_2|K_1]$.

Zufallsvariablen

1.18 Wir betrachten eine Festplatte mit n konzentrisch angeordneten Spuren $s_1, \ldots, s_n$ und einem Lese-/Schreibkopf. p_i bezeichne die Wahrscheinlichkeit, dass der Lesekopf bei einem zufälligen Plattenzugriff
(*random seek*) auf Spur s_i gesetzt wird, für $1 \leq i \leq n$. Sei D die Anzahl der Spuren zwischen zwei Plattenzugriffen. Wie groß ist $\mathbb{E}[D]$,
wenn die einzelnen Plattenzugriffe auf alle Spuren zufällig, gleichverteilt und unabhängig voneinander stattfinden, also $p_i = 1/n$ für
$1 \leq i \leq n$. Wie groß ist $\mathbb{E}[D]$, wenn p_i abhängig von der Spurlänge ist,
nämlich $p_i = c_n \cdot (i + 100)$, für $1 \leq i \leq n$ und eine geeignete (von n
abhängige) Konstante c_n. Berechnen Sie c_n und $\mathbb{E}[D]$.

1.19 In einem Parallelrechner mit n Prozessoren und n Speicherzellen sen-
de jeder Prozessor zugleich eine Anfrage unabhängig und gleichverteilt an eine Speicherzelle. Jede Speicherzelle kann genau eine Anfrage bedienen. Falls eine Speicherzelle von mehr als einem Prozessoren
gleichzeitig angefragt wird, so wird keine der Anfragen beantwortet.
Sei X die Anzahl der Prozessoren, die ihre Anfrage beantwortet be-
kommen. Berechnen Sie $\mathbb{E}[X]$. Was geschieht für $n \to \infty$?

1.20 Berechnen Sie die Varianz einer geometrisch verteilten Zufallsvariable
mit Parameter p.

1.21 Ein Server fällt am i-ten Tag mit Wahrscheinlichkeit p_i aus. X sei
die Anzahl der Tage bis zum ersten Ausfall. Bestimmen Sie zunächst
einen allgemeinen Ausdruck für $\Pr[X = n]$ und betrachten Sie danach
die folgenden Fälle: (i) $p_i = 1/(i + 1)$, (ii) $p_i = 1 - e^{-\lambda i}$. Berechnen Sie
jeweils $\Pr[X > n]$. Existiert der Erwartungswert $\mathbb{E}[X]$?

1.22 X sei eine Zufallsvariable mit Wertebereich $W_X = \mathbb{N}$. Zeigen Sie,
dass X genau dann geometrisch verteilt ist, wenn Gleichung (1.8) auf
Seite 50 für alle $x, y \in \mathbb{N}$ erfüllt ist.

1.23 X sei Poisson-verteilt. Berechnen Sie $\mathbb{E}[(X + 1)^{-1}]$.

1.24 Berechnen Sie $\mathbb{E}[(X+1)^{-1}]$ für $X \sim \text{Bin}(n,p)$.

1.25^{+} Anna und Felix spielen Badminton, wobei Anna einen Ballwechsel mit Wahrscheinlichkeit p gewinnt. Wie viele Ballwechsel spielen die beiden im Mittel bis einer von Ihnen zwei Ballwechsel in Folge für sich entscheiden kann?

1.26 Zeigen Sie, dass sowohl die Binomialverteilung $\text{Bin}(n,p)$ als auch die Poisson-Verteilung $\text{Po}(\lambda)$ unimodal ist. (Eine Verteilung heißt *unimodal*, falls ihre Dichte $f : \mathbb{N} \to \mathbb{R}$ genau ein lokales Maximum besitzt.)

1.27 Zeigen Sie, dass die Markov-Ungleichung in folgendem Sinne scharf ist: Geben Sie für jedes $t \in \mathbb{N}$ jeweils eine positive Zufallsvariable X an, so dass gilt $\Pr[X \geq t] = \frac{\mathbb{E}[X]}{t}$.

1.28 Zeigen Sie mit Hilfe der Technik aus dem Beweis der Chebyshev-Ungleichung die folgende Aussage für $t > 0$ und $c > 0$

$$\Pr[X > t] \leq \frac{\mathbb{E}[(X+c)^2]}{(t+c)^2}.$$

1.29^{+} Betrachten Sie die Ungleichung aus Aufgabe 1.28 für $\mathbb{E}[X] = 0$ und schließen Sie daraus auf die *einseitige Chebyshev-Ungleichung*

$$\Pr[Y - \mathbb{E}[Y] \geq t] \leq \frac{\text{Var}[Y]}{\text{Var}[Y] + t^2}.$$

für $t > 0$ und eine beliebige Zufallsvariable Y.

1.30 Aus einer Urne mit den Kugeln $1, \ldots, n$ werden k Kugeln gezogen (ohne Zurücklegen). Berechnen Sie Mittelwert und Varianz der Summe S der gezogenen Zahlen.

1.31 Seien X und Y Zufallsvariablen mit endlicher Varianz. Wir definieren die *Kovarianz* $\text{Cov}(X,Y)$ durch

$$\text{Cov}(X,Y) := \mathbb{E}[(X - \mathbb{E}[X]) \cdot (Y - \mathbb{E}[Y])].$$

Zeigen Sie, dass $\text{Cov}(X,Y) = \mathbb{E}[X \cdot Y] - \mathbb{E}[X] \cdot \mathbb{E}[Y]$ gilt. Zeigen Sie ferner, dass $\text{Cov}(X,Y) = 0$ ist, wenn X und Y (paarweise) unabhängig sind. Beweisen Sie, dass gilt

$$\text{Cov}(X,X) = \text{Var}(X) \quad \text{und} \quad \text{Cov}(X,Y) = \text{Cov}(Y,X).$$

Seien nun X und Y nicht unabhängig, aber die Zahlenwerte $\text{Var}[X]$, $\text{Var}[Y]$ und $\text{Cov}(X,Y)$ bekannt. Berechnen Sie damit $\text{Var}[X+Y]$.

1.32 Zeigen Sie durch Angabe eines Beispiels, dass aus $\text{Cov}(X,Y) = 0$ im Allgemeinen nicht auf die Unabhängigkeit von X und Y geschlossen werden kann.

1.33 Gegeben sei die gemeinsame Verteilung der Zufallsvariablen X und Y für

$$\Pr[X = a, Y = 0] = \Pr[X = 0, Y = a] = 1/4,$$
$$\Pr[X = -a, Y = 0] = \Pr[X = 0, Y = -a] = 1/4,$$

wobei $a > 0$ beliebig, aber fest sei. Sind X und Y unabhängig? Sind $W := X - Y$ und $V := X + Y$ unabhängig?

1.34 Seien X und Y zwei unabhängige geometrisch verteilte Zufallsvariablen mit Erfolgswahrscheinlichkeit p_x bzw. p_y. Ferner definieren wir $R := X/Y$. Wie groß ist $\Pr[R > 1]$? Berechnen Sie $\Pr[R = m/n]$ für teilerfremde Zahlen $m, n \in \mathbb{N}$.

1.35 Durch eine Umfrage soll festgestellt werden, welcher Anteil p der Bevölkerung regelmäßig Drogen nimmt. Da anzunehmen ist, dass viele Menschen dies nicht gerne zugeben, wird der Test folgendermaßen modifiziert. Der Befragte wirft geheim eine Münze und antwortet wahrheitsgetreu, wenn diese Wappen zeigt, aber in jedem Fall mit „ja", wenn diese Münze Kopf zeigt. Sei X_n die Anzahl der Ja-Antworten bei n befragten Personen. Schätzen Sie mit Hilfe der Chernoff-Schranken die Wahrscheinlichkeit ab, dass

$$\left| \frac{X_n}{n} - \frac{1}{2}(1 + p) \right| \geq \varepsilon$$

gilt für $\varepsilon > 0$.

1.36 Arbeiten Sie den Beweis für die Chernoff-Schranke 1.87 auf Seite 68 aus.

1.37⁺ Es seien X_1, X_2 und X_3 drei (nicht notwendigerweise unabhängige) Indikatorvariablen und $X = X_1 + X_2 + X_3$. Weiter sei $\mathbb{E}[X] = 1{,}5$. Bestimmen Sie obere und untere Schranken für die Wahrscheinlichkeit $\Pr[X = 3]$. Geben Sie jeweils ein Beispiel an, das zeigt, dass Ihre Schranke bestmöglich ist.

Kontinuierliche Wahrscheinlichkeitsräume

2.1 Einführung

2.1.1 Motivation

Bei der Interpretation der Poisson-Verteilung als Grenzwert der Binomial-verteilung haben wir ein Beispiel für einen Übergang zwischen zwei Modellen kennen gelernt, der eine einfachere und natürlichere Darstellung des betrachteten Problems ermöglichte (siehe Abschnitt 1.5.4). Bei der Bildung dieses Grenzwerts, oder auch bei ähnlichen Grenzübergängen, die uns in diesem Kapitel noch begegnen werden, wird man direkt zu Zufallsvaria-blen mit einem kontinuierlichen Wertebereich geführt.

BEISPIEL 2.1 Wir betrachten nochmals das Szenario aus Abschnitt 1.5.4: Bei einem Druckerserver kommen Aufträge in einer Warteschlange an, die alle $1/n$ Zeitein-heiten vom Server abgefragt wird. Der Server nimmt also zu den diskreten Zeit-punkte $1/n, 2/n, 3/n, \ldots$ neue Aufträge entgegen. Durch den Grenzwert $n \to \infty$ „verschmelzen" diese diskreten Zeitpunkte zu einer kontinuierlichen Zeitachse und für die Zufallsvariable T, welche die Zeitspanne bis zum Eintreffen des nächsten Auftrags misst, reicht eine diskrete Wertemenge W_T nicht mehr aus.

Kontinuierliche Modelle müssen jedoch nicht immer als Grenzwert diskre-ter Modelle entstehen. Bei manchen Anwendungen der Wahrscheinlich-keitstheorie, z. B. im Bereich der Statistik, ist eine sinnvolle Modellierung nur mit kontinuierlichen Größen möglich. Wir betrachten dazu wieder ein Beispiel.

BEISPIEL 2.2 Zur Beurteilung der Qualität eines Lichtwellenleiters werden Lichtimpulse durch die Leitung geschickt und die Intensität des Lichts an der Empfangsstation gemessen. Die auftretenden Messwerte schwanken um den Mittelwert, da kein technisches System mit analogen Ausgangsgrößen bei wiederholten Versuchen völlig identische Resultate liefert. Beispielsweise ist damit zu rechnen, dass auf der Senderseite die Leistung der Laserdiode leicht variiert oder dass das Messgerät auf der Empfängerseite nicht völlig exakt arbeitet.

Wir wollen nun die Intensität des Lichts beim Empfänger als Zufallsgröße modellieren und suchen dafür einen passenden Wahrscheinlichkeitsraum. Da das Messgerät nur eine endliche Auflösung hat, könnten wir in Ω alle möglichen Messergebnisse eintragen. Dabei treten jedoch zwei Probleme auf: Zum ersten erhalten wir (eine entsprechend gute Auflösung des Messgeräts vorausgesetzt) einen sehr großen und unhandlichen Wahrscheinlichkeitsraum. Zum zweiten geht unser Modell an der physikalischen Realität vorbei, da die Intensität eigentlich eine kontinuierliche Größe darstellt (wenn wir von quantenphysikalischen Phänomenen abstrahieren). Die von uns vorgenommene Diskretisierung wirkt also etwas künstlich. Eine bessere Alternative besteht darin, $\Omega = \mathbb{R}$ zu setzen und somit beliebige Intensitäten zuzulassen.

Die voranstehenden Beispiele zeigen, dass man in manchen Anwendungen mit Situationen konfrontiert ist, bei denen das Problem durch kontinuierliche Größen natürlicher und einfacher modelliert werden kann. Da unser bisheriger Wahrscheinlichkeitsbegriff dies nicht zulässt, müssen wir die Definition von Wahrscheinlichkeitsräumen dahingehend erweitern.

2.1.2 Kontinuierliche Zufallsvariablen

Bei der Behandlung diskreter Wahrscheinlichkeitsräume haben wir die Begriffe Wahrscheinlichkeitsraum und Zufallsvariable separat eingeführt. Bei kontinuierlichen Wahrscheinlichkeitsräumen werden wir nun aber im Sinne einer kompakteren Darstellung beide Begriffe zusammen behandeln. Dass dies möglich ist, hatten wir in Abschnitt 1.4.1 auf Seite 28 bereits angedeutet: Dort hatten wir gesehen, dass wir jeder Zufallsvariablen an Hand ihrer Dichte bzw. ihrer Verteilungsfunktion einen zugrunde liegenden Wahrscheinlichkeitsraum zuordnen können. Bei kontinuierlichen Zufallsvariablen gehen wir nun genauso vor und betrachten nur den zugrunde liegenden Wahrscheinlichkeitsraum $\Omega = \mathbb{R}$. Wir interessieren uns dann für die Wahrscheinlichkeit, mit der die Werte der Zufallsvariablen in bestimmten Teilmengen von $\mathbb{R}$ liegen.

BEISPIEL 2.3 *(Fortsetzung von Beispiel 2.1)* Bei der Wartezeit T bis zum Eintreffen des nächsten Auftrags könnten wir beispielsweise die Wahrscheinlichkeit für folgendes Ereignis untersuchen: Es vergehen mindestens fünf Minuten bis zum nächsten Auftrag, also $T \geq 5$ [min].

Die folgende Definition liefert die mathematische Grundlage zur Modellierung von kontinuierlichen Zufallsgrößen.

Definition 2.4 *Eine* kontinuierliche *oder auch* stetige Zufallsvariable X *und ihr zugrunde liegender* kontinuierlicher (reeller) Wahrscheinlichkeitraum *sind definiert durch eine integrierbare Dichte(-funktion)* $f_X : \mathbb{R} \to \mathbb{R}_0^+$ *mit der Eigenschaft*

$$\int_{-\infty}^{+\infty} f_X(x) \, \mathrm{d}x = 1.$$

Eine Menge $A \subseteq \mathbb{R}$, *die durch Vereinigung* $A = \bigcup_k I_k$ *abzählbar vieler paarweise disjunkter Intervalle beliebiger Art (offen, geschlossen, halboffen, einseitig unendlich) gebildet werden kann, heißt* Ereignis. *Ein Ereignis* A *tritt ein, wenn* X *einen Wert aus* A *annimmt. Die Wahrscheinlichkeit von* A *ist bestimmt durch*

$$\Pr[A] = \int_A f_X(x) \, \mathrm{d}x = \sum_k \int_{I_k} f_X(x) \, \mathrm{d}x.$$

Bemerkung 2.5 Der Leser wird sich vielleicht wundern, warum als Ereignisse nicht beliebige Teilmengen $A \subseteq \mathbb{R}$ zugelassen sind. Wir werden in Abschnitt 2.1.3 die Hintergründe davon ein wenig näher beleuchten. An dieser Stelle wollen wir uns mit dem Hinweis begnügen, dass für nicht integrierbare Teilmengen von $\mathbb{R}$ Schwierigkeiten auftreten, da dann $\Pr[A] = \int_A f_x(x) \, \mathrm{d}x$ nicht mehr wohldefiniert ist.

Wenn klar ist, auf welche Zufallsvariable wir uns beziehen, so verzichten wir gelegentlich auf den entsprechenden Index und schreiben kurz f statt f_X.

BEISPIEL 2.6 Eine besonders einfache kontinuierliche Dichte stellt die *Gleichverteilung* auf dem Intervall $[a, b]$ dar. Sie ist definiert durch

$$f(x) = \begin{cases} \frac{1}{b-a} & \text{für } x \in [a, b], \\ 0 & \text{sonst.} \end{cases}$$

Die linke Hälfte von Abbildung 2.1 auf der nächsten Seite zeigt $f(x)$ für $a = 0$ und $b = 1$.

Die Funktion f ist eine zulässige Dichte, da gilt

$$\int_{-\infty}^{+\infty} f(x) \, \mathrm{d}x = \int_a^b \frac{1}{b-a} \, \mathrm{d}x = \frac{b-a}{b-a} = 1.$$

Analog zum diskreten Fall ordnen wir jeder Dichte f_X eine *Verteilung* oder *Verteilungsfunktion* F_X zu:

$$F_X(x) := \Pr[X \le x] = \Pr[\{t \in \mathbb{R} \mid t \le x\}] = \int_{-\infty}^{x} f_X(t) \, \mathrm{d}t.$$

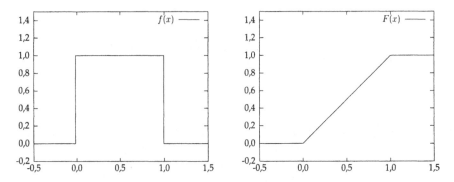

Abbildung 2.1: Gleichverteilung über dem Intervall $[0, 1]$

BEISPIEL 2.7 Die Verteilungsfunktion der Gleichverteilung können wir leicht berechnen:

$$F(x) = \int_{-\infty}^{x} f(t)\, dt = \begin{cases} 0 & \text{für } x < a, \\ \frac{x-a}{b-a} & \text{für } a \leq x \leq b, \\ 1 & \text{für } x > b. \end{cases}$$

Die rechte Hälfte von Abbildung 2.1 zeigt $F(x)$ für $a = 0$ und $b = 1$.

Wir halten nun einige Eigenschaften der Funktion F_X fest, die sich unmittelbar daraus ergeben, dass die Dichte f_X eine nicht-negative Funktion ist, deren Integral über Ω den Wert Eins hat.

Beobachtung 2.8 (Eigenschaften der Verteilungsfunktion)

- *F_X ist monoton steigend.*

- *F_X ist stetig. Man spricht daher auch von einer „stetigen Zufallsvariablen".*

- *Es gilt:* $\lim_{x \to -\infty} F_X(x) = 0$ *und* $\lim_{x \to \infty} F_X(x) = 1$

- *Jeder differenzierbaren Funktion F, welche die zuvor genannten Eigenschaften erfüllt, können wir eine Dichte f durch $f(x) = F'(x)$ zuordnen.*

Mit Hilfe der Verteilungsfunktion kann die Wahrscheinlichkeit einfacher Ereignisse bequem ohne Integration ausgerechnet werden, da gilt

$$\Pr[a < X \leq b] = F_X(b) - F_X(a).$$

BEISPIEL 2.9 Wir erhalten bei der Gleichverteilung für das Ereignis $A =]c, d]$ die Wahrscheinlichkeit $\Pr[A] = \frac{d-a}{b-a} - \frac{c-a}{b-a} = \frac{d-c}{b-a}$.

Bei den von uns betrachteten Dichten besteht zwischen den Ereignissen „$a < X \leq b$", „$a \leq X \leq b$", „$a \leq X < b$" und „$a < X < b$" kein wesentlicher Unterschied, da

$$\int_{[a,b]} f(t)\,\mathrm{d}t = \int_{]a,b]} f(t)\,\mathrm{d}t = \int_{[a,b[} f(t)\,\mathrm{d}t = \int_{]a,b[} f(t)\,\mathrm{d}t.$$

Wir müssen nicht darauf achten, ob die Intervallgrenzen ein- oder ausgeschlossen sind, und können beispielsweise auch $\Pr[a \leq X \leq b] = F_X(b) - F_X(a)$ schreiben.

2.1.3 Exkurs: Kolmogorov-Axiome und σ-Algebren

In diesem Abschnitt beschäftigen wir uns mit der axiomatischen Grundlage der Wahrscheinlichkeitstheorie. Unter dieser Sichtweise stellen die beiden Ausprägungen von Wahrscheinlichkeitsräumen, die wir bislang kennen gelernt haben, nämlich die diskreten Wahrscheinlichkeitsräume aus dem vorigen Kapitel und die Wahrscheinlichkeitsräume zu Zufallsvariablen mit integrierbaren Dichten, nur Spezialfälle dar. Allerdings decken diese „Spezialfälle" alle Anwendungen, die wir in diesem Buch betrachten werden, bereits ab. Für das weitere Verständnis dieses Buches ist der nachfolgende Abschnitt daher nicht unbedingt notwendig.

σ-Algebren

Die erste Definition, die wir für eine allgemeine Beschreibung eines Wahrscheinlichkeitsraums benötigen, enthält die Eigenschaften, die ein Mengensystem haben muss, um damit Ereignisse modellieren zu können.

Definition 2.10 *Sei Ω eine Menge. Eine Menge $\mathcal{A} \subseteq \mathcal{P}(\Omega)$ heißt σ-Algebra über Ω, wenn folgende Eigenschaften erfüllt sind:*

(E1) $\Omega \in \mathcal{A}.$

(E2) Wenn $A \in \mathcal{A}$, dann folgt $\bar{A} \in \mathcal{A}.$

(E3) Für $n \in \mathbb{N}$ sei $A_n \in \mathcal{A}.$ Dann gilt auch $\bigcup_{i=1}^{\infty} A_n \in \mathcal{A}.$

Auf den ersten Blick wirkt diese Definition vielleicht ein wenig kompliziert. Die folgenden Überlegungen werden den Zweck der Eigenschaften (E1), (E2) und (E3) jedoch schnell aufzeigen.

Unter der Menge Ω können wir uns wie gewohnt die Ergebnismenge vorstellen, also im diskreten Fall die Menge aller Elementarereignisse. Bislang haben wir bei diskreten Wahrscheinlichkeitsräumen beliebige Mengen

$A \subseteq \Omega$ (oder anders geschrieben: $A \in \mathcal{P}(\Omega)$) als Ereignisse zugelassen. Wir erinnern uns jedoch, dass wir schon im kontinuierlichen Fall $\Omega = \mathbb{R}$ eine Einschränkung formuliert haben und nur bestimmten Teilmengen aus $\mathbb{R}$ als Ereignisse erlaubt haben. Definition 2.10 lässt solche Einschränkungen zu, denn $\mathcal{A}$ kann eine echte Teilmenge von $\mathcal{P}(\Omega)$ sein. $\mathcal{A}$ entspricht also der Menge der zulässigen Ereignisse.

Wenden wir uns nun den drei Eigenschaften aus Definition 2.10 zu, die $\mathcal{A}$ erfüllen muss. Eigenschaft (E1) besagt, dass das sichere Ereignis Ω ein zulässiges Ereignis sein soll. Eigenschaft (E2) stellt sicher, dass zu jedem Ereignis $A \in \mathcal{A}$ auch das Komplement $\bar{A}$ ein zulässiges Ereignis ist. Es leuchtet intuitiv ein, dass diese beiden Eigenschaften für einen sinnvoll definierten Wahrscheinlichkeitsbegriff notwendig sind, denn sie drücken die folgenden banalen Alltagserfahrungen aus:

- Wenn die möglichen Ergebnisse eines Zufallsexperiments vollständig modelliert sind, so tritt sicher eines dieser Ergebnisse ein.

- Wenn A ein möglicher Versuchsausgang ist, dann ist auch das Nichteintreten von A ein möglicher Versuchsausgang.

Auch Eigenschaft (E3) trifft im Grunde nur eine sehr einfache Aussage: Seien A und B mögliche Versuchsausgänge. Dann ist auch „A oder B" ein möglicher Versuchsausgang. Dies lässt sich mathematisch so formulieren: Wenn $A, B \in \mathcal{A}$, dann gilt auch $A \cup B \in \mathcal{A}$. Die dritte Eigenschaft umfasst diese Forderung (um dies einzusehen, setze man $A_1 := A$, $A_2 := B$, $A_3, A_4, \ldots = \emptyset$), ist jedoch noch ein wenig allgemeiner gefasst, damit wir im Falle von unendlichen Ergebnismengen Ω auch unendlich viele Ereignisse $A_1, A_2, \ldots$ zu einem neuen Ereignis $\bigcup_{i=1}^{\infty} A_n \in \mathcal{A}$ vereinigen können.

Aus der Definition einer σ-Algebra kann man bereits einige interessante zusätzliche Eigenschaften ableiten: Aus $\Omega \in \mathcal{A}$ folgt, dass auch $\emptyset = \bar{\Omega} \in \mathcal{A}$, d.h. auch das unmögliche Ereignis $\emptyset$ ist ein zulässiges Ereignis. Ferner gilt für beliebige Ereignisse $A, B \in \mathcal{A}$ wegen $\bar{A}, \bar{B} \in \mathcal{A}$ und $A \cap B = \overline{\bar{A} \cup \bar{B}} \in \mathcal{A}$, dass der Schnitt $A \cap B$ ebenfalls ein zulässiges Ereignis ist. Diese Aussage lässt sich auch auf den Schnitt unendlich vieler Ereignisse $A_1, A_2, \ldots$ verallgemeinern.

Die obigen Überlegungen veranschaulichen, dass die Definition der σ-Algebra eine treffende Beschreibung der Eigenschaften von Mengensystemen $\mathcal{A} \subseteq \mathcal{P}(\Omega)$ liefert, die sich zur Modellierung von Ereignissen eignen.

Man macht sich leicht klar, dass für jede endliche Menge Ω die Menge $\mathcal{P}(\Omega)$ eine σ-Algebra darstellt. Diese σ-Algebra haben wir bislang bei den diskreten Wahrscheinlichkeitsräumen betrachtet (ohne sie so zu nennen). Im kontinuierlichen Fall $\Omega = \mathbb{R}$ verwendet man eine etwas kompliziertere σ-Algebra, nämlich die σ-Algebra der *Borel'schen Mengen*, die aus allen

Mengen $A \subseteq \mathbb{R}$ besteht, welche sich durch (abzählbare) Vereinigungen und Schnitte von Intervallen (offen, halboffen oder geschlossen) darstellen lassen. Warum dies notwendig und sinnvoll ist, werden wir am Ende dieses Abschnitts sehen.

Kolmogorov-Axiome

Bislang haben wir nur über σ-Algebren und zulässige Ereignisse gesprochen ohne ihnen Wahrscheinlichkeiten zuzuordnen. Die folgende Definition fasst zusammen, welche Eigenschaften eine solche Zuordnungen von Wahrscheinlichkeiten zu Ereignissen erfüllen sollte.

Definition 2.11 (Wahrscheinlichkeitsraum, Kolmogorov-Axiome) *Sei Ω eine beliebige Menge und $\mathcal{A}$ eine σ-Algebra über Ω. Eine Abbildung*

$$\Pr[.] \; : \; \mathcal{A} \to [0, 1]$$

heißt Wahrscheinlichkeitsmaß *auf $\mathcal{A}$, wenn sie folgende Eigenschaften besitzt:*

(W1) $\Pr[\Omega] = 1$.

(W2) $A_1, A_2, \ldots$ *seien paarweise disjunkte Ereignisse. Dann gilt*

$$\Pr\left[\bigcup_{i=1}^{\infty} A_i\right] = \sum_{i=1}^{\infty} \Pr[A_i].$$

Für ein Ereignis $A \in \mathcal{A}$ heißt $\Pr[A]$ Wahrscheinlichkeit *von A. Ein* Wahrscheinlichkeitsraum *ist definiert durch das Tupel $(\Omega, \mathcal{A}, \Pr)$.*

Die in Definition 2.11 aufgelisteten Eigenschaften eines Wahrscheinlichkeitsmaßes wurden von dem russischen Mathematiker ANDREI NIKOLAEVICH KOLMOGOROV (1903–1987) formuliert. Kolmogorov gilt als einer der Pioniere der modernen Wahrscheinlichkeitstheorie, leistete jedoch auch bedeutende Beiträge zu zahlreichen anderen Teilgebieten der Mathematik. Informatikern begegnet sein Name auch im Zusammenhang mit der so genannten Kolmogorov-Komplexität, einem relativ jungen Zweig der Komplexitätstheorie.

Für diskrete Wahrscheinlichkeitsräume sind die Eigenschaften aus Definition 2.11 offensichtlich erfüllt. Auch für kontinuierliche Wahrscheinlichkeitsräume nach Definition 2.4 gelten die genannten Bedingungen, wie man leicht aufgrund der Eigenschaften des Integrals einsieht.

Die Eigenschaften aus Definition 2.11 nennt man auch *Kolmogorov-Axiome*. Unter einem Axiom versteht man eine Eigenschaft einer mathematischen Struktur, die nicht bewiesen, sondern vorausgesetzt wird. Ein Axiom kann also nie wahr oder falsch, sondern nur sinnvoll oder unsinnig sein. Axiome stellen eine Basis dar, auf die man sich einigt, um daraus resultierende Aussagen zu beweisen. Dabei wird angestrebt, diese Basis möglichst klein zu halten, d. h. nicht mehr zu fordern als unbedingt nötig.

Die Kolmogorov-Axiome wirken insofern sinnvoll, als sie auf die uns bisher bekannten Arten von Wahrscheinlichkeitsräumen zutreffen. Allerdings erweist sich ihre Qualität erst dann, wenn daraus die Aussagen gefolgert werden können, die wir bislang im Umgang mit Wahrscheinlichkeiten gewohnt sind. Dies ist in der Tat möglich.

Aus den wenigen in Definition 2.11 genannten Eigenschaften von $\Pr[.]$ lassen sich bereits sämtliche Rechenregeln herleiten, die wir in Lemma 1.5 für diskrete Wahrscheinlichkeitsräume bewiesen haben.

Lemma 2.12 *Sei* $(\Omega, \mathcal{A}, \Pr)$ *ein Wahrscheinlichkeitsraum. Für Ereignisse A, B, $A_1, A_2, \ldots$ gilt*

1. $\Pr[\emptyset] = 0, \Pr[\Omega] = 1$.

2. $0 \leq \Pr[A] \leq 1$.

3. $\Pr[\bar{A}] = 1 - \Pr[A]$.

4. *Wenn* $A \subseteq B$, *so folgt* $\Pr[A] \leq \Pr[B]$.

5. *(Additionssatz) Wenn die Ereignisse* $A_1, \ldots, A_n$ *paarweise disjunkt sind (also wenn für alle Paare* $i \neq j$ *gilt, dass* $A_i \cap A_j = \emptyset$*), so folgt*

$$\Pr\left[\bigcup_{i=1}^{n} A_i\right] = \sum_{i=1}^{n} \Pr[A_i].$$

Für disjunkte Ereignisse A, B erhalten wir insbesondere

$$\Pr[A \cup B] = \Pr[A] + \Pr[B].$$

Für eine unendliche Menge von paarweise disjunkten Ereignissen $A_1, A_2, \ldots$ *gilt analog* $\Pr\left[\bigcup_{i=1}^{\infty} A_i\right] = \sum_{i=1}^{\infty} \Pr[A_i]$.

Beweis: Wenn wir in Eigenschaft (W2) $A_1 = \Omega$ und $A_2, A_3, \ldots = \emptyset$ setzen, so folgt, dass $\Pr[\Omega] + \sum_{i=2}^{\infty} \Pr[\emptyset] = \Pr[\Omega]$. Dies kann nur gelten, wenn $\Pr[\emptyset] = 0$ ist. Damit haben wir Regel 1 gezeigt.

Regel 2 und Regel 5 gelten direkt nach Definition 2.11 und Regel 1.

Regel 3 erhalten wir mit Regel 5 wegen $1 = \Pr[\Omega] = \Pr[A] + \Pr[\bar{A}]$.

Für Regel 4 betrachten wir die disjunkten Ereignisse A und $C := B \setminus (A \cap B)$, für die gilt, dass $A \cup B = A \cup C$. Mit Regel 5 folgt die Behauptung. □

Damit haben wir Lemma 1.5 auf alle Wahrscheinlichkeitsräume verallgemeinert, die Definition 2.11 erfüllen.

Lebesgue-Integrale

Mit Hilfe der Kolmogorov-Axiome und dem abstrakten Begriff einer σ-Algebra konnten wir nunmehr mit Definition 2.11 eine allgemeine Definition eines Wahrscheinlichkeitsraumes angeben, die Definition 1.1 für diskrete Wahrscheinlichkeitsräume auf natürliche Weise fortsetzt. Nicht beantwortet haben wir allerdings bis jetzt die Frage, wie man aus der in Definition 2.4 eingeführten kontinuierlichen Zufallsvariablen einen Wahrscheinlichkeitsraum erhält. Diesen Zusammenhang wollen wir nun noch erläutern.

Eine Funktion $f : \mathbb{R} \to \mathbb{R}$ heißt *messbar*, falls das Urbild jeder Borel'schen Menge ebenfalls eine Borel'sche Menge ist. Betrachten wir einige Beispiele: Für jede Borel'sche Menge A ist die Indikatorfunktion

$$I_A : x \mapsto \begin{cases} 1 & \text{falls } x \in A, \\ 0 & \text{sonst} \end{cases}$$

eine messbare Funktion. Jede stetige Funktion ist messbar. Auch Summen und Produkte von messbaren Funktionen sind wiederum messbar.

Jeder messbaren Funktion kann man ein Integral, das so genannte *Lebesgue-Integral*, geschrieben $\int f \, d\lambda$, zuordnen. Auf eine formale Einführung dieses Begriffs wollen wir hier verzichten. Wir halten lediglich fest, dass gilt: Ist eine messbare Funktionen $f : \mathbb{R} \to \mathbb{R}_0^+$ im üblichen Sinne integrierbar (man sagt auch: f ist *Riemann-integrierbar*), so entspricht das Lebesgue-Integral genau dem Riemann-Integral.

Ist nun $f : \mathbb{R} \to \mathbb{R}_0^+$ eine messbare Funktion, so kann man zeigen, dass die Abbildung

$$\Pr : A \mapsto \int f \cdot I_A \, d\lambda$$

eine Abbildung auf den Borel'schen Mengen definiert, die die Eigenschaft (W2) aus Definition 2.11 erfüllt. Gilt daher zusätzlich noch $\Pr[\mathbb{R}] = 1$, so definiert f also auf natürliche Weise einen Wahrscheinlichkeitsraum $(\Omega, \mathcal{A}, \Pr)$, wobei $\Omega = \mathbb{R}$ und $\mathcal{A}$ die Menge der Borel'schen Mengen ist.

Nun können wir auch begründen, warum wir bei kontinuierlichen Zufalls-variablen als σ-Algebra nicht die Potenzmenge $\mathcal{P}(\mathbb{R})$ wählen konnten: Für eine messbare Funktion f ist $f \cdot I_A$ zwar für Borel'sche Mengen A wieder messbar, nicht aber für jede beliebige Teilmenge $A \subseteq \mathbb{R}$. Daher kann man die obige Definition $\Pr[A] = \int f \cdot I_A \, d\lambda$ nicht auf beliebige Teilmengen von $\mathbb{R}$ fortsetzen. Als σ-Algebra wählt man daher für $\mathbb{R}$ die Menge der Borel'schen Mengen und nicht die gesamte Potenzmenge von $\mathbb{R}$.

2.1.4   Rechnen mit kontinuierlichen Zufallsvariablen

Die kontinuierlichen Wahrscheinlichkeitsräume wurden genau so definiert, dass die Eigenschaften und Rechenregeln, die wir von den diskreten Wahr-scheinlichkeitsräumen gewohnt sind, weiterhin gelten. In Abschnitt 2.1.3 haben wir ausgeführt, dass die Regeln aus Lemma 1.5 auf Seite 6 zum Rech-nen mit Ereignissen auch für kontinuierliche Wahrscheinlichkeitsräume gül-tig sind. Damit lassen sich auch die Definitionen und Aussagen zu unab-hängigen und bedingten Ereignissen aus Abschnitt 1.2 und Abschnitt 1.3 auf kontinuierliche Wahrscheinlichkeitsräume übertragen. Insgesamt halten wir fest, dass alle Gesetze aus Abschnitt 1.8 auf Seite 81 zum Rechnen mit Ereignissen im kontinuierlichen Fall erhalten bleiben.

Funktionen kontinuierlicher Zufallsvariablen

Auch im kontinuierlichen Fall können wir aus einer Zufallsvariablen X eine neue Zufallsvariable Y erhalten, indem wir $Y := g(X)$ für eine Funktion $g : \mathbb{R} \to \mathbb{R}$ definieren. Die Verteilung von Y erhalten wir durch

$$F_Y(y) = \Pr[Y \leq y] = \Pr[g(X) \leq y] = \int_C f_X(t) \, dt.$$

Hierbei bezeichnet $C := \{t \in \mathbb{R} \mid g(t) \leq y\}$ alle reellen Zahlen $t \in \mathbb{R}$, für wel-che die Bedingung „$Y \leq y$" zutrifft. Das Integral über C ist nur dann sinn-voll definiert, wenn C ein zulässiges Ereignis (also eine Vereinigung bzw. einen Schnitt von Intervallen) darstellt. Aus der Verteilung F_Y können wir durch Differenzieren die Dichte f_Y ermitteln.

Beispiel 2.13 Sei X gleichverteilt auf dem Intervall $]0,1[$. Für eine Konstante $\lambda > 0$ definieren wir die Zufallsvariable $Y := -(1/\lambda)\ln X$. Was ist die Dichte von Y?

Wir gehen nach dem zuvor erläuterten Verfahren vor und setzen an

$$\begin{aligned}
F_Y(y) &= \Pr[-(1/\lambda)\ln X \leq y] = \Pr[\ln X \geq -\lambda y] = \Pr[X \geq e^{-\lambda y}] \\
&= 1 - F_X(e^{-\lambda y}) = \begin{cases} 1 - e^{-\lambda y} & \text{für } y \geq 0, \\ 0 & \text{sonst.} \end{cases}
\end{aligned}$$

Hierbei haben wir das Gebiet C, über das wir integrieren müssen, sehr leicht gefunden, indem wir die Bedingung für C nach X aufgelöst haben. Das gesuchte Integral konnten wir dadurch direkt auf die Verteilung von X zurückführen.

Aus dem obigen Ergebnis folgt mit $f_Y(y) = F'_Y(y)$ sofort

$$f_Y(y) = \begin{cases} \lambda e^{-\lambda y} & \text{für } y \geq 0, \\ 0 & \text{sonst.} \end{cases}$$

Eine Zufallsvariable mit Dichte f_Y nennt man *exponentialverteilt*. Auf die Exponentialverteilung werden wir in Abschnitt 2.2.3 ausführlich eingehen.

BEISPIEL 2.14 Sei X eine beliebige Zufallsvariable. Für $a, b \in \mathbb{R}$ mit $a \neq 0$ definieren wir die Zufallsvariable $Y := a \cdot X + b$. Solche linearen Transformationen von Zufallsvariablen treten in Anwendungen sehr häufig auf.

Wir betrachten zunächst nur den Fall $a > 0$. Es gilt

$$F_Y(y) = \Pr[aX + b \leq y] = \Pr\left[X \leq \frac{y-b}{a}\right] = F_X\left(\frac{y-b}{a}\right),$$

und somit

$$f_Y(y) = \frac{\mathrm{d}F_Y(y)}{\mathrm{d}y} = \frac{\mathrm{d}F_X((y-b)/a)}{\mathrm{d}y} = f_X\left(\frac{y-b}{a}\right) \cdot \frac{1}{a},$$

Für $a < 0$ zeigt man analog

$$f_Y(y) = -f_X\left(\frac{y-b}{a}\right) \cdot \frac{1}{a}.$$

Dies überlassen wir dem Leser als Übungsaufgabe.

Simulation von Zufallsvariablen. Unter der *Simulation* einer Zufallsvariablen X mit Dichte f_X versteht man die algorithmische Erzeugung von Zufallswerten, deren Verteilung der Verteilung von X entspricht. In Band I haben wir ein Verfahren zur Erzeugung gleichverteilter Zufallszahlen kennen gelernt, nämlich die *lineare Kongruenzenmethode*. Entsprechende Funktionen stehen in den meisten Programmiersprachen zur Verfügung. Wie aber kann man eine Zufallsvariable mit einer von der Gleichverteilung verschiedenen Verteilung simulieren? In Beispiel 2.13 haben wir bereits eine Methode zur Simulation exponentialverteilter Zufallsvariablen kennen gelernt: Ausgehend von der Gleichverteilung auf $]0, 1[$ haben wir eine exponentialverteilte Zufallsvariable konstruiert. Dahinter steckt eine allgemeine Technik, die wir hier erläutern wollen.

Dazu nehmen wir an, dass die zu simulierende Zufallsvariable X eine stetige, im Bildbereich $]0, 1[$ streng monoton wachsende Verteilungsfunktion F_X besitzt. Weiter nehmen wir an, dass U eine auf $]0, 1[$ gleichverteilte Zufallsvariable ist, die wir simulieren können. Unsere generelle Strategie besteht darin, X dadurch zu simulieren, dass wir eine geeignete Funktion g auf U anwenden. Damit dieser Ansatz erfolgreich ist, muss g die Eigenschaft haben, dass für alle $t \in \mathbb{R}$ gilt:

$$\Pr[g(U) \le t] = F_X(t).$$

Aus unseren Annahmen an die Funktion F_X folgt, dass es zu F_X eine (eindeutige) inverse Funktion F_X^{-1} gibt mit $F_X(F_X^{-1}(x)) = x$ für alle $x \in]0,1[$. Betrachten wir daher die Zufallsvariable $\tilde{X} := F_X^{-1}(U)$, so gilt

$$\Pr[\tilde{X} \le t] = \Pr[F_X^{-1}(U) \le t] = \Pr[U \le F_X(t)] = F_U(F_X(t)) = F_X(t). \quad (2.1)$$

Gleichung (2.1) zeigt, dass F_X^{-1} die gesuchte Funktion g zur Simulation darstellt. Wir können also die Zufallsvariable X dadurch simulieren, dass wir F_X^{-1} auf eine in $]0,1[$ gleichverteilte Zufallsvariable U anwenden. Im Fall der Exponentialverteilung gilt (vergleiche Beispiel 2.13) $F_X(t) = 1 - e^{-t}$ und wir erhalten auf $]0,1[$ die Umkehrfunktion $F_X^{-1}(t) = -\ln(1-t)$. Also gilt $\tilde{X} = F_X^{-1}(U) = -\ln(1-U)$. Statt $\tilde{X}$ haben wir in Beispiel 2.13 die Zufallsvariable $-\ln U$ betrachtet. Offensichtlich besitzen $-\ln U$ und $-\ln(1-U)$ dieselbe Verteilung, da die Zufallsvariablen U und $1-U$ aus Symmetriegründen beide auf $]0,1[$ gleichverteilt sind.

Für diskrete Zufallsvariablen können wir ein ganz ähnliches Verfahren einsetzen. Im Folgenden betrachten wir dazu eine Zufallsvariable Y mit Wertebereich $W_Y := \{y_1, \ldots, y_n\}$, wobei $y_1 < \ldots < y_n$ sei. Für $k = 1, \ldots, n$ gelte $P_k := \Pr[Y \le y_k]$. Mit dieser Definition folgt $P_n = 1$. Zusätzlich definieren wir $P_0 := 0$.

Wir teilen das Intervall $[0,1[$ in die Teilintervalle $I_1, \ldots, I_n$ auf, wobei $I_k := [P_{k-1}, P_k[$ sei. Mit Hilfe dieser Intervalle definieren wir die Funktion

$$\xi : [0,1] \to W_Y, \quad x \mapsto y_k \quad \text{für } x \in I_k.$$

Damit auch alle Randfälle abgedeckt sind, definieren wir $\xi(1) = y_n$.

Sei U auf $[0,1]$ gleichverteilt. Dann gilt

$$\Pr[\xi(U) = y_k] = \Pr[U \in I_k] = P_k - P_{k-1} = \Pr[Y = y_k],$$

da die Wahrscheinlichkeit $\Pr[U \in I_k]$ der Länge des Intervalls I_k entspricht. Die Zufallsvariable $\tilde{X} := \xi(U)$ besitzt also die zu simulierende Verteilung.

BEISPIEL 2.15 Sei X eine diskrete Zufallsvariable mit $W_X = \{1, 2, 3\}$ und

$$\Pr[X = 1] = 0{,}5, \ \Pr[X = 2] = 0{,}3, \ \text{sowie} \ \Pr[X = 3] = 0{,}2.$$

Für die Funktion ξ erhalten wir nach dem zuvor erläuterten Verfahren

$$\xi(x) = \begin{cases} 1 & \text{für } x \in [0, 0{,}5[, \\ 2 & \text{für } x \in [0{,}5, 0{,}8[, \\ 3 & \text{für } x \in [0{,}8, 1]. \end{cases}$$

Man überzeugt sich leicht, dass $\xi(U)$ die gewünschte Verteilung besitzt, wenn U auf $[0,1]$ gleichverteilt ist.

Kontinuierliche Zufallsvariablen als Grenzwerte diskreter Zufallsvariablen

Sei X eine kontinuierliche Zufallsvariable. Wir können aus X leicht eine diskrete Zufallsvariable konstruieren, indem wir für ein festes $\delta > 0$ definieren

$$X_\delta = n\delta \iff X \in [n\delta, (n+1)\delta[\text{ für } n \in \mathbb{Z}.$$

Für X_δ gilt $\Pr[X_\delta = n\delta] = F_X((n+1)\delta) - F_X(n\delta)$.

Abbildung 2.2 zeigt ein Beispiel für die Approximation einer kontinuierlichen Zufallsvariablen mit Verteilung F_X durch eine diskrete Zufallsvariable mit Verteilung F_{X_δ}.

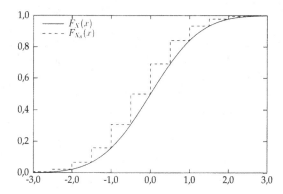

Abbildung 2.2: Approximation durch diskrete Zufallsvariable

Für $\delta \to 0$ nähert sich die Verteilung von X_δ der Verteilung von X immer mehr an. Wir werden später noch einige Fälle kennen lernen, in denen es sinnvoll ist, bei einer diskreten Verteilung einen Grenzwert zu bilden und zu einer kontinuierlichen Verteilung überzugehen.

Erwartungswert und Varianz

Nachdem wir gezeigt haben, dass Ereignisse in diskreten und kontinuierlichen Wahrscheinlichkeitsräumen gleich behandelt werden können, wollen wir nun auch die Begriffe Erwartungswert und Varianz auf den kontinuierlichen Fall übertragen.

Anschaulich gesprochen erhalten wir die neuen Definitionen von Erwartungswert und Varianz, indem wir Summen durch Integrale ersetzen.

Definition 2.16 *Für eine kontinuierliche Zufallsvariable X ist der Erwartungswert definiert durch*

$$\mathbb{E}[X] \;=\; \int_{-\infty}^{\infty} t \cdot f_X(t)\, \mathrm{d}t,$$

sofern das Integral $\int_{-\infty}^{\infty} |t| \cdot f_X(t)\, \mathrm{d}t$ endlich ist.

Für die Varianz gilt entsprechend

$$\mathrm{Var}[X] \;=\; \mathbb{E}[(X - \mathbb{E}[X])^2] = \int_{-\infty}^{\infty} (t - \mathbb{E}[X])^2 \cdot f_X(t)\, \mathrm{d}t,$$

wenn $\mathbb{E}[(X - \mathbb{E}[X])^2]$ existiert.

Für eine diskrete Zufallsvariable Y haben wir gesehen, dass der Erwartungswert von $Y' := g(Y)$ für eine Funktion g berechnet werden kann, ohne die Verteilung von Y' explizit zu berechnen. Dazu haben wir die Formel $\mathbb{E}[Y'] = \sum_{y \in W_Y} g(y) \cdot \Pr[Y = y]$ hergeleitet. Im kontinuierlichen Fall gilt eine ähnliche Aussage für $X' := g(X)$, nämlich

$$\mathbb{E}[X'] = \int_{-\infty}^{\infty} g(t) \cdot f_X(t)\, \mathrm{d}t. \tag{2.2}$$

Wenn man die entsprechende Aussage für den diskreten Fall betrachtet und sich klarmacht, dass kontinuierliche Zufallsvariablen, wie auf Seite 101 erläutert, durch diskrete Zufallsvariablen approximiert werden können, so leuchtet dies intuitiv ein.

Wir werden (2.2) nicht allgemein beweisen, um allzu umfangreiche Formalismen zu vermeiden. Für den einfachen Fall, dass g eine lineare Funktion ist, also $X' := a \cdot X + b$ für $a, b \in \mathbb{R}$ und $a > 0$, können wir (2.2) jedoch wie folgt nachrechnen. Wegen Beispiel 2.14 auf Seite 99 gilt

$$\mathbb{E}[a \cdot X + b] = \int_{-\infty}^{\infty} t \cdot f_{X'}(t)\, \mathrm{d}t = \int_{-\infty}^{\infty} t \cdot f_X\left(\frac{t - b}{a}\right) \cdot \frac{1}{a}\, \mathrm{d}t.$$

Durch die Substitution $u := (t - b)/a$ mit $\mathrm{d}u = (1/a)\mathrm{d}t$ erhalten wir

$$\mathbb{E}[a \cdot X + b] = \int_{-\infty}^{\infty} (au + b) f_X(u)\, \mathrm{d}u,$$

was genau (2.2) entspricht.

Auch die anderen Gesetze aus Abschnitt 1.8 zum Rechnen mit Zufallsvariablen können auf kontinuierliche Wahrscheinlichkeitsräume übertragen werden, sofern die beteiligten Erwartungswerte und Varianzen definiert sind.

Die Beweise der Aussagen verlaufen analog zum diskreten Fall. Zu den Gesetzen, die mehrere Zufallsvariablen $X_1, X_2, \ldots$ involvieren, haben wir jedoch noch nicht definiert, wie der zugehörige Wahrscheinlichkeitsraum genau aussieht. Dies werden wir in Abschnitt 2.3 auf Seite 114 nachholen.

BEISPIEL 2.17 Für Erwartungswert und Varianz der Gleichverteilung ergibt sich

$$
\begin{aligned}
\mathbb{E}[X] &= \int_a^b t \cdot \frac{1}{b-a}\, \mathrm{d}t = \frac{1}{b-a} \cdot \int_a^b t \cdot \mathrm{d}t = \frac{1}{2(b-a)} \cdot [t^2]_a^b \\
&= \frac{b^2 - a^2}{2(b-a)} = \frac{a+b}{2}, \\
\mathbb{E}[X^2] &= \frac{1}{b-a} \cdot \int_a^b t^2 \cdot \mathrm{d}t = \frac{b^3 - a^3}{3(b-a)} = \frac{b^2 + ba + a^2}{3}, \\
\mathrm{Var}[X] &= \mathbb{E}[X^2] - \mathbb{E}[X]^2 = \ldots = \frac{(a-b)^2}{12}.
\end{aligned}
$$

Hierbei haben wir die Formel $\mathrm{Var}[X] = \mathbb{E}[X^2] - \mathbb{E}[X]^2$ verwendet, die wie zuvor dargelegt auch im kontinuierlichen Fall gilt.

Laplace-Prinzip in kontinuierlichen Wahrscheinlichkeitsräumen

Bei endlichen Wahrscheinlichkeitsräumen kann man die Wahrscheinlichkeiten der Elementarereignisse meist problemlos über das Laplace-Prinzip festlegen. Das folgende Beispiel zeigt, dass dies bei kontinuierlichen Wahrscheinlichkeitsräumen nicht immer so einfach ist. Eine flapsig formulierte Bedingung „zufällig" oder „gleichwahrscheinlich" kann hier oft auf verschiedene Arten interpretiert werden und so zu unterschiedlichen Ergebnissen führen.

Bertrand'sches Paradoxon. Wir betrachten einen Kreis mit einem eingeschriebenen gleichseitigen Dreieck. Unsere Aufgabe sei es, die Wahrscheinlichkeit zu bestimmen, mit der die Länge einer zufällig gewählte Sehne die Seitenlänge dieses Dreiecks übersteigt (Ereignis A).

Wir halten zunächst zwei Beobachtungen fest:

- Die Seiten des Dreiecks haben Abstand $\frac{r}{2}$ vom Mittelpunkt M.

- Die Lage jeder Sehne ist (im ersten und dritten Fall bis auf Rotation um M) durch einen der folgenden Parameter festgelegt:

    - Abstand d zum Kreismittelpunkt,

    - Mittelpunkt S der Sehne,

    - Winkel φ mit dem Kreismittelpunkt.

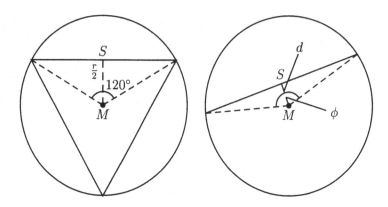

Abbildung 2.3: Bertrand'sches Paradoxon

Nun nehmen wir nacheinander für jeden dieser Parameter Gleichverteilung an und ermitteln $\Pr[A]$.

1. Sei $d \in [0, r]$ gleichverteilt. A tritt ein, wenn $d < \frac{r}{2}$, und es folgt $\Pr[A] = \frac{1}{2}$.

2. Sei S innerhalb der Kreisfläche gleichverteilt. A tritt ein, wenn S innerhalb eines Kreises mit Radius $\frac{r}{2}$ um M liegt, da dann $d < \frac{r}{2}$ gilt. Die Fläche dieses Kreises beträgt $\frac{1}{4}\pi r^2$, während die Fläche des äußeren Kreises den Wert πr^2 hat. Damit erhalten wir $\Pr[A] = \frac{1}{4}$.

3. Sei $\varphi \in [0°, 360°]$ gleichverteilt. Für A muss gelten $\varphi \in\,]120°, 240°[$ und es folgt somit $\Pr[A] = \frac{1}{3}$.

Haben wir bei den Rechnungen einen Fehler gemacht? Welches Ergebnis ist „richtig"? Die Antwort lautet: Alle Ergebnisse sind richtig — unter den jeweils getroffenen Annahmen. Durch die Aufgabenstellung ist nicht klar, wie die zufällige Sehne erzeugt wird. Je nachdem, wie wir dieses Zufallsexperiment durchführen, erhalten wir unterschiedliche Wahrscheinlichkeiten für A.

2.2   Wichtige stetige Verteilungen

2.2.1   Gleichverteilung

Wir fassen noch einmal kurz die Eigenschaften der *Gleichverteilung* auf dem Intervall $[a, b]$ zusammen, die wir in den vorangegangenen Beispielen ermittelt haben. Die Dichte lautet

$$f(x) = \begin{cases} \frac{1}{b-a} & \text{für } x \in [a, b], \\ 0 & \text{sonst.} \end{cases}$$

Damit gilt für die Verteilungsfunktion

$$F(x) = \int_{-\infty}^{x} f(t)\, \mathrm{d}t = \begin{cases} 0 & \text{für } x < a, \\ \frac{x-a}{b-a} & \text{für } a \leq x \leq b, \\ 1 & \text{für } x > b. \end{cases}$$

Abbildung 2.1 auf Seite 92 zeigt die Funktionen f und F für Gleichverteilung über dem Intervall $[0, 1]$.

Für Erwartungswert und Varianz einer auf $[a, b]$ gleichverteilten Zufallsvariablen X gilt

$$\mathbb{E}[X] = \frac{a+b}{2} \quad \text{und} \quad \mathrm{Var}[X] = \frac{(a-b)^2}{12},$$

wie wir in Beispiel 2.17 auf Seite 103 gesehen haben.

2.2.2 Normalverteilung

Die Normalverteilung nimmt unter den stetigen Verteilungen eine besonders prominente Position ein. Sie spielt vor allem in der Statistik eine sehr wichtige Rolle. Wenn man Größen betrachtet, die um einen bestimmten Wert schwanken, so kann man dies meist gut durch die Normalverteilung modellieren.

Definition 2.18 *Eine Zufallsvariable X mit Wertebereich $W_X = \mathbb{R}$ heißt normalverteilt mit den Parametern $\mu \in \mathbb{R}$ und $\sigma \in \mathbb{R}^+$, wenn sie die Dichte*

$$f(x) = \frac{1}{\sqrt{2\pi}\sigma} \cdot \exp\left(-\frac{(x-\mu)^2}{2\sigma^2}\right) =: \varphi(x; \mu, \sigma)$$

besitzt. In Zeichen schreiben wir $X \sim \mathcal{N}(\mu, \sigma^2)$. $\mathcal{N}(0, 1)$ heißt Standardnormalverteilung. *Die zugehörige Dichte $\varphi(x; 0, 1)$ kürzen wir durch $\varphi(x)$ ab.*

In dieser Definition bezeichnet $\exp(x) = e^x$ die Exponentialfunktion.

Die Verteilungsfunktion zu $\mathcal{N}(\mu, \sigma^2)$ lautet gemäß Definition

$$F(x) = \frac{1}{\sqrt{2\pi}\sigma} \cdot \int_{-\infty}^{x} \exp\left(-\frac{(t-\mu)^2}{2\sigma^2}\right) \mathrm{d}t =: \Phi(x; \mu, \sigma).$$

Diese Funktion heißt *Gauß'sche Φ-Funktion*. Leider ist φ nicht geschlossen integrierbar und wir können Φ deshalb nur numerisch berechnen oder in Tabellen nachschlagen. Entsprechende Funktionen sind in den meisten Programmierumgebungen verfügbar.

Obwohl φ nicht geschlossen integrierbar ist und wir daher das unbestimmte Integral nicht angeben können, kann man dennoch das bestimmte Integral über ganz $\mathbb{R}$ ausrechnen und somit nachweisen, dass $\varphi(x; \mu, \sigma)$ für alle Parameter $\mu \in \mathbb{R}$ und $\sigma \in \mathbb{R}^+$ tatsächlich eine korrekt definierte Dichte darstellt. Wir beweisen dazu zunächst ein technisches Lemma.

Lemma 2.19

$$I := \int_{-\infty}^{\infty} e^{-x^2/2} \, \mathrm{d}x = \sqrt{2\pi}.$$

Beweis: Der Beweis dieses Lemmas erfordert einige Kenntnisse aus der Analysis, die wir stillschweigend voraussetzen werden. Für das weitere Verständnis dieses Kapitels sind die nachfolgenden Rechnungen jedoch nicht wichtig und können deshalb gegebenenfalls auch übersprungen werden.

Es erweist sich als hilfreich, zunächst I^2 zu berechnen:

$$I^2 = \left(\int_{-\infty}^{\infty} e^{-x^2/2} \, \mathrm{d}x \right) \left(\int_{-\infty}^{\infty} e^{-y^2/2} \, \mathrm{d}y \right) = \int_{-\infty}^{\infty} \int_{-\infty}^{\infty} e^{-(x^2+y^2)/2} \, \mathrm{d}x \, \mathrm{d}y.$$

Dieses Integral können wir ausrechnen, indem wir zu Polarkoordinaten übergehen. Dazu setzen wir $x := r\cos\varphi$ und $y := r\sin\varphi$. Wegen

$$|J| := \begin{vmatrix} \frac{\partial x}{\partial r} & \frac{\partial y}{\partial r} \\ \frac{\partial x}{\partial \varphi} & \frac{\partial y}{\partial \varphi} \end{vmatrix} = \begin{vmatrix} \cos\varphi & \sin\varphi \\ -r\sin\varphi & r\cos\varphi \end{vmatrix} = r(\cos^2\varphi + \sin^2\varphi) = r$$

erhalten wir

$$\begin{aligned} I^2 &= \int_0^{2\pi} \int_0^{\infty} e^{-r^2/2} r \, \mathrm{d}r \, \mathrm{d}\varphi = \int_0^{2\pi} \left[-e^{-r^2/2} \right]_0^{\infty} \mathrm{d}\varphi \\ &= \int_0^{2\pi} 1 \, \mathrm{d}\varphi = 2\pi. \end{aligned}$$

Durch Ziehen der Wurzel folgt die Behauptung. □

Die Abbildung 2.4 stellt die Funktionen φ und Φ für verschiedene Parameter σ dar.

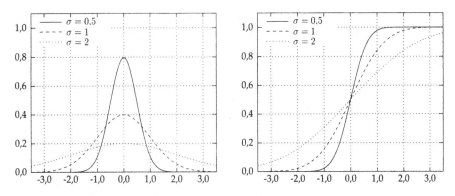

Abbildung 2.4: Dichte und Verteilung von $\mathcal{N}(0, \sigma^2)$

Mit Lemma 2.19 schließen wir sofort, dass $\int_{-\infty}^{\infty} \varphi(x; 0, 1) \, dx = 1$ ist. φ stellt also zumindest im Fall der Standardnormalverteilung eine zulässige Dichte dar. Den allgemeinen Fall werden wir in Kürze zeigen.

In Tabellenwerken oder bei der Programmierung mit Softwarebibliotheken hat man meist nur die Standardnormalverteilung $\mathcal{N}(0, 1)$ zur Verfügung. Man kann allerdings eine beliebige $\mathcal{N}(\mu, \sigma^2)$-verteilte Zufallsvariable ohne Probleme mit Hilfe der Standardnormalverteilung $\mathcal{N}(0, 1)$ darstellen. Dabei hilft der folgende Satz.

Satz 2.20 (Lineare Transformation der Normalverteilung) *Sei X eine normalverteilte Zufallsvariable mit $X \sim \mathcal{N}(\mu, \sigma^2)$. Dann gilt für beliebiges $a \in \mathbb{R} \setminus \{0\}$ und $b \in \mathbb{R}$, dass $Y = aX + b$ normalverteilt ist mit $Y \sim \mathcal{N}(a\mu + b, a^2\sigma^2)$.*

Beweis: Wir betrachten zunächst den Fall „$a > 0$". Es gilt

$$\begin{aligned} \Pr[Y \leq y] &= \Pr[aX + b \leq y] = \Pr\left[X \leq \frac{y - b}{a}\right] \\ &= \frac{1}{\sqrt{2\pi}\sigma} \cdot \int_{-\infty}^{(y-b)/a} \exp\left(-\frac{(u - \mu)^2}{2\sigma^2}\right) \, du. \end{aligned}$$

Wir wenden auf das Integral die Substitution $u = (v - b)/a$ mit $du = (1/a) \cdot dv$ an und erhalten

$$\Pr[Y \leq y] = \frac{1}{\sqrt{2\pi}a\sigma} \cdot \int_{-\infty}^{y} \exp\left(-\frac{(v - a\mu - b)^2}{2a^2\sigma^2}\right) \, dv.$$

Also gilt wie behauptet $Y \sim \mathcal{N}(a\mu + b, a^2\sigma^2)$. Für $a < 0$ verläuft die Rechnung analog. $\square$

Satz 2.20 ermöglicht uns, eine beliebige $\mathcal{N}(\mu, \sigma^2)$-verteilte Zufallsvariable X durch die Transformation $Y = \frac{X-\mu}{\sigma}$ in eine $\mathcal{N}(0,1)$-verteilte Variable Y überzuführen. Y heißt dann *normiert*. Der Beweis von Satz 2.20 zeigt ferner, dass $\varphi(x; \mu, \sigma)$ für beliebige Werte von $\mu \in \mathbb{R}$ und $\sigma \in \mathbb{R}^+$ eine zulässige Dichte darstellt, denn durch Anwendung der dort angegebenen Substitution kann das $\int_{-\infty}^{\infty} \varphi(x; \mu, \sigma) \, dx$ in das Integral $\int_{-\infty}^{\infty} \varphi(x; 0, 1) \, dx$ umgewandelt werden. Wir überlassen es dem Leser als Übungsaufgabe, dies im Detail nachzurechnen.

Die Funktionen φ und Φ ohne Angabe der Parameter μ und σ entsprechen der Dichte und der Verteilung von $\mathcal{N}(0,1)$. Damit können wir die Wahrscheinlichkeit des Ereignisses „$a < X \leq b$" mit $Y := \frac{X-\mu}{\sigma}$ durch

$$\Pr[a < X \leq b] = \Pr\left[\frac{a-\mu}{\sigma} < Y \leq \frac{b-\mu}{\sigma}\right] = \Phi\left(\frac{b-\mu}{\sigma}\right) - \Phi\left(\frac{a-\mu}{\sigma}\right)$$

berechnen.

Die Bezeichnung der Parameter μ und σ legt nahe, dass sie etwas mit Erwartungswert und Varianz zu tun haben. Bevor wir jedoch Erwartungswert und Varianz der allgemeinen Normalverteilung betrachten, zeigen wir zunächst das folgende Resultat für die Standardnormalverteilung.

Satz 2.21 X sei $\mathcal{N}(0,1)$-verteilt. Dann gilt

$$\mathbb{E}[X] = 0 \quad und \quad \text{Var}[X] = 1.$$

Beweis: Nach Definition von $\mathbb{E}[X]$ gilt

$$\mathbb{E}[X] = \frac{1}{\sqrt{2\pi}} \int_{-\infty}^{\infty} x \cdot \exp\left(-\frac{x^2}{2}\right) \, dx.$$

Da der Integrand punktsymmetrisch zu $(0,0)$ ist, folgt $\mathbb{E}[X] = 0$. Den Nachweis, dass der Erwartungswert existiert, also dass $\int_{-\infty}^{\infty} |x| \cdot \varphi(x; 0, 1) \, dx$ konvergiert, überlassen wir dem Leser als Übungsaufgabe.

Durch partielle Integration und Lemma 2.19 auf Seite 106 erhalten wir

$$\begin{aligned}
\sqrt{2\pi} &= \int_{-\infty}^{\infty} \exp\left(-\frac{x^2}{2}\right) \, dx \\
&= \underbrace{x \exp\left(-\frac{x^2}{2}\right)\Big|_{-\infty}^{\infty}}_{=\,0} + \int_{-\infty}^{\infty} x^2 \cdot \exp\left(-\frac{x^2}{2}\right) \, dx
\end{aligned}$$

Durch Multiplikation dieser Gleichung mit $1/\sqrt{2\pi}$ folgt, dass $\mathbb{E}[X^2] = 1$ ist und somit $\text{Var}[X] = \mathbb{E}[X^2] - \mathbb{E}[X]^2 = 1$. $\qquad\square$

Daraus können wir leicht Erwartungswert und Varianz von $\mathcal{N}(\mu, \sigma^2)$-verteilten Zufallsvariablen herleiten.

Satz 2.22 *X sei* $\mathcal{N}(\mu, \sigma^2)$-*verteilt. Dann gilt*

$$\mathbb{E}[X] = \mu \quad und \quad \mathrm{Var}[X] = \sigma^2.$$

Beweis: Wir wissen, dass $Y := \frac{X-\mu}{\sigma}$ standardnormalverteilt ist. Ferner gilt gemäß der Rechenregeln für Erwartungswert und Varianz

$$\mathbb{E}[X] = \mathbb{E}[\sigma Y + \mu] = \sigma \cdot \mathbb{E}[Y] + \mu = \mu$$

und

$$\mathrm{Var}[X] = \mathrm{Var}[\sigma Y + \mu] = \sigma^2 \cdot \mathrm{Var}[Y] = \sigma^2. \qquad \square$$

2.2.3 Exponentialverteilung

In diesem Abschnitt stellen wir die Exponentialverteilung vor. Die Exponentialverteilung ist in gewisser Weise das kontinuierliche Analogon zur geometrischen Verteilung. Wie die geometrische Verteilung hat sie die Eigenschaft, dass sie „gedächtnislos" ist. Sie spielt daher vor allem bei der Modellierung von Wartezeiten eine große Rolle. Auf diese wichtige Anwendung der Exponentialverteilung werden wir in Kapitel 4 bei der Betrachtung von so genannten Warteschlangen näher eingehen.

Definition 2.23 *Eine Zufallsvariable* X *heißt* exponentialverteilt *mit dem Parameter* λ, *wenn sie die Dichte*

$$f(x) = \begin{cases} \lambda \cdot e^{-\lambda x} & \text{falls } x \geq 0, \\ 0 & \text{sonst} \end{cases}$$

besitzt.

Für die entsprechende Verteilungsfunktion gilt (für $x \geq 0$)

$$F(x) = \int_0^x \lambda \cdot e^{-\lambda t} \, dt = \left[-e^{-\lambda t} \right]_0^x = 1 - e^{-\lambda x}.$$

Für $x < 0$ gilt selbstverständlich $F(x) = 0$.

Der Erwartungswert berechnet sich leicht mit partieller Integration:

$$\mathbb{E}[X] = \int_0^\infty t \cdot \lambda \cdot e^{-\lambda t}\, dt = \left[t \cdot (-e^{-\lambda t})\right]_0^\infty + \int_0^\infty e^{-\lambda t}\, dt$$

$$= 0 + \left[-\frac{1}{\lambda} \cdot e^{-\lambda t}\right]_0^\infty = \frac{1}{\lambda}.$$

Analog erhalten wir

$$\mathbb{E}[X^2] = \int_0^\infty t^2 \cdot \lambda \cdot e^{-\lambda t}\, dt = \left[t^2 \cdot (-e^{-\lambda t})\right]_0^\infty + \int_0^\infty 2t \cdot e^{-\lambda t}\, dt$$

$$= 0 + \frac{2}{\lambda} \cdot \mathbb{E}[X] = \frac{2}{\lambda^2}$$

und somit

$$\mathrm{Var}[X] = \mathbb{E}[X^2] - \mathbb{E}[X]^2 = \frac{1}{\lambda^2}.$$

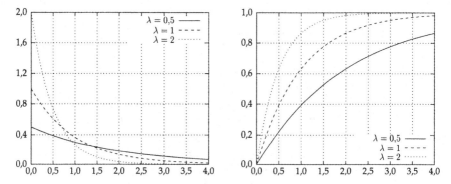

Abbildung 2.5: Dichte und Verteilung der Exponentialverteilung

Die Abbildung 2.5 zeigt die Dichte- und die Verteilungsfunktion der Exponentialverteilung für verschiedene Parameter λ.

Eigenschaften der Exponentialverteilung

Wenn man eine exponentialverteilte Zufallsvariable mit einer Konstante multipliziert, so erhält man wieder eine Exponentialverteilung.

Satz 2.24 (Skalierung exponentialverteilter Variablen) *Sei X eine exponentialverteilte Zufallsvariable mit dem Parameter λ. Für $a > 0$ ist die Zufallsvariable $Y := aX$ wieder exponentialverteilt mit dem Parameter λ/a.*

Beweis: Wir können direkt nachrechnen, dass

$$F_Y(x) = \Pr[Y \le x] = \Pr[aX \le x] = \Pr\left[X \le \frac{x}{a}\right] = F_X\left(\frac{x}{a}\right) = 1 - e^{-\frac{\lambda x}{a}}.$$

$\square$

Gedächtnislosigkeit. Ein Grund für die Bedeutung der Exponentialverteilung liegt darin, dass eine exponentialverteilte Zufallsvariable X *gedächtnislos* ist, also für alle $x, y > 0$ die Bedingung

$$\Pr[X > x + y \mid X > y] = \Pr[X > x]$$

erfüllt. Eine andere gedächtnislose Verteilung hatten wir schon in Kapitel 1 kennen gelernt, nämlich die geometrische Verteilung. In Aufgabe 1.22 hatten wir zudem gesehen, dass die geometrische Verteilung die einzige *diskrete* gedächtnislose Verteilung ist. Für die Exponentialverteilung gilt ähnliches: Sie ist die einzige *kontinuierliche* gedächtnislose Verteilung, wie der folgende Satz zeigt.

Satz 2.25 (Gedächtnislosigkeit) *Eine (positive) kontinuierliche Zufallsvariable X mit Wertebereich $\mathbb{R}^+$ ist genau dann exponentialverteilt, wenn für alle $x, y > 0$ gilt, dass*

$$\Pr[X > x + y \mid X > y] = \Pr[X > x]. \tag{2.3}$$

Beweis: Sei X exponentialverteilt mit Parameter λ. Wir rechnen einfach nach, dass

$$\Pr[X > x + y \mid X > y] = \frac{\Pr[X > x + y, X > y]}{\Pr[X > y]} = \frac{\Pr[X > x + y]}{\Pr[X > y]}$$

$$= \frac{e^{-\lambda(x+y)}}{e^{-\lambda y}} = e^{-\lambda x} = \Pr[X > x].$$

Sei nun X eine kontinuierliche Zufallsvariable, die (2.3) erfüllt. Ferner definieren wir $g(x) := \Pr[X > x]$. Für $x, y > 0$ gilt

$$g(x + y) = \Pr[X > x + y] = \Pr[X > x + y \mid X > y] \cdot \Pr[X > y]$$
$$= \Pr[X > x] \cdot \Pr[X > y] = g(x)g(y).$$

Durch wiederholte Anwendung folgt daraus, dass für alle $n \in \mathbb{N}$ gilt:

$$g(1) = g\Big(\underbrace{\frac{1}{n} + \cdots + \frac{1}{n}}_{n\text{-mal}}\Big) = \Big(g\Big(\frac{1}{n}\Big)\Big)^n \tag{2.4}$$

und somit insbesondere auch $g(1/n) = (g(1))^{1/n}$. Da X nur positive Werte annimmt, muss es ein $n \in \mathbb{N}$ geben mit $g(1/n) > 0$. Aus (2.4) folgt daher, dass $g(1) > 0$ ist. Wegen $0 < g(1) \le 1$ muss es daher ein $\lambda \ge 0$ geben mit $g(1) = e^{-\lambda}$. Wie in (2.4) folgern wir, dass für beliebige Werte $p, q \in \mathbb{N}$ gilt

$$g(p/q) = g(1/q)^p = g(1)^{p/q},$$

und somit $g(r) = e^{-\lambda r}$ für alle $r \in \mathbb{Q}^+$. Da g monoton fallend ist, können wir daraus durch Intervallschachtelung für beliebige Zahlen $x > 0$ schließen, dass $g(x) = e^{-\lambda x}$. Damit ist gezeigt, dass X exponentialverteilt ist. $\square$

Wegen der Eigenschaft der Gedächtnislosigkeit tritt die Exponentialverteilung in der Praxis immer dann auf, wenn man Wartezeiten für Ereignisse untersucht, bei denen kein Altern des beobachteten Systems festzustellen ist.

Ein klassisches Beispiel hierfür stammt aus der Physik: Empirisch stellt man fest, dass radioaktives Material exponentiell zerfällt und kann daraus folgern, dass für ein einzelnes Atom die Zeit bis zum Zerfall exponentialverteilt ist. Im Umkehrschluss bedeutet dies, dass Atome nicht altern. Wenn also ein Atom bereits eine gewisse Zeitspanne „gelebt" hat, so kann man daraus keine Rückschlüsse auf die noch verbleibende Zeit bis zum Zerfall ziehen. Wenn ein Atom nach 1 Mio. Jahren nicht zerfallen ist, so ist es immer noch dasselbe Atom wie zu Beginn seiner Existenz. Die Wahrscheinlichkeit, dass es noch einmal 1 Mio. Jahre existiert, ist ebenso groß wie die Wahrscheinlichkeit vor 1 Mio. Jahren, dass es bis heute überlebt hat.

BEISPIEL 2.26 Über das Cäsium-Isotop $^{134}_{55}$Cs ist bekannt, dass es eine mittlere Lebensdauer von ungefähr 3,03 Jahren oder $1,55 \cdot 10^6$ Minuten besitzt. Die Zufallsvariable X messe die Lebenszeit eines bestimmten $^{134}_{55}$Cs-Atoms. X ist exponentialverteilt mit dem Parameter

$$\lambda = \frac{1}{\mathbb{E}[X]} = \frac{1}{1,55 \cdot 10^6} \approx 0,645 \cdot 10^{-6} \left[\frac{1}{\text{min}} \right]$$

Da λ den Kehrwert einer Zeit als Einheit besitzt, spricht man von der *Zerfallsrate*. Auch bei anderen Anwendungen ist es üblich, λ als Rate einzuführen.

Exponentialverteilung als Grenzwert der geometrischen Verteilung

In Kapitel 1 haben wir auf Seite 56 gesehen, dass sich die Poisson-Verteilung als Grenzwert der Binomialverteilung darstellen lässt. Nun werden wir zeigen, dass auch die Exponentialverteilung als Grenzwert einer diskreten Verteilung interpretiert werden kann.

Wir betrachten eine Folge geometrisch verteilter Zufallsvariablen X_n mit Parameter $p_n = \lambda/n$. Für ein beliebiges $k \in \mathbb{N}$ ist die Wahrscheinlichkeit, dass X_n höchstens den Wert $k \cdot n$ annimmt, gleich

$$\Pr[X_n \leq kn] = \sum_{i=1}^{kn} (1-p_n)^{i-1} \cdot p_n = p_n \cdot \sum_{i=0}^{kn-1} (1-p_n)^i$$

$$= p_n \cdot \frac{1-(1-p_n)^{kn}}{p_n} = 1 - \left(1-\frac{\lambda}{n}\right)^{kn}.$$

Wegen $\lim_{n\to\infty}(1-\frac{\lambda}{n})^n = e^{-\lambda}$ gilt daher für die mit $1/n$ skalierten Zufallsvariablen $Y_n := \frac{1}{n}X_n$, dass

$$\lim_{n\to\infty} \Pr[Y_n \leq t] = \lim_{n\to\infty} \Pr[X_n \leq t \cdot n] = \lim_{n\to\infty} 1 - \left(1-\frac{\lambda}{n}\right)^{tn} = 1 - e^{-\lambda t}.$$

Die Folge Y_n der (skalierten) geometrisch verteilten Zufallsvariablen geht also für $n \to \infty$ in eine exponentialverteilte Zufallsvariable mit Parameter λ über.

BEISPIEL 2.27 Wir betrachten dasselbe Beispiel, anhand dessen wir bereits die Interpretation der Poisson-Verteilung als Grenzwert der Binomialverteilung kennen gelernt haben (siehe Beispiel 1.74 auf Seite 56): Bei einem Druckerserver kommen im Mittel pro Stunde λ Aufträge an und werden in einer Warteschlange abgelegt. Wir interessieren uns nun für die Zeit T_1, die bis zum Eintreffen des ersten Auftrags verstreicht.

Wir nehmen zunächst wieder an, dass der Druckerserver n-mal pro Stunde seine Warteschlange auf neue Aufträge überprüft, wobei die Abstände zwischen den Überprüfungszeitpunkten gleich seien. Damit im Mittel pro Stunde genau λ Aufträge ankommen, setzen wir, genau wie in Beispiel 1.75, die Wahrscheinlichkeit, dass ein Auftrag zwischen zwei Überprüfungszeitpunkten eintrifft, auf $p_n := \lambda/n$.

Aus Abschnitt 1.5.3 wissen wir, dass die Anzahl Y_1 der Überprüfungen bis zum ersten Eintreffen eines Auftrags geometrisch verteilt ist mit Erfolgswahrscheinlichkeit p_n. Offenbar gilt $T_1 = Y_1 \cdot \frac{1}{n}$, da die Intervalle zwischen zwei Überprüfungen die Länge $\frac{1}{n}$ besitzen. Wie wir eben gesehen haben, konvergiert T_1 für $n \to \infty$ gegen eine exponentialverteilte Zufallsvariable mit Parameter λ.

Die Wartezeiten $T_2, T_3, \ldots$ für alle weiteren Aufträge sind unabhängig von T_1. Für sie folgt mit derselben Argumentation, dass ihre Verteilung gegen eine Exponentialverteilung mit Parameter λ konvergiert.

Interpretiert man die Exponentialverteilung als Grenzwert der geometrischen Verteilung, so wird unmittelbar einsichtig, warum die Exponentialverteilung die Eigenschaft der Gedächtnislosigkeit besitzt. Für ein festes n gilt diese Eigenschaft für die geometrische Verteilung an den Zeitpunkten $1/n, 2/n, 3/n\ldots$. Im Grenzwert $n \to \infty$ überträgt sich die Gedächtnislosigkeit auf beliebige Zeitpunkte.

2.3   Mehrere kontinuierliche Zufallsvariablen

Wie schon bei diskreten Zufallsvariablen, so tritt auch bei kontinuierlichen Zufallsvariablen häufig der Fall ein, dass man mehrere unter Umständen voneinander abhängige Größen zugleich studieren will.

BEISPIEL 2.28   In einer Studie soll der Zusammenhang zwischen Hüftumfang und Gewicht eines zufällig ausgewählten Menschen untersucht werden. Beide Größen kann man für sich betrachtet vermutlich gut durch normalverteilte Zufallsvariablen approximieren. Doch was ergibt sich, wenn man beide Größen zugleich betrachtet? Da Menschen mit großem Hüftumfang tendenziell mehr wiegen als Menschen mit kleinem Hüftumfang, ist zu vermuten, dass zwischen beiden Größen ein Zusammenhang besteht.

Für die Modellierung solcher Problemstellungen werden wir in diesem Abschnitt das notwendige Handwerkszeug einführen.

Mehrdimensionale Dichten

Die folgende Definition formalisiert den Begriff der mehrdimensionalen Wahrscheinlichkeitsräume. Der Begriff der Dichte aus dem eindimensionalen Fall wird dazu auf mehrere Dimensionen erweitert. Wir beschränken uns in den folgenden Ausführungen dabei meist auf den zweidimensionalen Fall, um die Darstellung nicht durch umfangreiche Formalismen zu verkomplizieren.

Definition 2.29 *Zu zwei kontinuierlichen Zufallsvariablen* X, Y *wird der zugrunde liegende gemeinsame Wahrscheinlichkeitsraum über* $\mathbb{R}^2$ *durch eine integrierbare (gemeinsame) Dichtefunktion* $f_{X,Y} : \mathbb{R}^2 \to \mathbb{R}_0^+$ *mit*

$$\int_{-\infty}^{\infty} \int_{-\infty}^{\infty} f_{X,Y}(x,y) \, dx \, dy = 1$$

beschrieben. Für ein Ereignis $A \subseteq \mathbb{R}^2$ *(das aus abzählbar vielen geschlossenen oder offenen Bereichen gebildet sein muss) gilt*

$$\Pr[A] = \int_A f_{X,Y}(x,y) \, dx \, dy.$$

Unter einem *Bereich B* verstehen wir Mengen der Art

$$B = \{(x,y) \in \mathbb{R}^2 \mid a \leq x \leq b, c \leq y \leq d\} \quad \text{mit } a,b,c,d \in \mathbb{R}.$$

Hierbei können analog zu Intervallen aus $\mathbb{R}$ die Ränder auch nicht einge-schlossen werden, indem man „$<$" statt „$\leq$" verwendet. Bereiche stellen also eine natürliche Verallgemeinerung von Intervallen auf mehrdimensio-nale Räume dar.

Die Beschränkung der zulässigen Ereignisse $A \subseteq \mathbb{R}^2$ auf Mengen, die als Vereinigung abzählbar vieler geschlossener und offener Bereiche entstehen, stellt sicher, dass über A integriert werden kann und erfüllt somit denselben Zweck wie die entsprechende Einschränkung an die Ereignisse $A \subseteq \mathbb{R}$ im eindimensionalen Fall.

Analog zum eindimensionalen Fall ordnen wir der Dichte $f_{X,Y}$ eine *(gemein-same) Verteilung* $F_{X,Y} : \mathbb{R}^2 \to [0,1]$ zu. Diese ist definiert durch

$$F_{X,Y}(x,y) = \Pr[X \leq x, Y \leq y] = \int_{-\infty}^{y} \int_{-\infty}^{x} f_{X,Y}(u,v) \, du \, dv.$$

Definition 2.29 kann auf nahe liegende Weise auf beliebig viele gemeinsam stetig verteilte Zufallsvariable erweitert werden.

BEISPIEL 2.30 Ein Punkt (X,Y) werde gleichverteilt aus einem rechtwinkligen Dreieck D im $\mathbb{R}^2$ mit den Eckpunkten $(0,0)$, $(1,0)$ und $(0,1)$ gezogen. Wir definieren $f_{X,Y}(x,y) = 2$ für $x, y > 0$ und $x + y \leq 1$ (diese Ungleichungen beschreiben genau das gewünschte Dreieck). Die Wahrscheinlichkeit

$$F_{X,Y}(1/2, 1/2) = \Pr[X \leq 1/2, Y \leq 1/2]$$

entspricht dem Flächeninhalt des Quadrats $(0,0)$, $(0,1/2)$, $(1/2,1/2)$, $(1/2,0)$ im Ver-hältnis zum gesamten Dreieck D. Also gilt

$$F_{X,Y}(1/2, 1/2) = \frac{(1/2)^2}{1/2} = \frac{1}{2}.$$

Dieses Ergebnis kann man natürlich auch erhalten, indem man streng nach Definiti-on 2.29 das Integral von $f_{X,Y}$ über $A := \{(x,y) \in \mathbb{R}^2 \mid x \leq 1/2, y \leq 1/2\}$ ausrechnet. Die Details überlassen wir dem Leser als Übungsaufgabe.

Randverteilungen und Unabhängigkeit

Man kann von einer gemeinsamen Verteilung wieder zu eindimensionalen Verteilungen zurückgehen, indem man die so genannten Randverteilungen betrachtet. Diese sind wie folgt definiert:

Definition 2.31 *Sei* $f_{X,Y}$ *die gemeinsame Dichte der Zufallsvariablen* X *und* Y. *Die* Randverteilung *der Variablen* X *ist gegeben durch*

$$F_X(x) = \Pr[X \leq x] = \int_{-\infty}^{x} \left[\int_{-\infty}^{\infty} f_{X,Y}(u,v)\, \mathrm{d}v \right] \mathrm{d}u.$$

Analog nennen wir

$$f_X(x) = \int_{-\infty}^{\infty} f_{X,Y}(x,v)\, \mathrm{d}v$$

die Randdichte *von* X. *Dieselben Definitionen gelten symmetrisch für* Y.

Bei der Berechnung der Randverteilung wird sozusagen eine Dimension „wegintegriert".

Parallel zur Definition 1.56 auf Seite 40 für den diskreten Fall sprechen wir von unabhängigen Zufallsvariablen, wenn sich die gemeinsame Verteilung durch Multiplikation der Randverteilungen ergibt.

Definition 2.32 *Zwei kontinuierliche Zufallsvariablen* X *und* Y *heißen* unabhängig, *wenn*

$$\Pr[X \leq x, Y \leq y] = \Pr[X \leq x] \cdot \Pr[Y \leq y]$$

für alle $x, y \in \mathbb{R}$ *gilt.*

Nach Definition der Verteilungsfunktion können wir statt der Bedingung aus Definition 2.32 äquivalent

$$F_{X,Y}(x,y) = F_X(x) \cdot F_Y(y)$$

schreiben. Durch Differentiation können wir diese Aussage umformulieren zu

$$f_{X,Y}(x,y) = f_X(x) \cdot f_Y(y).$$

Definition 2.32 entspricht im Wesentlichen der Definition der Unabhängigkeit von diskreten Zufallsvariablen (siehe Definition 1.56 auf Seite 40). Für mehrere Zufallsvariablen $X_1, \ldots, X_n$ gilt analog: $X_1, \ldots, X_n$ sind genau dann unabhängig, wenn

$$F_{X_1,\ldots,X_n}(x_1,\ldots,x_n) = F_{X_1}(x_1) \cdot \ldots \cdot F_{X_n}(x_n)$$

bzw.

$$f_{X_1,\ldots,X_n}(x_1,\ldots,x_n) = f_{X_1}(x_1) \cdot \ldots \cdot f_{X_n}(x_n)$$

für alle $x_1, \ldots, x_n \in \mathbb{R}$.

Warteprobleme mit der Exponentialverteilung

Bei der geometrischen Verteilung haben wir so genannte Warteprobleme (siehe Seite 51) kennen gelernt. Da die Exponentialverteilung als Grenzwert der geometrischen Verteilung betrachtet werden kann, liegt es nahe, ähnliche Fragestellungen auch für die Exponentialverteilung zu untersuchen. Im Folgenden werden wir Beispiele dafür kennen lernen.

Warten auf mehrere Ereignisse. Zunächst betrachten wir eine weitere interessante Eigenschaft der Exponentialverteilung. Nehmen wir an, wir untersuchen zwei verschiedene radioaktive Atome, deren Zerfallsraten λ_1 bzw. λ_2 betragen. Wie ist nun die Zeit bis zum Zerfall eines dieser beiden Atome verteilt? Wenn X_i die Lebensdauer des Atoms i bezeichnet, so interessieren wir uns also für die Zufallsvariable $X := \min\{X_1, X_2\}$. Für die Verteilung von X gilt folgender Satz.

Satz 2.33 *Die Zufallsvariablen $X_1, \ldots, X_n$ seien unabhängig und exponentialverteilt mit den Parametern $\lambda_1, \ldots, \lambda_n$. Dann ist auch $X := \min\{X_1, \ldots, X_n\}$ exponentialverteilt mit dem Parameter $\lambda_1 + \ldots + \lambda_n$.*

Beweis: Wir betrachten nur den Fall $n = 2$. Der allgemeine Fall folgt daraus direkt mit Hilfe von Induktion über n. Die Verteilungsfunktion F_X können wir folgendermaßen ausrechnen:

$$
\begin{aligned}
1 - F_X(t) &= \Pr[X > t] = \Pr[\min\{X_1, X_2\} > t] = \Pr[X_1 > t, X_2 > t] \\
&= \Pr[X_1 > t] \cdot \Pr[X_2 > t] = e^{-\lambda_1 t} \cdot e^{-\lambda_2 t} = e^{-(\lambda_1 + \lambda_2)t}.
\end{aligned}
$$

Daraus folgt unmittelbar die Behauptung. □

Anschaulich besagt Satz 2.33, dass sich die Raten addieren, wenn man auf das erste Eintreten eines Ereignisses aus mehreren unabhängigen Ereignissen wartet. Wenn beispielsweise ein Atom die Zerfallsrate λ besitzt, so erhalten wir die Zerfallsrate $n\lambda$ bei n Atomen. Dieses Ergebnis bestätigt die Intuition, dass die Zerfallsrate proportional zur Masse des radioaktiven Materials und damit zur Anzahl der vorhandenen Atome ist. Ein analoges Verhalten ist bei zahlreichen Warteproblemen zu beobachten. Wir betrachten dazu noch ein anderes Beispiel.

BEISPIEL 2.34 Auf dem Bahnhof einer großen Stadt stehen drei Telefonzellen, die stark frequentiert sind, so dass sich Reisende häufig über unzumutbar lange Wartezeiten beschweren. Die Bahndirektion überlegt, ob sie eine oder mehrere zusätzliche Telefonzellen aufstellen lassen soll. Um die Wartezeit abzuschätzen, nehmen wir an, dass die Dauer eines Telefongesprächs exponentialverteilt mit Parameter $1/10$ ist (ein Gespräch im Mittel also 10 Minuten dauert). Aus Satz 2.33 folgt: sind alle drei Telefonzellen belegt, so ist die Wartezeit bis zur ersten frei werdenden Zelle exponentialverteilt mit Parameter 3/10. Im Schnitt dauert es also $10/3 = 3,33..$ Minuten, bis eine Zelle frei wird. Würden zwei zusätzliche Telefonzellen aufgestellt, so würde sich diese Wartezeit auf $10/5 = 2$ Minuten verkürzen.

Poisson-Prozess. Wir haben bei der Interpretation der Exponential- und der Poisson-Verteilung als Grenzwert der geometrischen Verteilung bzw. der Binomialverteilung beide Male anhand desselben Beispiels argumentiert (siehe Seite 56 bzw. 112). Dies legt nahe, dass zwischen der Exponential- und der Poisson-Verteilung ein enger Zusammenhang besteht.

Bei der geometrischen Verteilung zählt man die Anzahl der Zeitschritte bis zum Eintreten eines bestimmten Ereignisses. So ein Ereignis werden wir im Folgenden Treffer nennen, um Verwechslungen mit Ereignissen im wahrscheinlichkeitstheoretischen Sinn zu vermeiden. Bei der Binomialverteilung wird die Anzahl der Treffer während einer festen Anzahl von Zeitschritten gezählt. Anders ausgedrückt bedeutet dies: Wenn der zeitliche Abstand der Treffer geometrisch verteilt ist, so ist ihre Anzahl in einer festen Zeitspanne binomialverteilt. Auf diese Tatsache sind wir auch in Beispiel 1.105 auf Seite 79 bei der Untersuchung rekurrenter Ereignisse gestoßen.

Wir betrachten nun den Grenzwert $n \to \infty$, wobei wir die Trefferwahrscheinlichkeit mit $p_n = \lambda/n$ ansetzen. Wir wissen bereits (siehe Seite 56 bzw. 112), dass unter diesen Voraussetzungen die Binomialverteilung gegen die Poisson-Verteilung und die geometrische Verteilung gegen die Exponentialverteilung konvergiert. Im Grenzwert $n \to \infty$ erwarten wir deshalb die folgende Aussage: Wenn man Ereignisse zählt, deren zeitlicher Abstand exponentialverteilt ist, so ist die Anzahl dieser Ereignisse in einer festen Zeitspanne Poisson-verteilt.

Formaler können wir unsere Vermutung wie folgt formulieren: $T_1, T_2 \ldots$ seien unabhängige exponentialverteilte Zufallsvariablen mit Parameter λ. Die Zufallsvariable T_i modelliert die Zeit, die zwischen Treffer $i - 1$ und i vergeht. Für den Zeitpunkt $t > 0$ definieren wir

$$X(t) := \max\{n \in \mathbb{N} \mid T_1 + \ldots + T_n \le t\}.$$

$X(t)$ gibt also an, wie viele Treffer sich bis zur Zeit t (von Zeit Null ab) ereignet haben. Es gilt, dass $X(t)$ Poisson-verteilt ist mit Parameter $t\lambda$. Wir halten folgende Aussage fest:

Fakt 2.35 *Seien $T_1, T_2, \ldots$ unabhängige Zufallsvariablen und sei $X(t)$ für $t > 0$ wie oben definiert. Dann gilt: $X(t)$ ist genau dann Poisson-verteilt mit Parameter $t\lambda$, wenn es sich bei $T_1, T_2, \ldots$ um exponentialverteilte Zufallsvariablen mit Parameter λ handelt.*

Durch die Interpretation der beteiligten Verteilungen als Grenzwerte ist diese Aussage intuitiv plausibel. Ein strenger Beweis geht jedoch über den Rahmen dieses Buches hinaus.

Zum Zufallsexperiment, das durch $T_1, T_2, \ldots$ definiert ist, erhalten wir für jeden Wert $t > 0$ eine Zufallsvariable $X(t)$. Hierbei können wir t als Zeit interpretieren und $X(t)$ als Verhalten des Experiments zur Zeit t. Eine solche Familie $(X(t))_{t>0}$ von Zufallsvariablen nennt man allgemein einen *stochastischen Prozess*. Der von uns betrachtete Prozess, bei dem $T_1, T_2, \ldots$ unabhängige, exponentialverteilte Zufallsvariablen sind, heißt *Poisson-Prozess* und stellt ein fundamentales und zugleich praktisch sehr bedeutsames Beispiel für einen stochastischen Prozess dar.

Zum Abschluss dieses Abschnitts betrachten wir noch ein kleines Beispiel, das zeigt, wie sich bei einem Poisson-Prozess die Parameter der Exponential- und der Poisson-Verteilung ineinander umrechnen lassen.

BEISPIEL 2.36 Wir betrachten eine Menge von Jobs, die auf einem Prozessor sequentiell abgearbeitet werden. Die Laufzeiten der Jobs seien unabhängig und exponentialverteilt mit Parameter $\lambda = 1/30[1/s]$, d. h. ein Job benötigt im Mittel $30s$.

Gemäß Fakt 2.35 ist die Anzahl von Jobs, die in einer Minute vollständig ausgeführt werden, Poisson-verteilt mit Parameter $t\lambda = 60 \cdot (1/30) = 2$. Die Wahrscheinlichkeit, dass in einer Minute höchstens ein Job abgearbeitet wird, beträgt $e^{-t\lambda} + t\lambda e^{-t\lambda} \approx 0{,}406$.

Summen von Zufallsvariablen

Analog zu dem in Abschnitt 1.4.3 auf Seite 38 beschriebenen diskreten Fall können auch kontinuierliche Zufallsvariablen $X_1, \ldots X_n$ durch eine Funktion $g : \mathbb{R}^n \to \mathbb{R}$ zu einer neuen Zufallsvariablen verknüpft werden. Im zweidimensionalen Fall können wir beispielsweise zu den Zufallsvariablen X und Y die zusammengesetzte Variable $Z := X + Y$ definieren. Wir bestimmen im Folgenden f_Z unter der Annahme, dass X und Y unabhängig sind.

Satz 2.37 *Seien X und Y unabhängige kontinuierliche Zufallsvariablen. Für die Dichte von $Z := X + Y$ gilt*

$$f_Z(z) = \int_{-\infty}^{\infty} f_X(x) \cdot f_Y(z - x) \, dx.$$

Beweis: Nach Definition der Verteilungsfunktion gilt

$$F_Z(t) = \Pr[Z \leq t] = \Pr[X + Y \leq t] = \int_{A(t)} f_{X,Y}(x, y) \, dx \, dy$$

mit $A(t) := \{(x,y) \in \mathbb{R}^2 \mid x + y \leq t\}$. Wegen der Unabhängigkeit von X und Y können wir schließen, dass

$$F_Z(t) \;=\; \int_{A(t)} f_X(x) \cdot f_Y(y) \,\mathrm{d}x\,\mathrm{d}y = \int_{-\infty}^{\infty} f_X(x) \cdot \left(\int_{-\infty}^{t-x} f_Y(y) \,\mathrm{d}y \right) \,\mathrm{d}x.$$

Mittels der Substitution $z := x + y$, $\mathrm{d}z = \mathrm{d}y$ lässt sich das innere Integral umformen zu

$$\int_{-\infty}^{t-x} f_Y(y) \,\mathrm{d}y = \int_{-\infty}^{t} f_Y(z - x) \,\mathrm{d}z.$$

Vertauscht man nun noch die Reihenfolge der Integrale, erhält man

$$F_Z(t) \;=\; \int_{-\infty}^{t} \left(\int_{-\infty}^{\infty} f_X(x) f_Y(z - x) \,\mathrm{d}x \right) \,\mathrm{d}z,$$

woraus sich die Behauptung sofort ablesen lässt. $\qquad\square$

Satz 2.37 ist nicht besonders überraschend, wenn man an den diskreten Fall denkt, denn der entsprechende Satz 1.60 auf Seite 42 sieht Satz 2.37 sehr ähnlich. Der einzige Unterschied besteht darin, dass wir es mit Integralen statt mit Summen zu tun haben.

Wir wenden Satz 2.37 nun an, um folgende nützliche Eigenschaft der Normalverteilung zu zeigen: Wenn wir mehrere unabhängige normalverteilte Zufallsvariablen summieren, erhalten wir wieder eine normalverteilte Zufallsvariable, deren Parameter sich auf einfache Weise aus den Parametern der einzelnen Summanden ergeben. Dieser Satz erlaubt es, viele Zufallsvariablen auf einfache Weise zu einer neuen Variable zu kombinieren, wodurch sich Rechnungen mit normalverteilten Zufallsgrößen oft deutlich vereinfachen lassen.

Satz 2.38 (Additivität der Normalverteilung) *Die Zufallsvariablen $X_1, \ldots, X_n$ seien unabhängig und normalverteilt mit den Parametern μ_i, σ_i ($1 \leq i \leq n$). Es gilt: Die Zufallsvariable*

$$Z := a_1 X_1 + \ldots + a_n X_n$$

ist normalverteilt mit Erwartungswert $\mu = a_1 \mu_1 + \ldots + a_n \mu_n$ und Varianz $\sigma^2 = a_1^2 \sigma_1^2 + \ldots + a_n^2 \sigma_n^2$.

Beweis: Wir werden im nächsten Abschnitt (Seite 122) einen kurzen Beweis angeben, der allerdings einige zusätzliche, mächtige Hilfsmittel erfordert. An dieser Stelle wollen wir daher auch einen elementaren Beweis angeben. Wem dieser Beweis zu technisch ist, kann ihn unbeschadet überspringen.

Wir beweisen zunächst den Fall $n = 2$ und $a_1 = a_2 = 1$. Nach Satz 2.37 gilt für $Z := X_1 + X_2$, dass

$$
\begin{aligned}
f_Z(z) &= \int_{-\infty}^{\infty} f_{X_1}(z - y) \cdot f_{X_2}(z) \, dy \\
&= \frac{1}{2\pi \cdot \sigma_1 \cdot \sigma_2} \cdot \int_{-\infty}^{\infty} \exp\left(-\frac{1}{2} \underbrace{\left(\frac{(z - y - \mu_1)^2}{\sigma_1^2} + \frac{(y - \mu_2)^2}{\sigma_2^2} \right)}_{=:v} \right) \, dy.
\end{aligned}
$$

Dieses Integral wirkt sehr unhandlich und kompliziert. Da wir jedoch schon wissen, auf welches Ziel wir hinaus wollen, können wir uns die Arbeit ein wenig vereinfachen. Wir definieren $\mu := \mu_1 + \mu_2$ und $\sigma^2 := \sigma_1^2 + \sigma_2^2$. Die Werte μ und σ entsprechen dem Erwartungswert und der Varianz von Z (wenn der Satz stimmt, den wir beweisen wollen).

In der Dichte f_Z erwarten wir einen Term der Form $\exp(-(z - \mu)^2/(2\sigma^2))$ und führen deshalb die Abkürzung $v_1 := (z - \mu)/\sigma$ ein. Nehmen wir an, wir könnten einen Term der Form $e^{-v_1^2/2}$ aus dem Integral ausklammern. Welcher Term bleibt dann im Integral übrig? Dazu untersuchen wir den Ausdruck $v_2^2 := v - v_1^2$. Mit diesen Abkürzungen gilt

$$
v_2^2 = \frac{(z - y - \mu_1)^2}{\sigma_1^2} + \frac{(y - \mu_2)^2}{\sigma_2^2} - \frac{(z - \mu_1 - \mu_2)^2}{\sigma_1^2 + \sigma_2^2}.
$$

Wie wir mit der Schreibweise bereits angedeutet haben, handelt es sich bei v_2^2 um einen quadratischen Term. Mit einiger Arbeit oder mit Hilfe eines Computeralgebra-Systems erhalten wir

$$
v_2 = \frac{y\sigma_1^2 - \mu_2\sigma_1^2 + y\sigma_2^2 - z\sigma_2^2 + \mu_1\sigma_2^2}{\sigma_1 \sigma_2 \sigma}.
$$

Damit folgt für die gesuchte Dichte

$$
f_Z(z) = \frac{1}{2\pi \cdot \sigma_1 \cdot \sigma_2} \cdot \exp\left(-\frac{v_1^2}{2} \right) \cdot \int_{-\infty}^{\infty} \exp\left(-\frac{v_2^2}{2} \right) \, dy.
$$

Im verbleibenden Integral substituieren wir

$$
t := v_2 \quad \text{und} \quad dt = \frac{\sigma}{\sigma_1 \sigma_2} \, dy.
$$

Dies führt zu

$$
f_Z(z) = \frac{1}{2\pi \cdot \sigma} \cdot \exp\left(-\frac{(z - \mu)^2}{2\sigma^2} \right) \cdot \int_{-\infty}^{\infty} \exp\left(-\frac{t^2}{2} \right) \, dt.
$$

Mit Lemma 2.19 auf Seite 106 folgt, dass $f_Z(z) = \varphi(z; \mu, \sigma)$ ist. Daraus erhalten wir die Behauptung für $n = 2$, denn den Fall $Z := a_1 X_1 + a_2 X_2$ für beliebige Werte $a_1, a_2 \in \mathbb{R}$ können wir leicht mit Hilfe von Satz 2.20 auf Seite 107 auf den soeben bewiesenen Fall übertragen. Durch Induktion kann die Aussage für $n = 2$ ohne Probleme auf beliebige Werte $n \in \mathbb{N}$ verallgemeinert werden. $\qquad\square$

Momenterzeugende Funktionen für kontinuierliche Zufallsvariablen

In diesem Abschnitt wollen wir eine Technik vorstellen, die sich bei der Behandlung vieler Fragestellungen als sehr nützlich erweist. Für den weiteren Fortgang des Buches ist dieser Abschnitt nicht unbedingt erforderlich. Er kann daher beim ersten Lesen auch übersprungen werden.

In Definition 1.96 auf Seite 73 haben wir die momenterzeugende Funktion $M_X(s) = \mathbb{E}[e^{Xs}]$ für eine diskrete Zufallsvariable X eingeführt. Diese Definition kann man unmittelbar auf kontinuierliche Zufallsvariablen übertragen. Die in Abschnitt 1.7.1 gezeigten Eigenschaften von $M_X(s)$ bleiben hierbei erhalten.

BEISPIEL 2.39   Für eine auf $[0,1]$ gleichverteilte Zufallsvariable U gilt

$$M_U(t) = \mathbb{E}[e^{tX}] = \int_a^b e^{tx} \cdot \frac{1}{b-a}\, \mathrm{d}x = \left[\frac{e^{tx}}{t(b-a)}\right]_a^b = \frac{e^{tb} - e^{ta}}{t(b-a)}.$$

Für eine standardnormalverteilte Zufallsvariable $N \sim \mathbb{N}(0,1)$ gilt

$$
\begin{aligned}
M_N(t) &= \frac{1}{\sqrt{2\pi}} \int_{-\infty}^{+\infty} e^{t\xi} e^{-\xi^2/2}\, \mathrm{d}\xi \\
&= e^{t^2/2} \cdot \frac{1}{\sqrt{2\pi}} \int_{-\infty}^{+\infty} e^{-(t-\xi)^2/2}\, \mathrm{d}\xi = e^{t^2/2},
\end{aligned}
$$

wobei die letzte Umformung aus der Tatsache folgt, dass das Integral über die Dichte einer normalverteilten Zufallsvariablen Eins ergibt.

Die momenterzeugende Funktion einer Zufallsvariablen $Y \sim \mathbb{N}(\mu, \sigma^2)$ erhält man daraus wegen $\frac{Y-\mu}{\sigma} \sim \mathbb{N}(0,1)$ recht einfach:

$$M_Y(t) = \mathbb{E}[e^{tY}] = e^{t\mu} \cdot \mathbb{E}[e^{(t\sigma) \cdot \frac{Y-\mu}{\sigma}}] = e^{t\mu} \cdot M_N(t\sigma) = e^{t\mu + (t\sigma)^2/2}.$$

Man kann zeigen, dass die momenterzeugende Funktion die Verteilung einer Zufallsvariablen *eindeutig* bestimmt. Mit Hilfe dieser intuitiv plausiblen Eigenschaft, die wir hier aber nicht formal beweisen wollen, lässt sich der Additionssatz für normalverteilte Zufallsvariablen ganz einfach beweisen.

Beweis von Satz 2.38: Wie betrachten zunächst die momenterzeugenden Funktionen der Zufallsvariablen X_i. Gemäß Beispiel 2.39 berechnen sich diese wie folgt:

$$M_{X_i}(t) = e^{t\mu_i + (t\sigma_i)^2/2}.$$

Da die Variablen X_i als unabhängig vorausgesetzt waren, lässt sich daraus auch die momenterzeugende Funktion von Z leicht berechnen:

$$M_Z(t) \;=\; \mathbb{E}[e^{t(a_1 X_1 + \ldots + a_n X_n)}] \;=\; \prod_{i=1}^{n} \mathbb{E}[e^{(a_i t) X_i}]$$

$$=\; \prod_{i=1}^{n} M_{X_i}(a_i t) \;=\; \prod_{i=1}^{n} e^{a_i t \mu_i + (a_i t \sigma_i)^2/2} \;=\; e^{t\mu + (t\sigma)^2/2}.$$

wobei wir $\mu = a_1\mu_1 + \ldots + a_n\mu_n$ und $\sigma^2 = a_1^2\sigma_1^2 + \ldots + a_n^2\sigma_n^2$ eingesetzt haben. Die momenterzeugende Funktion von Z entspricht also genau der momenterzeugenden Funktion einer normalverteilten Zufallsvariablen mit den Parametern μ und σ, was zu zeigen war. $\qquad\square$

2.4 Zentraler Grenzwertsatz

Das Resultat, dem wir diesen Abschnitt widmen, ist von großer Bedeutung für die Anwendung der Normalverteilung in der Statistik. Der Satz besagt, dass sich die Verteilung einer Summe *beliebiger* unabhängiger Zufallsvariablen (mit endlichem Erwartungswert und Varianz) der Normalverteilung annähert, je mehr Zufallsvariablen an der Summe beteiligt sind.

Satz 2.40 (Zentraler Grenzwertsatz) *Die Zufallsvariablen $X_1, \ldots, X_n$ besitzen jeweils dieselbe Verteilung und seien unabhängig. Erwartungswert und Varianz von X_i existieren für $i = 1, \ldots, n$ und seien mit μ bzw. σ^2 bezeichnet ($\sigma^2 > 0$).*

Die Zufallsvariablen Y_n seien definiert durch $Y_n := X_1 + \ldots + X_n$ für $n \geq 1$. Dann folgt, dass die Zufallsvariablen

$$Z_n := \frac{Y_n - n\mu}{\sigma\sqrt{n}}$$

asymptotisch standardnormalverteilt *sind, also $Z_n \sim \mathcal{N}(0,1)$ für $n \to \infty$. Etwas formaler ausgedrückt gilt: Die Folge der zu Z_n gehörenden Verteilungsfunktionen F_n hat die Eigenschaft*

$$\lim_{n\to\infty} F_n(x) = \Phi(x) \quad \textit{für alle } x \in \mathbb{R}.$$

Wir sagen dazu auch: Die Verteilung von Z_n konvergiert gegen die Standardnormalverteilung für $n \to \infty$. $\qquad\square$

Beweis (Skizze): Der Beweis dieses Satzes erfordert Hilfsmittel aus der Wahrscheinlichkeitstheorie, die im Rahmen dieses Buches nicht vollständig eingeführt werden können. Dennoch wollen wir versuchen, die wesentliche Idee des Beweises zu skizzieren.

In Beispiel 2.39 auf Seite 122 haben wir für $N \sim \mathcal{N}(0,1)$ nachgerechnet, dass $M_N(t) = e^{t^2/2}$ gilt. Wir betrachten nun $X_i^* := (X_i - \mu)/\sigma$ für $i = 1, \ldots, n$ mit $\mathbb{E}[X_i^*] = 0$ und $\text{Var}[X_i^*] = 1$. Damit gilt

$$M_Z(t) = \mathbb{E}[e^{tZ}] = \mathbb{E}[e^{t(X_1^* + \ldots + X_n^*)/\sqrt{n}}] = M_{X_1^*}(t/\sqrt{n}) \cdot \ldots \cdot M_{X_n^*}(t/\sqrt{n}). \quad (2.5)$$

Für beliebiges i betrachten wir die Taylorentwicklung von $M_{X_i^*}(t) =: h(t)$ an der Stelle $t = 0$

$$h(t) = h(0) + h'(0) \cdot t + \frac{h''(0)}{2} \cdot t^2 + \mathcal{O}(t^3). \quad (2.6)$$

Bei der Berechnung von $h'(t)$ und von $h''(t)$ nützen wir aus, dass der Erwartungswert linear ist. Aus diesem Grund können wir $\mathbb{E}[.]$ und die Ableitung vertauschen (ohne dies formal zu begründen). Es folgt

$$h'(t) = \mathbb{E}[e^{tX_i^*} \cdot X_i^*] \quad \text{und} \quad h''(t) = \mathbb{E}[e^{tX_i^*} \cdot (X_i^*)^2].$$

Damit gilt $h'(0) = \mathbb{E}[X_i^*] = 0$ und $h''(0) = \mathbb{E}[(X_i^*)^2] = \text{Var}[X] = 1$. Durch Einsetzen in (2.6) folgt $h(t) = 1 + t^2/2 + \mathcal{O}(t^3)$ und wir können (2.5) umschreiben zu

$$M_Z(t) = \left(1 + \frac{t^2}{2n} + \mathcal{O}\left(\frac{t^3}{n^{3/2}}\right)\right)^n \to e^{t^2/2} \quad \text{für } n \to \infty.$$

$M_Z(t)$ konvergiert also für $n \to \infty$ gegen $M_N(t)$. Man kann zeigen, dass aus der Konvergenz der momenterzeugenden Funktion auch die Konvergenz der Verteilung folgt und dass Z somit asymptotisch normalverteilt ist.

Die momenterzeugende Funktion existiert leider nicht bei allen Zufallsvariablen und unser „Beweis" ist deshalb unvollständig. Man umgeht dieses Problem, indem man statt der momenterzeugenden Funktion die so genannte *charakteristische Funktion* $\tilde{M}_X(t) = \mathbb{E}[e^{itX}]$ betrachtet, die alle nötigen Eigenschaften besitzt. Für Details verweisen wir auf die einschlägige Literatur. $\qquad \square$

Der Zentrale Grenzwertsatz hat die folgende intuitive Konsequenz:

> *Wenn eine Zufallsgröße durch lineare Kombination vieler unabhängiger, identisch verteilter Zufallsgrößen entsteht, so erhält man näherungsweise eine Normalverteilung.*

Diese Interpretation gibt einen Hinweis darauf, warum die Normalverteilung bei Anwendungen recht häufig auftritt. Besonders in der Statistik ist dies oft der Fall, wie das folgende Beispiel zeigt.

BEISPIEL 2.41 Wir nehmen an, dass die Körpergröße eines Menschen einer gewissen Zufallsverteilung unterliegt. Bei n zufällig ausgewählten Menschen wird die Größe gemessen. Die Zufallsvariablen $X_1, \ldots, X_n$ repräsentieren die dabei erhaltenen Messwerte. Bei der Auswertung der Messdaten ist das arithmetische Mittel

$$\overline{X} = \frac{1}{n} \sum_{i=1}^{n} X_i$$

der Werte interessant. Nach dem Zentralen Grenzwertsatz kann man für genügend große n annehmen, dass $\overline{X}$ normalverteilt ist, da $\overline{X}$ als Summe vieler unabhängiger Zufallsvariablen entsteht.

Ein wichtiger Spezialfall das Zentralen Grenzwertsatzes besteht darin, dass die auftretenden Zufallsgrößen Bernoulli-verteilt sind.

Korollar 2.42 (Grenzwertsatz von DeMoivre) $X_1, \ldots, X_n$ *seien unabhängige Bernoulli-verteilte Zufallsvariablen mit gleicher Erfolgswahrscheinlichkeit p. Dann gilt für die Zufallsvariable H_n mit*

$$H_n := X_1 + \ldots + X_n$$

für $n \geq 1$, dass die Verteilung der Zufallsvariablen

$$H_n^* := \frac{H_n - np}{\sqrt{np(1-p)}}$$

$n \to \infty$ gegen die Standardnormalverteilung konvergiert.

Beweis: Die Behauptung folgt unmittelbar aus dem Zentralen Grenzwertsatz, da $\mu = \mathbb{E}[H_i] = p$ und $\sigma^2 = \text{Var}[H_i] = p(1-p)$. □

Bemerkung 2.43 Wenn man $X_1, \ldots, X_n$ als Indikatorvariablen für das Eintreten eines Ereignisses E bei n unabhängigen Wiederholungen eines Experimentes interpretiert, dann gibt H_n die absolute Häufigkeit von E an.

Normalverteilung als Grenzwert der Binomialverteilung

Korollar 2.42 ermöglicht uns, die Normalverteilung als Grenzwert der Binomialverteilung aufzufassen. Die folgende Aussage ist eine Konsequenz von Korollar 2.42:

Beobachtung 2.44 *Sei $H_n \sim \text{Bin}(n, p)$ eine binomialverteilte Zufallsvariable. Die Verteilung von H_n/n konvergiert gegen $\mathcal{N}(p, p(1-p)/n)$ für $n \to \infty$.*

In Abbildung 2.6 werden die Dichten der Standardnormalverteilung und der Binomialverteilung verglichen. Die Binomialverteilung wird dabei standardisiert dargestellt, d. h. es wird statt der Dichte von $H_n \sim \text{Bin}(n, p)$ die Dichte von $H_n^* = \frac{H_n - np}{\sqrt{np(1-p)}}$ angetragen und mit der Standardnormalverteilung verglichen. Bei der Darstellung als Histogramm wird die Wahrscheinlichkeit nicht (wie in allen anderen Abbildungen, die wir bisher gesehen haben) durch die Höhe der Säulen wiedergegeben, sondern durch deren Flächeninhalt. Die Säulen besitzen eine Breite von $\sqrt{np(1-p)}$ (Dies entspricht dem Abstand der diskreten Werte von H_n^*.) und ihre Höhe berechnet sich entsprechend. Da auch bei der Darstellung einer kontinuierlichen Dichte die Wahrscheinlichkeit eines Ereignisses dem Flächeninhalt unter der Dichtefunktion entspricht, können in dieser Darstellung die diskrete und die kontinuierliche Dichte besser verglichen werden. In der Abbildung erkennt man deutlich, wie sich für große n die Binomial- und die Normalverteilung immer mehr annähern. Die Asymmetrie der Binomialverteilung für $p \neq 0{,}5$ verschwindet nach und nach für $n \to \infty$.

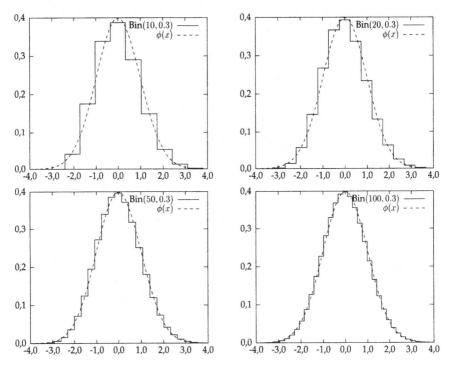

Abbildung 2.6: Vergleich von Binomial- und Normalverteilung

Historisch gesehen entstand Korollar 2.42 vor Satz 2.40. Für den Fall $p = 1/2$ wurde Korollar 2.42 bereits von Abraham DeMoivre (1667–1754) bewiesen. DeMoivre war gebürtiger Franzose, musste jedoch aufgrund seines protestantischen Glaubens nach England fliehen. Dort wurde er unter anderem Mitglied der Royal Society, erhielt jedoch niemals eine eigene Professur. Die allgemeine Formulierung von Korollar 2.42 geht auf PIERRE SIMON LAPLACE (1749–1827) zurück, den wir ganz am Anfang des Buches kennen gelernt haben. Allerdings wird vermutet, dass bereits DeMoivre die Lösung des allgemeinen Falls $p \neq 1/2$ bekannt war.

Beweis des Grenzwertsatzes von DeMoivre für $p = 1/2$

Beim Beweis von Korollar 2.42 haben wir ein wenig „geschummelt", indem wir die Aussage auf eine viel mächtigere und damit deutlich schwerer zu beweisende Aussage, nämlich den Zentralen Grenzwertsatz, zurückgeführt haben. Um dem Leser ein besseres Gefühl für die Korrektheit dieser Resultate zu geben, treten wir gewissermaßen in DeMoivres Fußstapfen und führen einen elementaren Beweis für den Fall $p = 1/2$ von Korollar 2.42 vor. Dieser Abschnitt dient nur der Vertiefung und kann somit auf Wunsch ohne Verständnisschwierigkeiten für den Rest des Buches übersprungen werden.

Wir betrachten die Wahrscheinlichkeit $\Pr[a \leq H_{2n}^* \leq b]$ für $p = 1/2$ und $a, b \in \mathbb{R}$ mit $a \leq b$. Wenn die Verteilung von H_{2n}^*, wie in Korollar 2.42 angegeben, gegen $\mathcal{N}(0,1)$ konvergiert, so sollte $\Pr[a \leq H_{2n}^* \leq b] \approx \int_a^b \varphi(t)\,\mathrm{d}t$ für genügend große n gelten.

Um dies zu präzisieren, führen wir die Notation $f(n) \sim g(n)$ ein, wenn $f(n) = (1 + o(1)) \cdot g(n)$ oder, anders ausgedrückt, $\lim_{n\to\infty} f(n)/g(n) = 1$ gilt. Damit formulieren wir die Aussage, die wir zeigen wollen:

$$\Pr[a \leq H_{2n}^* \leq b] \sim \int_a^b \varphi(t)\,\mathrm{d}t.$$

Da für $H_{2n} \sim \mathrm{Bin}(2n, 1/2)$ gilt, dass $\mathbb{E}[H_{2n}] = n$ und $\mathrm{Var}[H_{2n}] = n/2$ ist, erhalten wir

$$H_{2n}^* = \frac{H_{2n} - n}{\sqrt{n/2}},$$

und es folgt

$$\begin{aligned}
\Pr[a \leq H_{2n}^* \leq b] &= \Pr[n + a\sqrt{n/2} \leq H_{2n} \leq n + b\sqrt{n/2}] \\
&= \sum_{i \in I_n} \Pr[H_{2n} = n + i]
\end{aligned}$$

für $I_n := \{z \in \mathbb{Z} \mid a\sqrt{n/2} \leq z \leq b\sqrt{n/2}\}$. Diesen Ausdruck formen wir weiter um und erhalten

$$\Pr[a \leq H_{2n}^* \leq b] = \sum_{i \in I_n} \underbrace{\binom{2n}{n+i} \cdot \left(\frac{1}{2}\right)^{2n}}_{=: p_{n,i}} \cdot$$

Um diesen Ausdruck analysieren zu können, betrachten wir zunächst die einzelnen Summanden $p_{n,i}$. Es gilt

$$p_n^* := \max_i p_{n,i} = \binom{2n}{n} \cdot \left(\frac{1}{2}\right)^{2n} = \frac{(2n)!}{(n!)^2} \cdot \left(\frac{1}{2}\right)^{2n},$$

da die Binomialkoeffizienten $\binom{2n}{x}$ für $x = n$ maximal werden. Ausführlichere Betrachtungen zu Binomialkoeffizienten und zum Pascal-Dreieck finden sich in Band I dieses Buches. Zur Approximation der Fakultät verwenden wir die Stirlingformel, die wir ebenfalls in Band I kennen gelernt haben. Diese besagt, vereinfacht, dass

$$n! \sim n^n \cdot e^{-n} \cdot \sqrt{2\pi n}.$$

Wenn wir dies in den Ausdruck für p_n^* einsetzen, so erhalten wir

$$p_n^* \sim \frac{(2n)^{2n} \cdot e^{-2n} \cdot \sqrt{2\pi \cdot 2n}}{(n^n \cdot e^{-n} \cdot \sqrt{2\pi n})^2} \cdot \left(\frac{1}{2}\right)^{2n} = \frac{1}{\sqrt{\pi n}}.$$

Approximieren wir nun die $p_{n,i}$ durch p_n^* so entsteht dabei ein Fehler, den wir mit $q_{n,i} := \frac{p_{n,i}}{p_n^*}$ bezeichnen. Für $i > 0$ gilt

$$
\begin{aligned}
q_{n,i} &= \frac{\binom{2n}{n+i} \cdot \left(\frac{1}{2}\right)^{2n}}{\binom{2n}{n} \cdot \left(\frac{1}{2}\right)^{2n}} = \frac{(2n)! \cdot n! \cdot n!}{(n+i)! \cdot (n-i)! \cdot (2n)!} \\
&= \frac{\prod_{j=0}^{i-1}(n-j)}{\prod_{j=1}^{i}(n+j)} = \prod_{j=1}^{i} \frac{n-j+1}{n+j} = \prod_{j=1}^{i} \left(1 - \frac{2j-1}{n+j}\right).
\end{aligned}
$$

Wegen der Symmetrie der Binomialkoeffizienten gilt $q_{n,-i} = q_{n,i}$, so dass wir den Fall $i < 0$ nicht gesondert betrachten müssen.

Man macht sich leicht klar, dass $1 - 1/x \leq \ln x \leq x - 1$ für $x > 0$ gilt. Damit schließen wir, dass

$$
\begin{aligned}
\ln\left(\prod_{j=1}^{i}\left(1 - \frac{2j-1}{n+j}\right)\right) &= \sum_{j=1}^{i} \ln\left(1 - \frac{2j-1}{n+j}\right) \leq -\sum_{j=1}^{i} \frac{2j-1}{n+j} \\
&\leq -\sum_{j=1}^{i} \frac{2j-1}{n+i} = -\frac{i(i+1)-i}{n+i} \\
&= -\frac{i^2}{n} + \frac{i^3}{n(n+i)} = -\frac{i^2}{n} + \mathcal{O}\left(\frac{1}{\sqrt{n}}\right),
\end{aligned}
$$

da $i = \mathcal{O}(\sqrt{n})$ für $i \in I_n$. Analog erhalten wir

$$\ln\left(\prod_{j=1}^{i}\left(1-\frac{2j-1}{n+j}\right)\right) \geq \sum_{j=1}^{i}\left(1-\left(1-\frac{2j-1}{n+j}\right)^{-1}\right) = \sum_{j=1}^{i}\frac{-2j+1}{n-j+1}$$

$$\geq -\sum_{j=1}^{i}\frac{2j-1}{n-i} = -\frac{i^2}{n-i} = -\frac{i^2}{n}-\mathcal{O}\left(\frac{1}{\sqrt{n}}\right).$$

Wegen $e^{\pm\mathcal{O}(1/\sqrt{n})} = 1 \pm o(1)$ folgt daraus

$$q_{n,i} \sim e^{-i^2/n}.$$

Mit diesem Wissen über $q_{n,i}$ schätzen wir nun $\Pr[a \leq H_{2n}^* \leq b]$ weiter ab:

$$\Pr[a \leq H_{2n}^* \leq b] = \sum_{i\in I_n}p_n^* \cdot q_{n,i} \sim \frac{1}{\sqrt{\pi n}}\cdot\underbrace{\sum_{i\in I_n}e^{-i^2/n}}_{=:S_n}.$$

Mit $\delta := \sqrt{2/n}$ können wir die Summe S_n umschreiben zu

$$S_n = \frac{1}{\sqrt{2\pi}}\cdot\sum_{i\in I_n}\delta e^{-(i\delta)^2\cdot\frac{1}{2}}.$$

Diese Summe entspricht einer Näherung für $\int_a^b \varphi(t)\,\mathrm{d}t = \frac{1}{\sqrt{2\pi}}\int_a^b e^{-t^2/2}\,\mathrm{d}t$ durch Aufteilung der integrierten Fläche in Balken der Breite δ. Für $n \to \infty$ konvergiert die Fläche der Balken gegen das Integral, d. h. $S_n \sim \int_a^b \varphi(t)\,\mathrm{d}t$ und es folgt die Behauptung.

Verschiedene Approximationen der Binomialverteilung

Man kann den Zentralen Grenzwertsatz so interpretieren, dass für hinreichend große n die Binomialverteilung durch die Normalverteilung approximiert werden kann.

Sei $H_n \sim \mathrm{Bin}(n,p)$ eine binomialverteilte Zufallsvariable mit der Verteilungsfunktion F_n. Für $n \to \infty$ gilt

$$F_n(t) = \Pr[H_n/n \leq t/n] \to \Phi\left(\frac{t/n-p}{\sqrt{p(1-p)/n}}\right) = \Phi\left(\frac{t-np}{\sqrt{p(1-p)n}}\right) \quad (2.7)$$

und wir können F_n somit für große n durch Φ approximieren. Diese Approximation ist in der Praxis deshalb von Bedeutung, da die Auswertung der Verteilungsfunktion der Binomialverteilung für große n sehr aufwendig ist, während für die Berechnung der Normalverteilung effiziente numerische Methoden vorliegen.

BEISPIEL 2.45 Wenn man die Wahrscheinlichkeit berechnen möchte, mit der bei 10^6 Würfen mit einem idealen Würfel mehr als 500500-mal eine gerade Augenzahl fällt, so muss man eigentlich folgenden Term auswerten:

$$T := \sum_{i=5,005 \cdot 10^5}^{10^6} \binom{10^6}{i} \left(\frac{1}{2}\right)^{10^6} .$$

Dies ist numerisch kaum effizient möglich. Die numerische Integration der Dichte φ der Normalverteilung ist hingegen relativ einfach. Auch andere Approximationen der Verteilung Φ, beispielsweise durch Polynome, sind bekannt. Entsprechende Funktionen werden in zahlreichen Softwarebibliotheken als „black box" angeboten.

Gemäß (2.7) erhalten wir

$$T \approx 1 - \Phi\left(\frac{5,005 \cdot 10^5 - 5 \cdot 10^5}{\sqrt{2,5 \cdot 10^5}}\right) = 1 - \Phi\left(\frac{5 \cdot 10^2}{5 \cdot 10^2}\right) = 1 - \Phi(1) \approx 0,1573 .$$

Die Fehler die durch diese Approximation entstehen, sind in der Praxis meist zu vernachlässigen gegenüber den numerischen Fehlern, die man bei einer direkten Auswertung von T erhielte[1].

Bei der Approximation der Binomialverteilung mit Hilfe von Korollar 2.42 führt man oft noch eine so genannte *Stetigkeitskorrektur* durch. Zur Berechnung von $\Pr[X \leq x]$ für $X \sim \text{Bin}(n,p)$ setzt man

$$\Pr[X \leq x] \approx \Phi\left(\frac{x + 0,5 - np}{\sqrt{np(1-p)}}\right) \quad \text{statt} \quad \Pr[X \leq x] \approx \Phi\left(\frac{x - np}{\sqrt{np(1-p)}}\right)$$

an. Der Korrekturterm wird klar, wenn man die Darstellung der Binomialverteilung als Histogramm zugrunde legt (siehe Abbildung 2.6 auf Seite 126). Die Binomialverteilung wird dort durch Balken angegeben, deren Fläche in etwa der Fläche unterhalb der Dichte φ von $\mathcal{N}(0,1)$ entspricht. Wenn man die Fläche der Balken mit „$X \leq x$" durch das Integral von φ approximieren möchte, so sollte man bis zum Ende des Balkens für „$X = x$" integrieren und nicht nur bis zur Mitte. Dafür sorgt der Korrekturterm 0,5.

Außer Korollar 2.42 haben wir noch weitere Approximationen für die Binomialverteilung kennen gelernt. Wir fassen hier noch einmal alle zusammen:

- *Approximation durch die Poisson-Verteilung:* $\text{Bin}(n,p)$ wird approximiert durch $\text{Po}(np)$. Diese Approximation funktioniert sehr gut für seltene Ereignisse, d. h. wenn np sehr klein gegenüber n ist. Als Faustregel fordert man $n \geq 30$ und $p \leq 0,05$.

---

[1] Außer man verwendet aufwendige Arithmetik mit beliebiger Genauigkeit.

- *Approximation durch die Chernoff-Schranken:* Bei der Berechnung der *tails* der Binomialverteilung liefern diese Ungleichungen meist sehr gute Ergebnisse. Ihre Stärke liegt darin, dass es sich bei den Schranken nicht um Approximationen sondern um echte Abschätzungen handelt. Dies ist vor allem dann wichtig, wenn man nicht nur numerische Näherungen erhalten möchte, sondern allgemeine Aussagen über die Wahrscheinlichkeit von Ereignissen beweisen möchte.

- *Approximation durch die Normalverteilung:* Als Faustregel sagt man, dass die Verteilungsfunktion $F_n(t)$ von $\mathrm{Bin}(n, p)$ durch

$$F_n(t) \approx \Phi((t - np)/\sqrt{p(1 - p)n})$$

approximiert werden kann, wenn $np \geq 5$ und $n(1 - p) \geq 5$ gilt.

Die hier angegebenen Schranken sind nur als ungefähre Anhaltspunkte zu verstehen. In der Literatur sind auch andere Werte zu finden, abhängig davon, welche Genauigkeit bei der Approximation angestrebt wird.

Übungsaufgaben

Hinweis: Bei der Angabe von Dichtefunktionen verwenden wir die folgende abkürzende Schreibweise. Wir sagen, dass die Gleichverteilung auf $[0, 1]$ die Dichte $f(x) = 1$ für $0 \leq x \leq 1$ besitzt. Dies impliziert, dass $f(x) = 0$ für $x < 0$ oder $x > 1$ gilt.

2.1 Sei $f(x) = ce^{-2x}$ für $x > 0$ und $f(x) = 0$ sonst. Was muss für c gelten, damit f eine Dichte ist? Bestimmen Sie $\Pr[X > 4]$.

2.2˘ Sei $f_t(x) = c_t/(t^2 + x^2)$ für $x \in \mathbb{R}$ und $t > 0$. Was muss für c_t gelten, damit f_t eine Dichte ist? *Hinweis:* Es gilt $(\arctan(x))' = 1/(1 + x^2)$.

2.3 Zeigen Sie, dass die Funktion $f(x) = \exp(-x - \exp(-x))$ eine zulässige Dichte ist. Wie lautet die zugehörige Verteilungsfunktion?

2.4 X besitze die Verteilung $F(x) = 1 - 1/x^k$ für $x > 1$ und $k > 1$. Wie kann X durch eine Zufallsvariable U simuliert werden, die auf $[0, 1]$ gleichverteilt ist?

2.5˘ Es seien zwei Dichten f und g gegeben. Was muss für $\lambda, \mu \geq 0$ gelten, damit $h(x) := \lambda f(x) + \mu g(x)$ wieder eine zulässige Dichte ergibt?

2.6 Es seien zwei unabhängige Zufallsvariablen X und Y mit den Dichten f_X und f_Y gegeben. Ferner sei C eine von X und Y unabhängige Zufallsvariable mit $\Pr[C = 1] = p$ und $\Pr[C = 0] = 1 - p$. Wir definieren

$$Z := \begin{cases} X & \text{falls } C = 1, \\ Y & \text{falls } C = 0. \end{cases}$$

Geben Sie die Dichte f_Z an.

2.7 Die Zufallsvariable X besitze die Dichte f_X. Berechnen Sie die Dichte von $Y := aX + b$.

2.8 Sei X eine Zufallsvariable mit Verteilung $F_X(t)$. Welche Verteilung und welche Dichte besitzen $Y := |X|$ und $Z := \sqrt{|X|}$?

2.9 In einem Dreieck mit Grundseite g und zugehöriger Höhe h werde ein Punkt P gleichverteilt gewählt. X sei die Entfernung von P zur Grundseite. Was ist die Dichte von X?

2.10⁺ Sei U auf $[0,1]$ gleichverteilt. Berechnen Sie die Dichte von U^2. Wie kann man mit Hilfe von U und einer von U unabhängigen idealen Münze M eine Zufallsvariable X mit der Dichte

$$f_X(x) = \frac{1}{4}(x^{-1/2} + (1-x)^{-1/2})$$

simulieren?

2.11⁺ Es seien $X_1, \ldots, X_n$ unabhängige, identisch verteilte Zufallsvariablen mit Dichte $f(x)$ und Verteilungsfunktion $F(x)$. Weiter bezeichne $X_{(i)}$ die i-te kleinste dieser Zufallsvariablen. ($X_{(1)}, \ldots, X_{(n)}$ nennt man auch *Order Statistics*.) Bestimmen Sie die Dichtefunktion von $X_{(i)}$.

2.12⁺ Es seien $X_1, \ldots, X_4$ unabhängige, identisch verteilte Zufallsvariablen mit Verteilungsfunktion $F(x)$. Bestimmen Sie die Wahrscheinlichkeit $\Pr[X_1 < X_2, X_3 < X_4, X_2 > X_3]$.

2.13 Bei einem Einwahlserver für $n = 1000$ Teilnehmer nehmen wir an, dass zu einem festen Zeitpunkt jeder Teilnehmer mit Wahrscheinlichkeit $p = 0{,}05$ Zugriff auf den Server wünscht. Mit welcher Wahrscheinlichkeit treten gleichzeitig mehr als 55 Verbindungswünsche auf? Approximieren Sie die Binomialverteilung durch die Normalverteilung und vergleichen Sie das genäherte Ergebnis mit dem exakten Wert.

2.14⁻ Ein Paket in einem Netzwerk durchlaufe insgesamt 15 Leitungen. Bei zehn Leitungen wurden die Werte $\mu_1 = 30$ und $\sigma_1^2 = 300$ für den Erwartungswert und die Varianz der Übertragungsdauer geschätzt. Für die restlichen fünf Verbindungen gelte $\mu_2 = 70$ und $\sigma_2^2 = 100$. Wir nehmen an, dass die Übertragungszeiten auf den Verbindungen unabhängig und normalverteilt sind. Wie viel Zeit benötigt das Paket für die gesamte Strecke im Mittel und mit welcher Wahrscheinlichkeit ist es mindestens 110% der erwarteten Gesamtzeit unterwegs?

2.15⁻ Die Länge einer Benutzersitzung an einem Terminal betrage im Mittel 20 Minuten. Wir modellieren die Sitzungsdauer (in Minuten) durch eine exponentialverteilte Zufallsvariable T. Wie groß ist die Wahrscheinlichkeit, dass die Sitzung höchstens 10 Minuten, genau 10 Minuten bzw. zwischen 10 und 20 Minuten dauert?

2.16 Ein Rechnernetz enthalte n Router, die im Mittel t Zeiteinheiten zuverlässig laufen, bis es zu einem Absturz oder ähnlichen Problemen kommt. Wir nehmen an, dass die Zeitdauer bis zum Absturz eines einzelnen Routers exponentialverteilt ist. Die Abstürze der Router erfolgen unabhängig. Alle Router werden für einen reibungslosen Netzbetrieb benötigt. Geben Sie die Verteilung der Zeitdauer T bis zur ersten Störung des Netzes an und berechnen Sie $\mathbb{E}[T]$.

2.17 Wir betrachten dasselbe Szenario wie in Aufgabe 2.16. Das Netz sei jetzt aber so umstrukturiert, dass der Ausfall eines einzelnen Routers ohne merkliche Störungen verkraftet wird. Wir sehen davon ab, dass ein abgestürzter Router wieder repariert werden kann. Wie groß ist nun die Zeitdauer T bis zur ersten Störung des Netzbetriebs?

2.18 Auf einem Funkkanal vergehen im Mittel sechs Sekunden zwischen zwei Übertragungen. Wir gehen davon aus, dass die Übertragungen zu jeder Zeit mit derselben Wahrscheinlichkeit unabhängig voneinander erfolgen. Geben Sie ein geeignetes Modell für diesen Prozess an. Wie groß ist die durchschnittliche Anzahl von Übertragungen pro Stunde? Mit welcher Wahrscheinlichkeit findet in zehn Sekunden höchstens eine Übertragung statt?

2.19 Ein Stab der Länge l werde an einer zufällig gewählten Stelle in zwei Teile zerbrochen. Sei V die Länge des kleineren Teilstabs. Berechnen Sie den Erwartungswert $\mathbb{E}[V]$ und die Varianz $\mathrm{Var}[V]$.

2.20 Wir betrachten eine Zufallsvariable X mit der Dichte
$$f(x) := (\pi(1 + x^2))^{-1}.$$
Existiert der Erwartungswert von X?

2.21 Sei X eine exponentialverteilte Zufallsvariable mit Parameter λ. Wir betrachten $Y := e^{aX}$ mit $a > 0$. Wie lautet die Dichte f_Y von Y? Für welche Werte von a existiert $\mathbb{E}[Y]$? Existiert der Erwartungswert auch für $a \leq 0$?

2.22 Eine Funktion $g : \mathbb{R} \to \mathbb{R}$ heißt *konvex*, wenn für alle $a \in \mathbb{R}$ ein $\lambda \in \mathbb{R}$ existiert, so dass für alle $x \in \mathbb{R}$ gilt
$$g(x) \geq g(a) + \lambda(x - a). \tag{2.8}$$
Anschaulich besagt dies, dass man an den Punkt $(a, g(a))$ eine Gerade mit Steigung λ anlegen kann, so dass g vollständig oberhalb dieser Gerade liegt.

Sei X eine Zufallsvariable mit endlichem Erwartungswert. Zeigen Sie, dass für jede konvexe Funktion g gilt, dass
$$\mathbb{E}[g(X)] \geq g(\mathbb{E}[X]) \qquad \textit{(Ungleichung von Jensen)}. \tag{2.9}$$

2.23$^+$ Schließen Sie mit der Ungleichung von Jensen aus Aufgabe 2.22, dass $\mathbb{E}[\ln X] \leq \ln(\mathbb{E}[X])$. Zeigen Sie, dass daraus die Ungleichung

$$\frac{1}{n}\sum_{i=1}^{n} x_i \geq \left(\prod_{i=1}^{n} x_i\right)^{1/n}$$

für das arithmetische und das geometrische Mittel folgt.

2.24 Welche Bedingung muss c erfüllen, damit die Funktion $f(x,y) = cxy$ für $0 < x < y < 1$ eine Dichte ist?

2.25 Seien $X_1, \ldots, X_n$ unabhängige exponentialverteilte Zufallsvariablen mit Parameter λ. Die Zufallsvariable $Z := X_1 + \ldots + X_n$ besitzt die Verteilung

$$F_Z(t) = 1 - \sum_{i=0}^{n-1} \frac{(\lambda t)^i}{i!} \cdot e^{-\lambda t}$$

für $t > 0$. Man nennt $F_Z(t)$ *Erlang-Verteilung*. Beweisen Sie diese Aussage für $n = 2$.

2.26 Die gemeinsame Dichte von X und Y sei durch $c \cdot e^{-x-y}$ für $x,y > 0$ gegeben. Was muss für c gelten? Sind X und Y unabhängig? Berechnen Sie $\Pr[X + Y > 1]$ und $\Pr[X < Y]$.

2.27 Die Zufallsvariablen X und Y seien gegeben durch die Koordinaten eines zufällig gewählten Punktes im Einheitskreis C. Die gemeinsame Dichte sei also $f(x,y) = 1/\pi$ für $(x,y) \in C$. Sind X und Y unabhängig? Berechnen Sie die Randdichten f_X und f_Y.

2.28⁺ Die gemeinsame Dichte von X und Y sei durch e^{-x-y} für $x,y > 0$ gegeben. Zeigen Sie, dass die Zufallsvariable $X/(X+Y)$ gleichverteilt auf $[0,1]$ ist.

2.29 Eine Zufallsvariable X heißt log-*normalverteilt* mit Parametern $\mu \in \mathbb{R}$ und $\sigma \in \mathbb{R}^+$, wenn sie folgende Dichte besitzt:

$$f_X(x) = f(x; \mu, \sigma) := \frac{1}{x\sigma\sqrt{2\pi}} e^{-(\ln(x)-\mu)^2/(2\sigma^2)}$$

für $x > 0$. Zeigen Sie, dass $Y := \ln X$ die Verteilung $Y \sim \mathcal{N}(\mu, \sigma^2)$ besitzt (daher auch der Name „log-normalverteilt").

2.30 Sei $X = \sum_{i=1}^{2000} X_i$ die Summe der Augenzahlen, wenn man 2000-mal mit einem idealen Würfel würfelt. Berechnen sie näherungsweise $\Pr[7000 \leq X \leq 7100]$. Wie groß muss man Δ wählen, damit $\Pr[7000 - \Delta \leq X \leq 7000 + \Delta] \approx 1/2$ gilt?

Hinweis: Approximieren Sie die gesuchten Wahrscheinlichkeiten mit Hilfe des Zentralen Grenzwertsatzes.

2.31 Seien $X_1, \ldots, X_n$ unabhängige identisch verteilte Zufallsvariablen mit beschränktem Wertebereich $[a,b]$ für $0 < a < b$. Zeigen Sie mit Aufgabe 2.29 und dem Zentralen Grenzwertsatz, dass das Produkt $\prod_{i=1}^{n} X_i$ für $n \to \infty$ log-normalverteilt ist.

Induktive Statistik

3.1 Einführung

Wenn man das Verhalten eines Systems untersuchen will, das aufgrund mangelnder Information oder zu großer Komplexität nicht vollständig analysiert werden kann, so bleibt einem nichts anderes übrig, als Leistungsmessungen mit Testeingaben durchzuführen.

Beispielsweise könnte ein Netzwerkadministrator vor folgender Aufgabe stehen: Bei zwei Routern wurde gemessen, wie viele Datenpakete sie pro Tag bearbeitet haben. Für Router X wurden die acht Werte

$$(53, 53, 37, 73, 58, 61, 38, 54)$$

ermittelt. (Es handelt sich hier natürlich nicht um die absolute Anzahl von Paketen, sondern um ein geeignetes Vielfaches.) Für Router Y sind nur sieben Werte verfügbar, da das Messprogramm an einem Tag abgestürzt ist. Die Werte sind

$$(33, 66, 26, 43, 46, 55, 54).$$

Der Administrator möchte nun aus diesen Werten ablesen, ob einer der beiden Router im Durchschnitt mehr Last abarbeiten muss als der andere. Was muss er dazu tun?

Bei solchen Fragestellungen helfen die Methoden der induktiven Statistik, deren Ziel darin besteht, aus gemessenen Zufallsgrößen auf die zugrunde

liegenden Gesetzmäßigkeiten zu schließen. Im Gegensatz dazu spricht man
von deskriptiver Statistik, wenn man sich damit beschäftigt, große Datenmengen verständlich aufzubereiten, beispielsweise durch Berechnung des
Mittelwertes oder anderer abgeleiteter Größen.

3.2 Schätzvariablen

Bei der empirischen Untersuchung einer Zufallsgröße kann man gelegentlich mit gutem Recht Annahmen über deren zugehörige Verteilung machen.
Wenn wir beispielsweise die Anzahl X von Lesezugriffen auf eine Festplatte
bis zum ersten Lesefehler zählen, so ist es sinnvoll, $\Pr[X = i] = (1 - p)^{i-1}p$
anzusetzen, d. h. für X eine geometrische Verteilung zu wählen. Dahinter
verbirgt sich die Annahme, dass bei jedem Zugriff *unabhängig* und mit jeweils *derselben* Wahrscheinlichkeit p ein Lesefehler auftreten kann. Dagegen
könnte man einwenden, dass p im Laufe der Zeit steigt. Wenn wir allerdings
neue Platten betrachten und der Beobachtungszeitraum klein gegenüber der
Lebensdauer der Geräte ist, so können solche Alterungseffekte vernachlässigt werden.

Unter diesen Annahmen ist die Verteilung der Zufallsvariablen X eindeutig
festgelegt. Allerdings entzieht sich der numerische Wert des Parameters p
noch unserer Kenntnis. Dieser soll daher nun empirisch geschätzt werden.
Statt p können wir ebensogut $\mathbb{E}[X]$ bestimmen, da wir daraus nach den Eigenschaften der geometrischen Verteilung p mittels $p = \frac{1}{\mathbb{E}[X]}$ berechnen können (siehe Abschnitt 1.5.3 auf Seite 50). Im Folgenden versuchen wir, $\mathbb{E}[X]$
empirisch zu ermitteln.

Dazu betrachten wir n baugleiche Platten und die zugehörigen Zufallsvariablen X_i (für $1 \leq i \leq n$), d. h. wir zählen für jede Platte die Anzahl von
Zugriffen bis zum ersten Lesefehler. Die Zufallsvariablen X_i sind dann unabhängig und besitzen jeweils dieselbe Verteilung wie X. Wir führen also
viele Kopien eines bestimmten Zufallsexperiments aus, um Schlüsse auf die
Gesetzmäßigkeiten des einzelnen Experiments ziehen zu können. Dies ist
das Grundprinzip der induktiven Statistik. Die n Messungen heißen *Stichprobe* und die Variablen X_i nennt man *Stichprobenvariablen*.

Grundprinzip statistischer Verfahren.   Warum ist es sinnvoll, mehrere unabhängige Messungen durchzuführen? Diese Frage werden wir später genauer diskutieren. An dieser Stelle wollen wir uns jedoch bereits einmal das
Gesetz der großen Zahlen (Satz 1.81 auf Seite 62) bzw. den Zentralen Grenzwertsatz (Satz 2.40 auf Seite 123) in Erinnerung rufen. Bei diesen Sätzen
haben wir ein Phänomen beobachtet, das bei vielen Zufallsexperimenten
auftritt: Wenn man ein Experiment genügend oft wiederholt, so nähert sich

der Durchschnitt der Versuchsergebnisse immer mehr dem Verhalten an, das man „im Mittel" erwarten würde. Je mehr Experimente wir also durchführen, umso genauere und zuverlässigere Aussagen können wir über den zugrunde liegenden Wahrscheinlichkeitsraum ableiten. Auf diesem Grundprinzip beruhen alle statistischen Verfahren.

Um beispielsweise $\mathbb{E}[X]$ empirisch zu ermitteln, bietet es sich an, aus den Zufallsvariablen X_i das arithmetische Mittel $\overline{X}$ zu bilden, das definiert ist durch

$$\overline{X} := \frac{1}{n} \sum_{i=1}^{n} X_i.$$

Intuitiv erwarten wir, dass $\overline{X}$ und $\mathbb{E}[X]$ miteinander in engem Bezug stehen. Dies können wir wie folgt formalisieren: $\overline{X}$ ist wiederum eine Zufallsvariable und es gilt

$$\mathbb{E}[\overline{X}] = \frac{1}{n} \sum_{i=1}^{n} \mathbb{E}[X_i] = \frac{1}{n} \sum_{i=1}^{n} \mathbb{E}[X] = \mathbb{E}[X]. \tag{3.1}$$

$\overline{X}$ liefert uns also im Mittel den gesuchten Wert $\mathbb{E}[X]$. Da wir $\overline{X}$ zur Bestimmung von $\mathbb{E}[X]$ verwenden, nennen wir $\overline{X}$ einen *Schätzer* für den Erwartungswert $\mathbb{E}[X]$. Wegen Eigenschaft (3.1) ist $\overline{X}$ sogar ein so genannter *erwartungstreuer* Schätzer. Wir halten die Definition dieser Begriffe nochmals allgemein fest:

Definition 3.1 *Gegeben sei eine Zufallsvariable X mit der Dichte $f(x; \vartheta)$. Eine* Schätzvariable *oder kurz* Schätzer *für den Parameter ϑ der Dichte von X ist eine Zufallsvariable, die aus mehreren (meist unabhängigen und identisch verteilten) Stichprobenvariablen zusammengesetzt ist. Ein Schätzer U heißt* erwartungstreu, *wenn gilt*

$$\mathbb{E}[U] = \vartheta.$$

Bemerkung 3.2 Die Größe $\mathbb{E}[U - \vartheta]$ nennt man *Bias* der Schätzvariablen U. Bei erwartungstreuen Schätzvariablen ist der Bias gleich Null.

Der Schätzer $\overline{X}$ ist also ein erwartungstreuer Schätzer für den Erwartungswert von X. Allerdings ist Erwartungstreue nicht die einzige wünschenswerte Eigenschaft einer Schätzvariablen. Ein wichtiges Maß für die Güte eines Schätzers ist die mittlere quadratische Abweichung, kurz *MSE* für *mean squared error* genannt. Diese berechnet sich durch $MSE := \mathbb{E}[(U - \vartheta)^2]$. Wenn U erwartungstreu ist, so folgt $MSE = \mathbb{E}[(U - \mathbb{E}[U])^2] = \text{Var}[U]$.

Definition 3.3 *Wenn die Schätzvariable A eine kleinere mittlere quadratische Abweichung besitzt als die Schätzvariable B, so sagt man, dass A* effizienter *ist als B.*

Eine Schätzvariable heißt konsistent im quadratischen Mittel, *wenn MSE* $\to 0$ *für* $n \to \infty$ *gilt. Hierbei bezeichne* n *den Umfang der Stichprobe.*

Für $\overline{X}$ erhalten wir wegen der Unabhängigkeit von $X_1, \ldots, X_n$

$$MSE = \text{Var}[\overline{X}] = \text{Var}\left[\frac{1}{n}\sum_{i=1}^{n}X_i\right] = \frac{1}{n^2}\sum_{i=1}^{n}\text{Var}[X_i] = \frac{1}{n}\text{Var}[X]. \qquad (3.2)$$

Bei jeder Verteilung mit endlicher Varianz folgt $MSE = \mathcal{O}(1/n)$ und somit $MSE \to 0$ für $n \to \infty$. Der Schätzer $\overline{X}$ ist also konsistent.

Aus der Konsistenz von $\overline{X}$ im quadratischen Mittel können wir mit Hilfe des Satzes von Chebyshev (siehe Satz 1.79 auf Seite 61) folgende Konsequenz ableiten. Sei $\varepsilon > 0$ beliebig, aber fest. Dann gilt

$$\Pr[|\overline{X} - \vartheta| \geq \varepsilon] = \Pr[|\overline{X} - \mathbb{E}[X]| \geq \varepsilon] \leq \frac{\text{Var}[\overline{X}]}{\varepsilon^2} \to 0$$

für $n \to \infty$. Für genügend große n liegen also die Werte von $\overline{X}$ beliebig nahe am gesuchten Wert $\vartheta = \mathbb{E}[X]$. Diese Eigenschaft, die man auch als *schwache Konsistenz* bezeichnet, da sie aus der Konsistenz im quadratischen Mittel folgt, entspricht genau dem zuvor erläuterten Grundprinzip der Statistik.

Als nächstes betrachten wir eine weitere von $\overline{X}$ abgeleitete Schätzvariable:

$$S := \sqrt{\frac{1}{n-1}\sum_{i=1}^{n}(X_i - \overline{X})^2}.$$

Wir weisen nach, dass S^2 ein erwartungstreuer Schätzer für die Varianz von X ist. Dazu berechnen wir zunächst den Erwartungswert von $(X_i - \overline{X})^2$ für $i = 1, \ldots, n$. Mit $\mu := \mathbb{E}[X] = \mathbb{E}[X_i] = \mathbb{E}[\overline{X}]$ gilt

$$
\begin{aligned}
(X_i - \overline{X})^2 &= (X_i - \mu + \mu - \overline{X})^2 \\
&= (X_i - \mu)^2 + (\mu - \overline{X})^2 + 2(X_i - \mu)(\mu - \overline{X}) \\
&= (X_i - \mu)^2 + (\mu - \overline{X})^2 - \frac{2}{n}\sum_{j=1}^{n}(X_i - \mu)(X_j - \mu) \\
&= \frac{n-2}{n}\cdot(X_i - \mu)^2 + (\mu - \overline{X})^2 - \frac{2}{n}\sum_{j\neq i}(X_i - \mu)(X_j - \mu).
\end{aligned}
$$

Für je zwei unabhängige Zufallsvariablen X_i, X_j mit $i \neq j$ gilt

$$\mathbb{E}[(X_i - \mu)(X_j - \mu)] = \mathbb{E}[X_i - \mu] \cdot \mathbb{E}[X_j - \mu]$$
$$= (\mathbb{E}[X_i] - \mu) \cdot (\mathbb{E}[X_j] - \mu) = 0 \cdot 0 = 0.$$

Daraus folgt

$$\mathbb{E}[(X_i - \overline{X})^2] = \frac{n-2}{n} \cdot \mathbb{E}[(X_i - \mu)^2] + \mathbb{E}[(\mu - \overline{X})^2]$$
$$= \frac{n-2}{n} \cdot \mathrm{Var}[X_i] + \mathrm{Var}[\overline{X}].$$

Wegen $\mathrm{Var}[X_i] = \mathrm{Var}[X]$ und $\mathrm{Var}[\overline{X}] = \frac{1}{n}\mathrm{Var}[X]$ (siehe (3.2)) erhalten wir

$$\mathbb{E}[(X_i - \overline{X})^2] = \frac{n-1}{n} \cdot \mathrm{Var}[X],$$

und somit gilt für S^2

$$\mathbb{E}[S^2] = \frac{1}{n-1} \sum_{i=1}^{n} \mathbb{E}[(X_i - \overline{X})^2] = \frac{1}{n-1} \cdot n \cdot \frac{n-1}{n} \cdot \mathrm{Var}[X] = \mathrm{Var}[X].$$

S^2 ist also eine erwartungstreue Schätzvariable für die Varianz von X.

Die vorangegangene Rechnung erklärt, warum man als Schätzer nicht

$$\frac{1}{n} \sum_{i=1}^{n} (X_i - \overline{X})^2 \overset{!}{\neq} S^2$$

verwendet, wie man vielleicht intuitiv erwarten würde.

Die Schätzvariablen $\overline{X}$ und S^2 für Erwartungswert und Varianz sind in der Statistik von grundlegender Bedeutung. Deshalb wollen wir sie an dieser Stelle noch explizit definieren.

Definition 3.4 *Die Zufallsvariablen*

$$\overline{X} := \frac{1}{n} \sum_{i=1}^{n} X_i \quad und \quad S^2 := \frac{1}{n-1} \sum_{i=1}^{n} (X_i - \overline{X})^2$$

heißen Stichprobenmittel *bzw.* Stichprobenvarianz *der Stichprobe* $X_1, \ldots, X_n$. $\overline{X}$ *und* S^2 *sind erwartungstreue Schätzer für den Erwartungswert bzw. die Varianz.*

Maximum-Likelihood-Prinzip zur Konstruktion von Schätzvariablen

In diesem Abschnitt betrachten wir ein Verfahren zur Konstruktion von Schätzvariablen für Parameter von Verteilungen. Dazu betrachten wir einen Vektor von unabhängigen Stichprobenvariablen

$$\vec{X} = (X_1, \dots, X_n).$$

Bei $X_1, \dots, X_n$ handelt es sich um unabhängige Kopien der Zufallsvariablen X mit der Dichte $f(x; \vartheta)$. Hierbei sei ϑ der gesuchte Parameter der Verteilung. Wir beschränken uns zunächst auf den diskreten Fall und setzen somit $f(x; \vartheta) = \Pr[X = x]$, wobei zur Berechnung von $\Pr[X = x]$ der Parameter ϑ in die Verteilung eingesetzt wird. Wenn wir den Parameter explizit angeben wollen, so schreiben wir dafür auch $f(x; \vartheta) = \Pr_\vartheta[X = x]$. Eine Stichprobe liefert für jede Variable X_i einen Wert x_i. Diese Werte fassen wir ebenfalls zu einem Vektor $\vec{x} = (x_1, \dots, x_n)$ zusammen. Es ist wichtig, sich den Unterschied zwischen $\vec{X}$ und $\vec{x}$ zu verdeutlichen: $\vec{X}$ bezeichnet einen Vektor von Zufallsvariablen, $\vec{x}$ hingegen einen Vektor von n Zahlen.

Der Ausdruck

$$L(\vec{x}; \vartheta) := \prod_{i=1}^{n} f(x_i; \vartheta) = \prod_{i=1}^{n} \Pr_\vartheta[X_i = x_i] \stackrel{\text{Unabh.}}{=} \Pr_\vartheta[X_1 = x_1, \dots, X_n = x_n]$$

entspricht der Wahrscheinlichkeit, dass wir die Stichprobe $\vec{x}$ erhalten, wenn wir den Parameter mit dem Wert ϑ belegen. Im Folgenden betrachten wir eine feste Stichprobe $\vec{x}$ und fassen $L(\vec{x}; \vartheta)$ somit als Funktion von ϑ auf. In diesem Fall nennen wir L die *Likelihood-Funktion* der Stichprobe.

Es erscheint sinnvoll, zu einer gegebenen Stichprobe $\vec{x}$ den Parameter ϑ so zu wählen, dass $L(x; \vartheta)$ maximal wird. Wir schätzen ϑ also durch den Wert ab, der am „ehesten", d. h. mit der höchsten Wahrscheinlichkeit, zur Stichprobe $\vec{x}$ führt. Dieses Verfahren hat sich in der Praxis bei der Konstruktion von Schätzvariablen bewährt, wie wir anhand von Beispielen sehen werden.

Definition 3.5 *Ein Schätzwert $\widehat{\vartheta}$ für den Parameter einer Verteilung $f(x; \vartheta)$ heißt* Maximum-Likelihood-Schätzwert *(ML-Schätzwert) für eine Stichprobe $\vec{x}$, wenn gilt*

$$L(\vec{x}; \vartheta) \leq L(\vec{x}; \widehat{\vartheta}) \quad \text{für alle } \vartheta.$$

Zur Veranschaulichung betrachten wir ein Beispiel zur Konstruktion eines ML-Schätzers für den Parameter einer diskreten Verteilung.

BEISPIEL 3.6 Wir konstruieren mit der ML-Methode einen Schätzer für den Parameter p der Bernoulli-Verteilung. Es gilt $\mathrm{Pr}_p[X_i = 1] = p$ und $\mathrm{Pr}_p[X_i = 0] = 1 - p$. Daraus schließen wir, dass $\mathrm{Pr}_p[X_i = x_i] = p^{x_i}(1-p)^{1-x_i}$, und stellen die Likelihood-Funktion

$$L(\vec{x}; p) = \prod_{i=1}^{n} p^{x_i} \cdot (1 - p)^{1 - x_i}$$

auf. Wir suchen als Schätzer für p den Wert, an dem die Funktion L maximal wird. Dazu logarithmieren wir die Funktion, um das Produkt in eine einfacher zu untersuchende Summe umzuwandeln. Wir erhalten

$$\ln L(\vec{x}; p) = \sum_{i=1}^{n}(x_i \cdot \ln p + (1 - x_i) \cdot \ln(1 - p)) = n\bar{x} \cdot \ln p + (n - n\bar{x}) \cdot \ln(1 - p).$$

Hierbei bezeichnet $\bar{x}$ das arithmetische Mittel $\frac{1}{n}\sum_{i=1}^{n} x_i$. Wir finden das Maximum durch Nullsetzen der Ableitung:

$$\frac{\mathrm{d}\ln L(\vec{x}; p)}{\mathrm{d}p} = \frac{n\bar{x}}{p} - \frac{n - n\bar{x}}{1 - p} = 0.$$

Diese Gleichung hat die Lösung $p = \bar{x}$ und wir haben somit denselben Schätzer für p erhalten, den wir zu Beginn des Abschnitts durch Schätzen von $\mathbb{E}[X]$ ermittelt haben. (Eigentlich haben wir noch nicht vollständig nachgewiesen, dass $L(\vec{x}; p)$ bei $p = \bar{x}$ ein Maximum annimmt. Die dazu nötigen Standardverfahren der Analysis (zweite Ableitung oder Vorzeichenuntersuchung) setzen wir als bekannt voraus und überlassen das Nachrechnen dem Leser als Übungsaufgabe.)

Die ML-Methode kann auch bei kontinuierlichen Verteilungen angewandt werden, indem man für die Funktion $f(x; \vartheta)$ die Dichte der Verteilung ansetzt. Auch dazu betrachten wir ein Beispiel.

BEISPIEL 3.7 Die Zufallsvariable X sei $\mathcal{N}(\mu, \sigma^2)$-verteilt und wir suchen Schätzvariablen für die Parameter μ und σ. Nach Definition der Likelihood-Funktion gilt

$$L(\vec{x}; \mu, \sigma^2) = \left(\frac{1}{\sqrt{2\pi}\sigma}\right)^n \cdot \prod_{i=1}^{n} \exp\left(-\frac{(x_i - \mu)^2}{2\sigma^2}\right).$$

Wir gehen wieder zum Logarithmus über und erhalten

$$\ln L(\vec{x}; \mu, \sigma^2) = -n(\ln\sqrt{2\pi} + \ln\sigma) + \sum_{i=1}^{n}\left(-\frac{(x_i - \mu)^2}{2\sigma^2}\right).$$

Diese Funktion differenzieren wir nach beiden Parametern und suchen jeweils die Nullstellen der Ableitung:

$$\frac{\partial\ln L}{\partial\mu} = \sum_{i=1}^{n}\frac{x_i - \mu}{\sigma^2} \overset{!}{=} 0,$$

$$\frac{\partial\ln L}{\partial\sigma} = -\frac{n}{\sigma} + \sum_{i=1}^{n}\frac{(x_i - \mu)^2}{\sigma^3} \overset{!}{=} 0.$$

Durch Auflösen folgt

$$\mu = \bar{x} \quad \text{und} \quad \sigma^2 = \frac{1}{n} \sum_{i=1}^{n} (x_i - \mu)^2.$$

Wir haben also durch die ML-Methode „fast" das Stichprobenmittel und die Stichprobenvarianz erhalten. Allerdings besitzt der Schätzer für die Varianz hier den Vorfaktor $\frac{1}{n}$ statt $\frac{1}{n-1}$. Die ML-Schätzvariable für die Varianz ist somit nicht erwartungstreu.

3.3 Konfidenzintervalle

Bei der Verwendung von Schätzvariablen geht man davon aus, dass der erhaltene Schätzwert „nahe" beim gesuchten Parameter ϑ liegt. Die Schätzungen werden „besser", je größer die betrachtete Stichprobe ist. Diese Angaben sind aus quantitativer Sicht natürlich unbefriedigend, da nicht erkennbar ist, wie gut man sich auf den Schätzwert verlassen kann. Liegt dieser bereits mit hoher Wahrscheinlichkeit nahe beim zugrunde liegenden tatsächlichen Wert? Oder sollte man lieber noch ein paar Tests durchführen, um eine größere Stichprobe zu erhalten? Da Tests in der Praxis Zeit und Geld kosten, ist dies oft eine wichtige Frage.

Die Lösung dieses Problems besteht darin, statt einer Schätzvariablen U zwei Schätzer U_1 und U_2 zu betrachten. U_1 und U_2 werden so gewählt, dass

$$\Pr[U_1 \leq \vartheta \leq U_2] \geq 1 - \alpha.$$

Die Wahrscheinlichkeit $1 - \alpha$ heißt *Konfidenzniveau* und kann dem eigenen „Sicherheitsbedürfnis" angepasst werden. Wenn wir für eine konkrete Stichprobe die Schätzer U_1 und U_2 berechnen und davon ausgehen, dass $\vartheta \in [U_1, U_2]$ ist, so ziehen wir höchstens mit Wahrscheinlichkeit α einen falschen Schluss. $[U_1, U_2]$ heißt *Konfidenzintervall*.

In vielen Fällen verwendet man nur eine Schätzvariable U und konstruiert mittels $U_1 := U - \delta$ und $U_2 := U + \delta$ ein symmetrisches Konfidenzintervall $[U - \delta, U + \delta]$.

Im Folgenden betrachten wir eine $\mathcal{N}(\mu, \sigma^2)$-verteilte Zufallsvariable X und n zugehörige Stichprobenvariablen $X_1, \ldots, X_n$. Gemäß der Additivität der Normalverteilung (siehe Satz 2.38 auf Seite 120) ist das Stichprobenmittel $\overline{X}$ ebenfalls normalverteilt mit $\overline{X} \sim \mathcal{N}(\mu, \frac{\sigma^2}{n})$. Wir suchen für $\overline{X}$ ein symmetrisches Konfidenzintervall. Dazu gehen wir zunächst gemäß Satz 2.20 auf Seite 107 mittels der linearen Transformation

$$Z := \sqrt{n} \cdot \frac{\overline{X} - \mu}{\sigma}$$

zu einer standardnormalverteilten Zufallsvariablen Z über. Für Z betrachten wir das Konfidenzintervall $[-c, c]$ für ein geeignetes $c > 0$ und setzen

$$\Pr[-c \leq Z \leq c] \overset{!}{=} 1 - \alpha. \tag{3.3}$$

Durch Auflösen nach μ erhalten wir daraus die Bedingung

$$\Pr\left[\overline{X} - \frac{c\sigma}{\sqrt{n}} \leq \mu \leq \overline{X} + \frac{c\sigma}{\sqrt{n}}\right] \overset{!}{=} 1 - \alpha.$$

Das gesuchte Konfidenzintervall lautet also $K = [\overline{X} - \frac{c\sigma}{\sqrt{n}}, \overline{X} + \frac{c\sigma}{\sqrt{n}}]$. Allerdings müssen wir den Parameter c noch geeignet wählen. Dazu formen wir (3.3) um zu

$$\Pr[-c \leq Z \leq c] = \Phi(c) - \Phi(-c) \overset{!}{=} 1 - \alpha.$$

Wegen der Symmetrie von Φ gilt $\Phi(-x) = 1 - \Phi(x)$ und wir schließen, dass

$$\Phi(c) - \Phi(-c) = 2 \cdot \Phi(c) - 1 \overset{!}{=} 1 - \alpha \iff \Phi(c) = 1 - \frac{\alpha}{2}.$$

Diese Gleichung können wir Hilfe der Umkehrfunktion von Φ nach c auflösen:

$$c = \Phi^{-1}\left(1 - \frac{\alpha}{2}\right).$$

Dies führt auf die folgende Definition.

Definition 3.8 *X sei eine stetige Zufallsvariable mit Verteilung F_X. Eine Zahl x_γ mit*

$$F_X(x_\gamma) = \gamma$$

heißt γ-Quantil von X bzw. der Verteilung F_X.

Im Fall der Normalverteilung, wie auch bei zahlreichen anderen wichtigen Verteilungen, ist es nicht möglich, einen geschlossenen Funktionsausdruck für das γ-Quantil anzugeben. In diesem Fall muss man die Werte numerisch ermitteln oder in Tabellenwerken nachlesen. Da Quantile in der Statistik häufig benötigt werden, ist es üblich, bei wichtigen Verteilungen dafür eigene Bezeichnungen zu definieren.

Definition 3.9 *Für die Standardnormalverteilung bezeichnet z_γ das γ-Quantil.*

Damit können wir das gesuchte Konfidenzintervall angeben durch

$$K = \left[\overline{X} - \frac{z_{(1-\frac{\alpha}{2})}\sigma}{\sqrt{n}}, \overline{X} + \frac{z_{(1-\frac{\alpha}{2})}\sigma}{\sqrt{n}} \right]. \tag{3.4}$$

Den tatsächlichen Wert von $z_{(1-\frac{\alpha}{2})}$ erhalten wir aus Tabellenwerken oder durch numerische Berechnung. Darin besteht auch der Grund, warum wir zur standardnormalverteilten Variablen Z übergegangen sind. Quantile werden meist für bestimmte Verteilungen berechnet, auf die man dann allgemeine Verteilungen zurückführt. Im Fall von Normalverteilungen ist es üblich, die Zufallsvariablen in standardnormalverteilte Größen zu transformieren.

Auch für den Fall, dass die Varianz σ^2 unbekannt ist, oder bei nicht normalverteilten Zufallsgrößen kann man ein Konfidenzintervall für den Erwartungswert μ angeben. Für die Varianz sind ebenfalls Konfidenzintervalle bekannt. Dies wollen wir hier jedoch nicht weiter ausführen, sondern verweisen den interessierten Leser auf weiterführende Literatur zur Statistik.

Das folgende Beispiel zeigt ein Konfidenzintervall, das durch eine leichte Modifikation des Intervalls (3.4) hergeleitet werden kann.

BEISPIEL 3.10 In einem Transaktionssystem für Flugbuchungen können angefangene Transaktionen ohne Durchführung einer Buchung abgebrochen werden. Wir gehen davon aus, dass vorzeitige Abbrüche der Transaktionen voneinander unabhängig erfolgen. Bei der Analyse dieses Systems interessieren wir uns für die Frage, wie groß die Abbruchwahrscheinlichkeit p für eine Transaktion ist.

Dazu betrachten wir eine Stichprobe von n Transaktionen mit den Stichprobenvariablen $X_1, \ldots, X_n$. Hierbei gelte $X_i = 1$ genau dann, wenn die i-te Transaktion abgebrochen wurde, und $X_i = 0$ sonst. $H_n := X_1 + \ldots + X_n$ gibt die absolute Häufigkeit der abgebrochenen Transaktionen an.

Ein Schätzer für p ist schnell gefunden: Wir können dazu einfach das Stichprobenmittel $\overline{X} = H_n/n =: h_n$ verwenden, da für eine Bernoulli-verteilte Zufallsvariable X gilt, dass $\mathbb{E}[X] = p$ ist und somit $\mathbb{E}[\overline{X}] = \mathbb{E}[X] = p$ gemäß (3.1). Wir geben uns damit allerdings nicht zufrieden, sondern suchen ein Konfidenzintervall mit Konfidenzniveau $1 - \alpha = 0{,}95$.

Nach dem Grenzwertsatz von DeMoivre (siehe Korollar 2.42 auf Seite 125) ist die Zufallsvariable

$$Z = \frac{H_n - np}{\sqrt{np(1-p)}} = \frac{h_n - p}{\sqrt{p(1-p)/n}}$$

für hinreichend große n annähernd standardnormalverteilt. Wir approximieren diese Zufallsvariable, indem wir im Nenner p durch die relative Häufigkeit $h_n = H_n/n$ ersetzen. Damit erhalten wir

$$Z \approx \widetilde{Z} := \frac{h_n - p}{\sqrt{h_n(1-h_n)/n}}.$$

Wie in (3.3) setzen wir

$$\Pr[-c \leq \tilde{Z} \leq c] = 1 - \alpha$$

und erhalten durch Auflösen für p das folgende Konfidenzintervall, wenn wir für $\tilde{Z}$ die Standardnormalverteilung annehmen und deshalb $c = z_{(1-\frac{\alpha}{2})}$ wählen:

$$\left[h_n - z_{(1-\frac{\alpha}{2})} \sqrt{\frac{h_n(1 - h_n)}{n}} \,,\; h_n + z_{(1-\frac{\alpha}{2})} \sqrt{\frac{h_n(1 - h_n)}{n}} \right]. \tag{3.5}$$

In Beispiel 3.10 haben wir bei der Herleitung des Konfidenzintervalls mit Näherungen gearbeitet, indem wir die Zufallsvariable Z durch $\tilde{Z}$ ersetzt haben und, davon ausgegangen sind, dass $\tilde{Z}$ normalverteilt ist. Die von uns berechnete Lösung ist daher nicht exakt. Für praktische Zwecke reichen solche Näherungsverfahren allerdings in der Regel völlig aus. Entsprechend sind in der Statistik solche Approximationen durch die Normalverteilung, oder auch andere Verteilungen mit passenden Eigenschaften, weit verbreitet.

3.4 Testen von Hypothesen

3.4.1 Einführung

Bislang haben wir uns darauf beschränkt, Parameter von Verteilungen zu schätzen. In der Praxis ist man jedoch oft an der eigentlichen Kenntnis dieser Parameter gar nicht interessiert, sondern man möchte gewisse, damit zusammenhängende Behauptungen überprüfen.

BEISPIEL 3.11 *(Fortsetzung von Beispiel 3.10)* Wir betrachten wieder das Transaktionssystem für Flugbuchungen aus Beispiel 3.10. Beim laufenden System treten Engpässe auf. Das Entwicklungsteam sieht die Möglichkeit, das Verfahren zum Abbruch einer Transaktion zu optimieren, und geht davon aus, dass dadurch die Gesamtleistung des Systems in ausreichendem Maß steigen würde, falls bislang im Mittel mindestens ein Drittel aller Transaktionen abgebrochen wurde. Mit statistischen Methoden soll nun überprüft werden, ob man tatsächlich von einer solch hohen Abbruchquote ausgehen kann.

Im Folgenden stellen wir die Bestandteile eines statistischen Tests anhand eines abstrakten Beispiels vor, das durch die Anwendung in Beispiel 3.11 motiviert wird. Wir betrachten dazu eine Zufallsvariable X mit $\Pr[X = 1] = p$ und $\Pr[X = 0] = 1 - p$. Durch einen Test soll überprüft werden, ob $p < 1/3$ oder $p \geq 1/3$ gilt.

Definition eines Tests. Wir betrachten eine Stichprobe von n unabhängigen Stichprobenvariablen $X_1, \ldots, X_n$, die dieselbe Verteilung wie die Zufallsvariable X besitzen. Für eine konkrete Stichprobe fassen wir die Werte der Zufallsvariablen als Vektor $\vec{x} = (x_1, \ldots, x_n) \in \mathbb{R}^n$ auf. Zu einem gegebenen Vektor $\vec{x}$ müssen wir nun die Frage beantworten, ob wir für diesen Versuchsausgang die Hypothese „$p \geq 1/3$" annehmen oder ablehnen. Dazu definieren wir die Menge

$$K := \{\vec{x} \in \mathbb{R}^n \mid \vec{x} \text{ führt zur Ablehnung der Hypothese}\}.$$

K nennen wir den *Ablehnungbereich* oder den *kritischen Bereich* des Tests. Gewöhnlich wird K konstruiert, indem man die Zufallsvariablen $X_1, \ldots, X_n$ zu einer neuen Variablen T, der so genannten *Testgröße*, zusammenfasst. Dann unterteilt man den Wertebereich $\mathbb{R}$ von T in mehrere Bereiche, die entweder zur Ablehnung der Hypothese führen sollen oder nicht. Dabei betrachtet man meist ein einzelnes halboffenes bzw. abgeschlossenes Intervall und spricht dann von einem *einseitigen* bzw. von einem *zweiseitigen* Test. Die Menge $\tilde{K} \subseteq \mathbb{R}$ enthalte die Werte von T, die zur Ablehnung der Hypothese führen sollen. Da wir Tests immer über eine Testgröße definieren, werden wir der Einfachheit halber auch $\tilde{K}$ als Ablehnungsbereich bezeichnen. $\tilde{K} \subseteq \mathbb{R}$ entspricht direkt dem Ablehnungbereich $K = T^{-1}(\tilde{K}) \subseteq \mathbb{R}^n$, wie wir ihn zuvor definiert haben.

Die zu überprüfende Hypothese bezeichnen wir mit H_0 und sprechen deshalb auch von der *Nullhypothese*. Bei manchen Tests formuliert man noch eine zweite Hypothese H_1, die so genannte *Alternative*. Im Beispiel können wir

$$H_0 : p \geq 1/3 \quad \text{und} \quad H_1 : p < 1/3 \tag{3.6}$$

setzen. Manchmal verzichtet man allerdings darauf, H_1 anzugeben. Dann besteht die Alternative wie bei (3.6) einfach darin, dass H_0 nicht gilt. In diesem Fall nennen wir H_1 *triviale Alternative*.

Ein echter Alternativtest läge beispielsweise vor, wenn wir ansetzen

$$H_0' : p \geq 1/3 \quad \text{und} \quad H_1' : p \leq 1/6.$$

Im oben genannten Anwendungsbeispiel ist es natürlich nicht besonders sinnvoll, von einer solchen Alternative auszugehen, da beispielsweise auch $p = 1/4$ gelten könnte. Es gibt jedoch auch für echte Alternativtests wichtige Anwendungen, wie das folgende Beispiel zeigt.

BEISPIEL 3.12 Wir untersuchen eine Festplatte, von der bekannt ist, dass sie zu einer von zwei Baureihen gehört. Die mittleren Zugriffszeiten dieser Baureihen betragen 9ms bzw. 12ms. Wir möchten nun herausfinden, zu welchem Typ die betrachtete Festplatte gehört, indem wir die Zugriffszeit bei n Zugriffen bestimmen. Hier würde man dann ansetzen: $H_0 : \mu \leq 9$ und $H_1 := \mu \geq 12$, wobei μ die mittlere Zugriffszeit bezeichnet.

Fehler bei statistischen Tests. Bei jedem statistischen Test können mit einer gewissen Wahrscheinlichkeit falsche Schlüsse gezogen werden. Dieser Fall tritt beispielsweise ein, wenn H_0 gilt, aber das Ergebnis $\vec{x}$ der Stichprobe im Ablehnungsbereich K liegt. Dann spricht man von einem *Fehler 1. Art*. Analog erhalten wir einen *Fehler 2. Art*, wenn H_0 nicht gilt und $\vec{x}$ nicht im Ablehnungsbereich liegt. Zusammengefasst definieren wir

Fehler 1. Art : H_0 gilt und wird irrtümlich abgelehnt.
Fehler 2. Art : H_0 gilt nicht und wird irrtümlich angenommen.

Für die Beurteilung eines Tests ist es wesentlich, mit welcher Wahrscheinlichkeit diese beiden Fehler eintreten können. Ziel ist es natürlich, diese Wahrscheinlichkeiten möglichst klein zu halten. Allerdings sind die Minimierung des Fehlers 1. Art und des Fehlers 2. Art gegenläufige Ziele, so dass ein vernünftiger Ausgleich zwischen beiden Fehlern gefunden werden muss. Wenn man beispielsweise $K = \emptyset$ setzt, so erhält man Wahrscheinlichkeit Null für den Fehler 1. Art, da H_0 immer angenommen wird. Allerdings tritt der Fehler 2. Art dann mit Wahrscheinlichkeit Eins ein, wenn H_0 nicht gilt.

Die Wahrscheinlichkeit für den Fehler 1. Art wird mit α bezeichnet und man spricht deshalb gelegentlich vom α-Fehler. α heißt auch *Signifikanzniveau* des Tests. In der Praxis ist es üblich, sich ein Signifikanzniveau α vorzugeben (übliche Werte hierfür sind 0,05, 0,01 oder 0,001) und dann den Test so auszulegen (also den Ablehnungsbereich K so zu bestimmen), dass die Wahrscheinlichkeit für den Fehler 1. Art genau den Wert α besitzt.

Konstruktion eines einfachen Tests. Im Folgenden konstruieren wir einen Test für den Parameter p einer Bernoulli-verteilten Zufallsvariablen X. Wie in der vorangehenden Diskussion setzen wir

$$H_0 : p \geq p_0, \qquad H_1 : p < p_0.$$

Als Testgröße verwenden wir

$$T := X_1 + \ldots + X_n.$$

Für größere Wahrscheinlichkeiten p erwarten wir auch größere Werte für T. Deshalb ist es sinnvoll, einen Ablehnungsbereich der Art $K := [0, k]$ für T zu wählen, wobei $k \in \mathbb{R}$ geeignet festzulegen ist. Wir konstruieren also einen einseitigen Test, während für die Nullhypothese $H_0 : p = p_0$ sowohl zu kleine als auch zu große Werte von T zur Ablehnung von H_0 führen sollten und somit ein zweiseitiger Test vorzuziehen wäre. Nachdem wir uns nun auf die prinzipielle Form von K geeinigt haben, werden wir im Folgenden herleiten, wie k zu wählen ist.

T ist offensichtlich binomialverteilt. Da wir von einem großen Stichproben-umfang n ausgehen, bietet es sich an, die Verteilung von T nach dem Grenz-wertsatz von DeMoivre (siehe Korollar 2.42 auf Seite 125) durch die Normal-verteilung zu approximieren.

Dazu gehen wir zur Zufallsvariablen $\tilde{T}$ über mit

$$\tilde{T} := \frac{T - np}{\sqrt{np(1 - p)}},$$

von der wir wissen, dass sie annähernd standardnormalverteilt ist. Zu-nächst berechnen wir zu jedem Wert von k das zugehörige Signifikanzni-veau α des Tests. Dazu definieren wir $\Pr_{p'}[T \in K]$ als die Wahrscheinlich-keit des Ereignisses „$T \in K$", wobei wir für den Parameter p von X annehmen, dass $p = p'$ gilt. Mit dieser Notation erhalten wir für die Testfehler die Wahrscheinlichkeiten

Fehlerwahrscheinlichkeit 1. Art $= \max\limits_{p' \in H_0} \Pr_{p'}[T \in K] = \max\limits_{p' \in H_0} \Pr_{p'}[T \leq k]$

Fehlerwahrscheinlichkeit 2. Art $= \max\limits_{p' \in H_1} \Pr_{p'}[T \notin K] = \max\limits_{p' \in H_1} \Pr_{p'}[T > k]$

Bei der Berechnung der Fehlerwahrscheinlichkeiten bilden wir das Maxi-mum über die zulässigen Werte des Parameters p. Hierzu haben wir die Hypothesen H_0 und H_1 als Mengen von Parameterwerten aufgefasst, die unter der jeweiligen Hypothese möglich sind.

Im Folgenden bezeichnen wir den Fehler 1. Art mit α. Das Maximum für den Fehler 1. Art wird angenommen, wenn für den Parameter $p = p_0$ gilt, wenn also p gerade noch in dem Bereich liegt, der H_0 entspricht. Deshalb erhalten wir α durch

$$\alpha = \max_{p \geq p_0} \Pr_p[T \leq k] = \Pr_{p=p_0}[T \leq k] = \Pr_{p=p_0}\left[\tilde{T} \leq \frac{k - np}{\sqrt{np(1 - p)}}\right]$$

$$= \Pr\left[\tilde{T} \leq \frac{k - np_0}{\sqrt{np_0(1 - p_0)}}\right] \approx \Phi\left(\frac{k - np_0}{\sqrt{np_0(1 - p_0)}}\right).$$

Unter Verwendung der Quantile der Standardnormalverteilung (Definiti-on 3.9) lässt sich damit der Zusammenhang zwischen dem Signifikanzni-veau α und dem Ablehnungsbereich $K = [0, k]$ leicht ausdrücken: Ist k so gewählt, dass $(k - np_0)/\sqrt{np_0(1 - p_0)} = z_\alpha$, so ist das Signifikanzniveau gleich α. Ist das gewünschte Signifikanzniveau α des Tests vorgegeben, so erhält man den Wert $k = k(n)$ in Abhängigkeit vom Umfang n der Stichpro-be durch

$$k = z_\alpha \cdot \sqrt{np_0(1 - p_0)} + np_0. \tag{3.7}$$

Kleinere Werte für k verkleinern zwar den Fehler 1. Art zusätzlich, ver-größern jedoch den Annahmebereich und damit die Wahrscheinlichkeit für einen Fehler 2. Art.

Beispiel 3.13 *(Fortsetzung von Beispiel 3.11)* Für die Entscheidung, ob die Optimierung des Verfahrens zum Abbruch der Transaktionen durchgeführt werden soll, war zu testen, ob im Mittel mindestens ein Drittel aller Transaktionen abgebrochen werden. Wir setzen dazu

$$H_0 : p \geq 1/3, \qquad H_1 : p < 1/3.$$

und verwenden das soeben entwickelte Testverfahren. Für das Signifikanzniveau wählen wir den Wert $\alpha = 0{,}05$ und setzen die Stichprobenlänge auf $n = 100$. Den zugehörigen Wert $z_{0,05}$ schlagen wir in Tabelle A auf Seite 239 nach und erhalten $z_{0,05} \approx -1{,}645$. Wir setzen dies in Formel (3.7) ein und erhalten

$$k \approx -1{,}645 \cdot \sqrt{(2/9) \cdot 100} + 100/3 = 25{,}57.. \,.$$

Da für k nur ganzzahlige Werte sinnvoll sind, setzen wir $k = 25$. Für den Ablehnungsbereich wählen wir deshalb $K = [0, 25]$.

Verhalten der Testfehler. Wir wollen nun die möglichen Testfehler des konstruierten Verfahrens näher betrachten. Was geschieht beispielsweise, wenn p nur geringfügig kleiner als p_0 ist? In diesem Fall betrachten wir beim Fehler 2. Art die Wahrscheinlichkeit

$$\mathrm{Pr}_{p=p_0-\varepsilon}[T \geq k] \approx \mathrm{Pr}_{p=p_0}[T \geq k] \approx 1 - \alpha \approx 0{,}95 \,.$$

Wenn sich also die „wahren" Verhältnisse nur minimal von unserer Nullhypothese unterscheiden, so werden wir diese „im Zweifelsfall" annehmen. Dies sollte man beim Entwurf eines Tests berücksichtigen. Falls die irrtümliche Annahme der Nullhypothese H_0 beispielsweise deutlich höhere Kosten verursacht als der Fehler 1. Art, so sollte man besser das Gegenteil von H_0 als Nullhypothese verwenden.

Beispiel 3.14 *(Fortsetzung von Beispiel 3.13)* Im Szenario von Beispiel 3.13 haben wir $H_0 : p \geq 1/3$ angesetzt. Auf diese Weise entscheidet man sich nur dann für „$p < 1/3$", wenn die Wahrscheinlichkeit hierfür wirklich groß ist. In „Zweifelsfällen" geht man lieber von „$p \geq 1/3$" aus. Dies Vorgehensweise ist beispielsweise dann sinnvoll, wenn die für das Testergebnis „$p \geq 1/3$" geplante Optimierung des Systems auch schon für etwas kleinere Abbruchraten als $1/3$ eine merkliche Verbesserung erwarten lässt. Wenn das jedoch nicht der Fall ist und man deshalb lieber bei der Entscheidung für „$p \geq 1/3$" sicher gehen möchte, so sollte man lieber $H_0 : p < 1/3$ ansetzen.

Bei echten Alternativtests werden für hinreichend große Stichproben und einen geeignet eingestellten Ablehnungsbereich beide Testfehler klein.

Beispiel 3.15 *(Fortsetzung von Beispiel 3.13)* Die Abbruchrate p der Transaktionen wurde bereits früher einmal ermittelt. Allerdings sind die entsprechenden Daten verloren gegangen und die Entwickler erinnern sich nur noch, dass das Ergebnis entweder $p = 1/3$ oder $p = 1/6$ lautete. Unter dieser Annahme würde man den Test wie folgt ansetzen:

$$H_0 : p \geq 1/3, \qquad H_1' : p \leq 1/6.$$

An der Bestimmung des Ablehnungsbereichs ändert sich dadurch nichts. Für den Fehler 2. Art erhält man nun aber:

$$\text{Fehler 2. Art} = \max_{p \leq 1/6} \Pr_p[T > k] \approx 1 - \Phi\left(\frac{k - (1/6) \cdot n}{\sqrt{(1/6) \cdot (5/6)n}} \right).$$

Mit den obigen Werten $k = 25$ und $n = 100$ ergibt sich mit

$$\Phi\left(\frac{150 - 100}{\sqrt{5} \cdot 10} \right) = \Phi(\sqrt{5}) \approx 0{,}9871$$

ein Fehler 2. Art der Größe 0,0129.

Die so genannte *Gütefunktion* g gibt allgemein die Wahrscheinlichkeit an, mit der ein Test die Nullhypothese verwirft. Für unser Testverfahren gilt

$$g(n, p) = \Pr_p[T \in K] = \Pr_p[T \leq k] \approx \Phi\left(\frac{k - np}{\sqrt{np(1-p)}} \right).$$

Abbildung 3.1 zeigt $g(n, p)$ für verschiedene Werte von n.

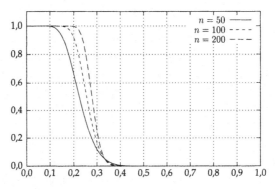

Abbildung 3.1: Gütefunktion $g(n, p)$ für verschiedene Werte von n

Man erkennt deutlich, dass für alle n der Wert von $k = k(n)$ genau so gewählt wurde, dass $g(n, 1/3) = 0{,}05$ gilt. Dies wird durch den in (3.7) angegebenen Ausdruck erreicht. Für Werte von p größer als $1/3$ wird $H_0 : p \geq 1/3$ mit hoher Wahrscheinlichkeit angenommen, während für Werte deutlich unter $1/3$ die Hypothese H_0 ziemlich sicher abgelehnt wird. Ferner ist auffällig, dass g für größere Werte von n schneller von Eins auf Null fällt. Daran erkennt man, dass durch den Test die Fälle „H_0 gilt" und „H_0 gilt nicht" umso besser unterschieden werden können, je mehr Stichproben durchgeführt werden. Für Werte von p, bei denen $g(n, p)$ weder nahe bei Eins noch nahe bei Null liegt, kann der Test nicht sicher entscheiden, ob die Nullhypothese abzulehnen ist.

3.4.2 Praktische Anwendung statistischer Tests

Im vorigen Abschnitt haben wir für ein Beispielproblem *ad hoc* ein Testverfahren konstruiert. In der Praxis geht man gewöhnlich anders vor: In jedem Lehrbuch für Statistik finden sich unzählige vorgefertigte Testverfahren, die eine Vielzahl von Situationen abdecken. Man muss also für ein konkretes Problem „nur" ein geeignetes Verfahren wählen und anwenden, ohne tiefere Kenntnisse über die mathematische Herleitung des Testverfahrens zu besitzen.

Das im vorigen Abschnitt konstruierte Testverfahren taucht in der Literatur unter dem Namen *approximativer Binomialtest* auf. Tabelle 3.1 gibt einen Überblick über die Eckdaten dieses Tests.

Tabelle 3.1: Testbeschreibung Approximativer Binomialtest

Approximativer Binomialtest

Annahmen:

$X_1, \ldots, X_n$ seien unabhängig und identisch verteilt mit $\Pr[X_i = 1] = p$ und $\Pr[X_i = 0] = 1 - p$, wobei p unbekannt sei. n sei hinreichend groß, so dass die Approximation aus Korollar 2.42 brauchbare Ergebnisse liefert.

Hypothesen:

a) $H_0 : p = p_0$ gegen $H_1 : p \neq p_0$,
b) $H_0 : p \geq p_0$ gegen $H_1 : p < p_0$,
c) $H_0 : p \leq p_0$ gegen $H_1 : p > p_0$.

Testgröße:

$$Z := \frac{h - np_0}{\sqrt{np_0(1 - p_0)}},$$

wobei $h := X_1 + \ldots + X_n$ die Häufigkeit bezeichnet, mit der die Ereignisse $X_i = 1$ aufgetreten sind.

Ablehnungskriterium für H_0 bei Signifikanzniveau α:

a) $|Z| > z_{1-\alpha/2}$,
b) $Z < z_\alpha$,
c) $Z > z_{1-\alpha}$.

Tabelle 3.1 enthält alle Informationen, die wir zur Durchführung des approximativen Binomialtests benötigen. Die Schritte, die bei der Anwendung eines statistischen Tests zu durchlaufen sind, gleichen sich bei den meisten Tests.

Allgemeines Vorgehen bei statistischen Tests

Im Folgenden stellen wir die Teilschritte bei der Anwendung eines statistischen Tests anhand eines Beispiels vor: Wir betrachten dazu dasselbe Szenario wie in Beispiel 3.11 auf Seite 145. Bei einer Bernoulli-verteilten Zufallsvariablen X möchten wir entscheiden, ob für die Wahrscheinlichkeit p gilt, dass $p \geq 1/3$ oder $p < 1/3$ ist. Eine solche Zufallsvariable X steht hierbei für eine Transaktion mit einem Datenbankserver, die abgebrochen („$X = 1$") bzw. erfolgreich durchgeführt („$X = 0$") wurde.

1. Schritt: Formulierung von Annahmen. Ganz ohne Annahmen kommt man meist nicht aus. In jedem Fall werden die Testergebnisse durch (korrekte) Annahmen aussagekräftiger. Übliche Annahmen betreffen meist die Verteilung der Stichprobenvariablen und deren Unabhängigkeit.

Beim Szenario aus Beispiel 3.11 gehen wir von folgenden Annahmen aus:

- Eine Transaktion wird mit einer (unbekannten) Wahrscheinlichkeit p abgebrochen.

- Die einzelnen Transaktionen sind voneinander unabhängig. — Solch eine Annahme wird sehr häufig getroffen und kann meist durch geeignete Organisation der Messungen gewährleistet werden. In unserem Beispiel kann man davon ausgehen, dass zahlreiche Benutzer an verschiedenen Rechnern parallel mit dem System arbeiten. Da die Benutzer nicht in direktem Kontakt stehen, hat ein Transaktionsabbruch eines bestimmten Benutzers keine Auswirkungen auf Transaktionen anderer Benutzer.

2. Schritt: Formulierung der Nullhypothese. Die Nullhypothese ergibt sich in unserem Fall direkt aus der Problemstellung. Wir wählen $H_0 : p \geq \frac{1}{3}$. Wie bereits auf Seite 149 ausgeführt wurde, ist bei der Wahl der Nullhypothese etwas Überlegung angebracht. Man sollte bedenken, dass die Nullhypothese noch mit sehr hoher Wahrscheinlichkeit angenommen wird, wenn sie „nur ein bisschen falsch" ist. In so einem Fall sollten die Folgen eines Irrtums nicht besonders gravierend sein. Man geht daher gewöhnlich so vor, dass man als Nullhypothese das Komplement der Aussage verwendet, die man verifizieren möchte. Wenn der Test dazu führt, dass die Nullhypothese verworfen und damit die zu überprüfende Aussage angenommen wird, so geschieht dies auf dem zuvor festgelegten Signifikanzniveau und man kann sich somit hinreichend sicher sein, keine Fehlentscheidung getroffen zu haben. Umgekehrt hat man bei statistischen Tests mit der trivialen Alternative $H_1 : $ „H_0 gilt nicht" keine Möglichkeit, Aussagen über die Wahrscheinlichkeit anzugeben, dass H_0 irrtümlich angenommen wird.

BEISPIEL 3.16 Zwei Webserver werden auf ihre durchschnittliche Geschwindigkeit μ_1 bzw. μ_2 (beispielsweise gemessen als „Anzahl Seitenzugriffe / Minute") getestet. Bei Server 2 handelt es sich um ein Probeexemplar eines neuen Typs, während Server 1 dem gegenwärtig im Unternehmen eingesetzen Typ entspricht. Durch den Test soll festgestellt werden, ob die Anschaffung von Server 2 eine bessere Leistung erwarten ließe. Dazu sollte man als Nullhypothese $H_0 : \mu_1 \geq \mu_2$ wählen, denn nur wenn man sich sicher ist, dass H_0 abzulehnen ist und somit $\mu_1 < \mu_2$ gilt, lohnen sich die Ausgaben für den neuen Server. Im Zweifelsfall entscheidet man sich dafür, H_0 anzunehmen und den alten Server zu behalten. Diese Entscheidung hat keine schlimmen Folgen, da in diesem Fall vermutlich ohnehin keine „signifikante" Leistungssteigerung durch den neuen Server erreicht würde. In diesem Fall kann man sich die Anschaffungskosten also guten Gewissens sparen.

3. Schritt: Auswahl des Testverfahrens. Dieser Schritt hängt stark von den vorherigen ab. Man muss dazu in der Literatur ein Verfahren finden, auf das die getroffenen Annahmen zutreffen, und das auf die zu untersuchende Nullhypothese passt.

Bei unserem Beispielszenario ist klar, dass der approximative Binomialtest ein geeignetes Testverfahren darstellt, denn schließlich haben wir in Abschnitt 3.4.1 diesen Test für das Beispielszenario „maßgeschneidert". Später werden wir noch andere Verfahren kennen lernen und uns auch damit beschäftigen, nach welchen Kriterien man den passenden Test wählt.

4. Schritt: Durchführung des Tests und Entscheidung. Aus Tabelle 3.1 lesen wir die Testgröße und das Entscheidungskriterium für unsere Beispielanwendung ab. Damit können wir unmittelbar den statistischen Test durchführen: Wir einigen uns auf ein Signifikanzniveau, ermitteln die Messwerte, berechnen die Testgröße und vergleichen diese mit dem Entscheidungskriterium.

3.4.3 Ausgewählte statistische Tests

In diesem Abschnitt stellen wir einige ausgewählte statistische Tests vor. Diese sollen dem Leser einen Einblick in die verfügbaren Varianten solcher Tests geben und ihm den Umgang mit Spezialliteratur zur Statistik erleichtern. Die Auswahl der Tests ist deshalb nur als kleine Sammlung unterschiedlicher Beispiele und keinesfalls als repräsentative Übersicht gedacht.

Wie findet man das richtige Testverfahren?

Statistische Tests kann man nach mehreren Kriterien in Klassen einteilen.
Die wichtigsten dieser Kriterien stellen wir im Folgenden vor.

- **Anzahl der beteiligten Zufallsgrößen**

    Sollen zwei Zufallsgrößen mit potentiell unterschiedlichen Verteilun-
    gen verglichen werden, für die jeweils eine Stichprobe erzeugt wird,
    (*Zwei-Stichproben-Test*) oder wird nur eine einzelne Zufallsgröße unter-
    sucht (*Ein-Stichproben-Test*)?

    Bei der Fragestellung

    > Beträgt die mittlere Zugriffszeit auf einen Datenbankserver
    > im Mittel höchstens 10ms?

    hat man es mit einem Ein-Stichproben-Test zu tun, während die Un-
    tersuchung der Frage

    > Hat Datenbankserver A eine kürzere mittlere Zugriffszeit
    > als Datenbankserver B?

    auf einen Zwei-Stichproben-Test führt.

    Bei mehreren beteiligten Zufallsgrößen wird zusätzlich unterschieden,
    ob aus voneinander unabhängigen Grundmengen Stichproben erho-
    ben werden oder nicht. Beim vorigen Beispiel werden *unabhängige
    Messungen* vorgenommen, sofern die Server A und B getrennt von-
    einander arbeiten. Wenn man jedoch die Frage

    > Läuft ein Datenbankserver auf einer Menge festgelegter Test-
    > anfragen mit Query-Optimierung schneller als ohne?

    untersucht, so spricht man von *verbundenen Messungen*, da mehrmals
    aus derselben Grundmenge bei unterschiedlichen Bedingungen Stich-
    proben entnommen werden.

    Gelegentlich betrachtet man auch den Zusammenhang zwischen meh-
    reren Zufallsgrößen. Beispielsweise könnte man sich für die Frage in-
    teressieren

    > Wie stark wächst der Zeitbedarf für eine Datenbankanfrage
    > im Mittel mit der (syntaktischen) Länge der Anfrage, d. h.
    > führen kompliziertere Formulierungen zu proportional län-
    > geren Laufzeiten?

    Mit solchen Fragenstellungen, bei denen ein funktionaler Zusammen-
    hang zwischen Zufallsgrößen ermittelt werden soll, beschäftigt sich

die *Regressionsanalyse*. Wenn überhaupt erst zu klären ist, ob ein solcher Zusammenhang besteht oder ob die Zufallsgrößen vielmehr unabhängig voneinander sind, so spricht man von *Zusammenhangsanalyse*.

- **Formulierung der Nullhypothese**

  Welche Größe dient zur Definition der Nullhypothese? Hierbei werden in erster Linie Tests unterschieden, die Aussagen über verschiedene so genannte *Lageparameter* treffen, wie z. B. den *Erwartungswert* oder die *Varianz* der zugrunde liegenden Verteilungen. Im Zwei-Stichproben-Fall könnte man beispielsweise untersuchen, ob der Erwartungswert der Zufallsgröße A größer oder kleiner als bei Zufallsgröße B ist. Gelegentlich wird zur Formulierung der Nullhypothese auch der so genannte *Median* betrachtet: Der Median einer Verteilung entspricht dem (kleinsten) Wert x mit $F(x) = 1/2$. Intuitiv liegt der Median in der „Mitte" der Verteilung und hat somit oft dieselbe Größenordnung wie der Erwartungswert.

  Neben solchen Tests auf Lageparameter gibt es z. B. auch Tests, die auf eine *vorgegebene Verteilung* oder auf ein Maß für die Abhängigkeit verschiedener Zufallsgrößen testen.

- **Annahmen über die Zufallsgrößen**

  Was ist über die Verteilung der untersuchten Größe(n) bekannt? Bei entsprechenden Annahmen könnte es sich z. B. um die Art der Verteilung, den Erwartungswert oder die Varianz handeln.

Für zahlreiche Kombinationen dieser Faktoren gibt es vorgefertigte Tests. Der interessierte Leser kann sich durch einen Blick in ein beliebiges Statistikbuch davon ein Bild machen.

Ein-Stichproben-Tests für Lageparameter

Beim approximativen Binomialtest wird ausgenutzt, dass die Binomialverteilung für große n nach dem Grenzwertsatz von DeMoivre (Korollar 2.42 auf Seite 125) gegen die Normalverteilung konvergiert. Aus diesem Grund kann man diesen Test auch als Spezialfall eines allgemeineren Testverfahrens ansehen. Dieses Verfahren trägt den Namen *Gaußtest* und ist in Tabelle 3.2 auf der nächsten Seite dargestellt. Der Bezug zum approximativen Binomialtest (vergleiche Tabelle 3.1 auf Seite 151) ist mit Hilfe des Satzes von DeMoivre leicht erkennbar.

Der Gaußtest hat den Nachteil, dass man die Varianz σ^2 der beteiligten Zufallsgrößen kennen muss. Wenn diese unbekannt ist, so liegt es nahe, die Varianz durch die Stichprobenvarianz S^2 (siehe Definition 3.4 auf Seite 139)

Tabelle 3.2: Testbeschreibung Gaußtest

Gaußtest

Annahmen:

$X_1, \ldots, X_n$ seien unabhängig und identisch verteilt mit $X_i \sim \mathcal{N}(\mu, \sigma^2)$, wobei σ^2 bekannt ist.

Alternativ gelte $\mathbb{E}[X_i] = \mu$ und $\text{Var}[X_i] = \sigma^2$ und n sei groß genug.

Hypothesen:

$$
\begin{aligned}
&\text{a)} && H_0 : \mu = \mu_0 && \text{gegen} && H_1 : \mu \neq \mu_0, \\
&\text{b)} && H_0 : \mu \geq \mu_0 && \text{gegen} && H_1 : \mu < \mu_0, \\
&\text{c)} && H_0 : \mu \leq \mu_0 && \text{gegen} && H_1 : \mu > \mu_0.
\end{aligned}
$$

Testgröße:

$$
Z := \frac{\overline{X} - \mu_0}{\sigma} \sqrt{n}.
$$

Ablehnungskriterium für H_0 bei Signifikanzniveau α:

$$
\begin{aligned}
&\text{a)} && |Z| > z_{1-\alpha/2}, \\
&\text{b)} && Z < z_\alpha, \\
&\text{c)} && Z > z_{1-\alpha}.
\end{aligned}
$$

---

anzunähern. Dies führt auf den so genannten *t-Test*, der in Tabelle 3.3 auf der nächsten Seite dargestellt ist.

Hierbei gibt $t_{n-1,1-\alpha}$ das $(1-\alpha)$-Quantil der *t-Verteilung* mit $n-1$ Freiheitsgraden an. Wichtige Werte für gängige Signifikanzniveaus sind in Tabelle B auf Seite 241 angegeben. Die t-Verteilung taucht manchmal auch unter dem Namen *Student-Verteilung* auf, da sie ursprünglich unter dem Pseudonym „Student" publiziert wurde.

Wir gehen an dieser Stelle nicht darauf ein, wieso die Testgröße die t-Verteilung besitzt, sondern weisen nur darauf hin, dass die Dichte dieser Verteilung[1] der Dichte der Normalverteilung ähnelt. Für große n (Faustregel: $n \geq 30$) liegen die beiden Dichten so genau übereinander, dass man in der Praxis die t-Verteilung durch die Normalverteilung annähert. Abbildung 3.2 auf Seite 158 zeigt die t-Verteilung für verschiedene Freiheitsgrade.

---

[1] Eigentlich handelt es sich nicht um *eine* Verteilung, sondern um eine ganze Familie von Verteilungen, da die Anzahl der Freiheitsgrade jeweils noch gewählt werden kann.

Tabelle 3.3: Testbeschreibung t-Test

---

t-Test

Annahmen:

$X_1, \ldots, X_n$ seien unabhängig und identisch verteilt mit $X_i \sim \mathcal{N}(\mu, \sigma^2)$.

Alternativ gelte $\mathbb{E}[X_i] = \mu$ und $\text{Var}[X_i] = \sigma^2$ und n sei groß genug.

Hypothesen:

a) $H_0 : \mu = \mu_0$ gegen $H_1 : \mu \neq \mu_0$,
b) $H_0 : \mu \geq \mu_0$ gegen $H_1 : \mu < \mu_0$,
c) $H_0 : \mu \leq \mu_0$ gegen $H_1 : \mu > \mu_0$.

Testgröße:

$$T := \frac{\overline{X} - \mu_0}{S} \sqrt{n}.$$

Ablehnungskriterium für H_0 bei Signifikanzniveau α:

a) $|T| > t_{n-1, 1-\alpha/2}$,
b) $T < t_{n-1, \alpha}$,
c) $T > t_{n-1, 1-\alpha}$.

BEISPIEL 3.17 Wir betrachten eine Variante des Beispiels, das wir an den Anfang dieses Kapitels gestellt haben (siehe Seite 135). Bei einem Router soll festgestellt werden, ob die mittlere Anzahl bearbeiteter Pakete pro Stunde größer gleich 60 Einheiten ist.

Sei X_i die Anzahl bearbeiteter Pakete bei der i-ten Messung. Ferner gelte $\mathbb{E}[X_i] = \mu$ und $\text{Var}[X_i] = \sigma^2$, wobei μ und σ unbekannt seien. Als Nullhypothese formulieren wir $H_0 : \mu \geq 60$. Wir haben es also mit einem Ein-Stichproben-Test zum Lageparameter Erwartungswert zu tun. Da σ^2 nicht bekannt ist, können wir den Gaußtest nicht verwenden, sondern müssen den t-Test einsetzen.

Wenn die Verteilung von X_i unbekannt ist, so benötigen wir eigentlich eine recht große Stichprobe, um mit der Näherung durch die Normalverteilung zufriedenstellende Ergebnisse zu erhalten. Dieses Problem lassen wir für dieses Beispiel jedoch außer Acht, um die Rechnungen nicht unnötig aufwendig zu gestalten.

Nachdem wir das Testverfahren festgelegt haben, einigen wir uns auf das Signifikanzniveau $\alpha = 0{,}05$ und führen acht Messungen durch. Wir erhalten die Werte $(53, 53, 37, 73, 58, 61, 38, 54)$ und rechnen leicht nach, dass $\overline{X} = 53{,}375$ und $S^2 \approx 138{,}55$ ist. Für die Testgröße $T = \frac{\overline{X} - \mu_0}{S} \sqrt{n}$ folgt damit $T \approx -1{,}592$. Dieser

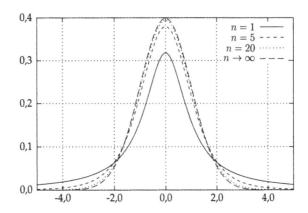

Abbildung 3.2: Dichte der t-Verteilung mit n Freiheitsgraden

Wert ist zu vergleichen mit $t_{7,0,05} \approx -1{,}895$ (siehe Tabelle B) und das Ablehnungs-kriterium $T < t_{n-1,\alpha}$ zeigt, dass der Test keinen Anlass liefert, die Hypothese H_0 abzulehnen.

Als weitere Beispiele für gängige Ein-Stichproben-Tests zu Lageparametern seien der *Wilcoxon-Test* und der χ^2-*Varianztest* genannt. Ersterer dient zum Testen von Hypothesen zum Median, während der zweite Test Hypothesen zur Varianz beinhaltet.

Zwei-Stichproben-Tests für Lageparameter

Bei Zwei-Stichproben-Tests wollen wir das Verhältnis von Lageparametern untersuchen. Besonders wichtig sind hierbei Tests zum Erwartungswert. Für zwei Zufallsgrößen X und Y könnten wir beispielsweise die Frage un-tersuchen, ob für die Erwartungswerte μ_X und μ_Y gilt, dass $\mu_X = \mu_Y$ ist. Tabelle 3.4 auf der nächsten Seite zeigt eine Variante des t-Tests für zwei beteiligte Zufallsgrößen.

BEISPIEL 3.18   Mit dem Zwei-Stichproben-t-Test sind wir in der Lage, das zu Beginn dieses Kapitels (siehe Seite 135) vorgestellte Beispielproblem zu lösen. Wir wieder-holen noch einmal kurz das Szenario: Von zwei Routern liegen Messwerte über die aufgetretene Last vor, nämlich

Router	Last
X	$(53, 53, 37, 73, 58, 61, 38, 54)$
Y	$(33, 66, 26, 43, 46, 55, 54)$

Tabelle 3.4: Testbeschreibung Zwei-Stichproben-*t*-Test

Zwei-Stichproben-*t*-Test

Annahmen:

$X_1, \ldots, X_m$ und $Y_1, \ldots, Y_n$ seien unabhängig und jeweils identisch verteilt, wobei $X_i \sim \mathcal{N}(\mu_X, \sigma_X^2)$ und $Y_i \sim \mathcal{N}(\mu_Y, \sigma_Y^2)$ gelte. Die Varianzen seien identisch, also $\sigma_X^2 = \sigma_Y^2$.

Hypothesen:

$$
\begin{aligned}
&a) \quad H_0 : \mu_X = \mu_Y \quad \text{gegen} \quad H_1 : \mu_X \neq \mu_Y, \\
&b) \quad H_0 : \mu_X \geq \mu_Y \quad \text{gegen} \quad H_1 : \mu_X < \mu_Y, \\
&c) \quad H_0 : \mu_X \leq \mu_Y \quad \text{gegen} \quad H_1 : \mu_X > \mu_Y.
\end{aligned}
$$

Testgröße:

$$
T := \sqrt{\frac{n + m - 2}{\frac{1}{m} + \frac{1}{n}}} \cdot \frac{\overline{X} - \overline{Y}}{\sqrt{(m-1) \cdot S_X^2 + (n-1) \cdot S_Y^2}}.
$$

Ablehnungskriterium für H_0 bei Signifikanzniveau α:

$$
\begin{aligned}
&a) \quad |T| > t_{m+n-2, 1-\alpha/2}, \\
&b) \quad T < t_{m+n-2, \alpha}, \\
&c) \quad T > t_{m+n-2, 1-\alpha}.
\end{aligned}
$$

Wir wollen nun feststellen, ob sich die mittlere Last der Router signifikant unterscheidet, und definieren die Nullhypothese $H_0 : \mu_X = \mu_Y$. Zur Untersuchung dieser Hypothese verwenden wir den Zwei-Stichproben-*t*-Test.[2] Als Signifikanzniveau wählen wir $\alpha = 0{,}05$.

Wie bereits in Beispiel 3.17 berechnet, gilt $\overline{X} = 53{,}375$ und $S_X^2 \approx 138{,}55$. Analog erhalten wir $\overline{Y} \approx 46{,}143$ und $S_Y^2 \approx 187{,}14$. Für die Testgröße folgt $T = 1{,}101$.

Diesen Wert vergleichen wir mit $t_{13,0,975} \approx 2{,}160$. Das Ablehnungskriterium lautet $|T| > t_{13,0,975}$ und der Test liefert uns somit keinen Grund, die Nullhypothese abzulehnen. Die mittlere Last der beiden Router könnte also durchaus identisch sein.

Vom Zwei-Stichproben-*t*-Test findet man in der Literatur noch zusätzliche Varianten, die auch dann einsetzbar sind, wenn die beteiligten Zufallsgrößen nicht dieselbe Varianz besitzen. Der von uns beim Ein-Stichproben-Fall

---

[2]Wir wollen uns hierbei nicht näher mit der Frage beschäftigen, ob es sinnvoll ist, für die Last der Router eine Normalverteilung mit jeweils identischer Varianz anzunehmen.

erwähnte Wilcoxon-Test kann ebenfalls auf den Zwei-Stichproben-Fall übertragen werden.

Nicht an Lageparametern orientierte Tests

Neben der wichtigen Gruppe von Tests, bei denen die Lageparameter wie
Erwartungswert, Median oder Varianz der beteiligten Zufallsgrößen be-
trachtet werden, gibt es noch zahlreiche andere Tests. Um dem Leser einen
Eindruck davon zu vermitteln, betrachten wir in diesem Abschnitt exempla-
risch den χ^2-*Anpassungstest*. Bei einem Anpassungstest wird nicht nur der
Lageparameter einer Verteilung getestet, sondern es wird die Verteilung als
Ganzes untersucht.

Beim approximativen Binomialtest (siehe Tabelle 3.1 auf Seite 151) haben
wir streng genommen bereits einen Anpassungstest durchgeführt. Bei der
Nullhypothese $H_0 : p = p_0$ wird untersucht, ob es sich bei der betrachteten Zufallsgröße um eine Bernoulli-verteilte Zufallsvariable mit Parameter
p_0 handelt. Beim χ^2-Test gehen wir nun einen Schritt weiter: Wir nehmen
an, dass die Zufallsgröße X genau k verschiedene Werte annimmt. Ohne
Beschränkung der Allgemeinheit sei $W_X = \{1, \ldots, k\}$. Die Nullhypothese
lautet nun

$$H_0 : \Pr[X = i] = p_i \quad \text{für } i = 1, \ldots, k.$$

Wir testen also eine Zufallsvariable mit endlichem Wertebereich auf eine
bestimmte Verteilung. Selbstverständlich können wir diesen Test auch verwenden, um zu überprüfen, ob eine Zufallsgröße näherungsweise eine bestimmte kontinuierliche Verteilung besitzt, indem wir den kontinuierlichen
Wertebereich in endlich viele Bereiche partitionieren. Tabelle 3.5 auf der
nächsten Seite zeigt den χ^2-Test im Überblick.

Für die Testgröße T wird näherungsweise eine χ^2-Verteilung mit $k - 1$ Freiheitsgraden angenommen. Die Werte dieser Verteilung finden sich im Anhang in Tabelle C auf Seite 242. Damit diese Approximation gerechtfertigt
ist, sollte gelten, dass $np_i \geq 1$ für alle i und $np_i \geq 5$ für mindestens 80% der
Werte $i = 1, \ldots, k$. Das γ-Quantil einer χ^2-Verteilung mit k Freiheitsgraden
bezeichnen wir mit $\chi^2_{k,\gamma}$.

BEISPIEL 3.19   Als Anwendung für den χ^2-Test wollen wir überprüfen, ob der Zu-
fallszahlengenerator von Maple eine gute Approximation der Gleichverteilung liefert. Dazu lassen wir Maple $n = 100000$ Zufallszahlen aus der Menge $\{1, \ldots, 10\}$
generieren. Wir erwarten, dass jede dieser Zahlen mit gleicher Wahrscheinlichkeit
$p_1 = \ldots = p_{10} = 1/10$ auftritt. Dies sei unsere Nullhypothese, die wir mit einem
Signifikanzniveau von $\alpha = 0,05$ testen wollen.

Ein Probelauf liefert folgende Häufigkeiten:

Tabelle 3.5: Testbeschreibung χ^2-Anpassungstest

$$\chi^2\text{-Anpassungstest}$$

Annahmen:

$X_1, \ldots, X_n$ seien unabhängig und identisch verteilt mit $W_{X_i} = \{1, \ldots, k\}$.

Hypothesen:

$$H_0 \; : \; \Pr[X = i] = p_i \quad \text{für } i = 1, \ldots, k,$$
$$H_1 \; : \; \Pr[X = i] \neq p_i \quad \text{für mindestens ein } i \in \{1, \ldots, k\},$$

Testgröße:

$$T = \sum_{i=1}^{k} \frac{(h_i - np_i)^2}{np_i},$$

wobei h_i die Häufigkeit angibt, mit der $X_1, \ldots, X_n$ den Wert i angenommen haben.

Ablehnungskriterium für H_0 bei Signifikanzniveau α:

$$T > \chi^2_{k-1,1-\alpha};$$

dabei sollte gelten, dass $np_i \geq 1$ für alle i und $np_i \geq 5$ für mindestens 80% der Werte $i = 1, \ldots, k$.

Wert i	1	2	3	4	5	6	7	8	9	10
h_i	10102	10070	9972	9803	10002	10065	10133	9943	10009	9901

Für den Wert der Testgröße gilt $T = 8{,}9946$. Ferner erhalten wir $\chi^2_{9,0,95} \approx 16{,}919$. Der Test liefert also keinen Grund, die Nullhypothese abzulehnen.

Das Prinzip des χ^2-Anpassungstests kann in leicht abgewandelter Form auch noch zum Testen einiger anderer Hypothesen verwendet werden: Beim χ^2-*Homogenitätstest* wird überprüft, ob zwei oder mehrere Verteilungen identisch sind, während beim χ^2-*Unabhängigkeitstest* zwei Zufallsgrößen auf Unabhängigkeit untersucht werden. Beschreibungen dieser Tests findet man in der Literatur.

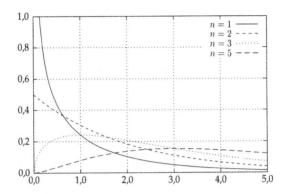

Abbildung 3.3: Dichte der χ^2-Verteilung mit n Freiheitsgraden

Übungsaufgaben

Schätzvariablen und Konfidenzintervalle

3.1⁻ Zeigen Sie, dass $Y := \sum_{i=1}^{n} \lambda_i X_i$ für beliebige Werte $\lambda_1, \dots, \lambda_n \in \mathbb{R}$ mit $\lambda_1 + \dots + \lambda_n = 1$ einen erwartungstreuen Schätzer für $\mathbb{E}[X]$ darstellt. Hierbei seien $X_1, \dots, X_n$ unabhängige Stichproben von X.

3.2 Betrachten Sie den Schätzer der Form $Y := \sum_{i=1}^{n} \lambda_i X_i$ für den Erwartungswert (siehe Aufgabe 3.1) und zeigen Sie, dass der Schätzer mit $\lambda_1 = \dots = \lambda_n = 1/n$, also das Stichprobenmittel, die höchste Effizienz besitzt.

Hinweis: Zeigen Sie dazu zunächst mit Hilfe der Ungleichung von Jensen (2.9) auf Seite 133, dass $\sum_{i=1}^{n} \lambda_i^2 \geq 1/n$ gilt.

3.3 Sei eine Stichprobe $X_1, \dots, X_n$ von unabhängigen Werten einer exponentialverteilten Zufallsvariablen mit unbekanntem Parameter λ gegeben. Berechnen Sie einen ML-Schätzer für λ.

3.4 Sei eine Stichprobe $X_1, \dots, X_n$ von unabhängigen Werten einer Zufallsvariablen $X \sim \text{Po}(\lambda)$ mit unbekanntem Parameter λ gegeben. Berechnen Sie einen ML-Schätzer für λ.

3.5⁺ In einem Netzwerk wird jedes Paket zufällig mit einer Identifikationsnummer aus $\{1, \dots, N\}$ versehen. Durch Beobachten des Netzwerks wollen wir N ermitteln. Dazu hören wir m Pakete ab und erhalten die Identifikationsnummern $x_1, \dots, x_m$. Geben Sie einen ML-Schätzer für N an. Bestimmen Sie ferner ein (möglichst kleines) zweiseitiges Konfidenzintervall für N, das höchstens mit Wahrscheinlichkeit α nicht eingehalten wird.

3.6 Wir modellieren die Übertragungsdauer über eine Netzwerkverbindung durch eine Normalverteilung $\mathcal{N}(\mu, \sigma^2)$. Hundert Messungen haben das Stichprobenmittel $\overline{X} = 40$ ergeben. Ferner sei bekannt, dass für die Varianz $\sigma^2 \in [80; 110]$ gilt. Berechnen Sie ein Konfidenzintervall für μ auf dem Konfidenzniveau 0,95.

3.7 Wie viele Messungen muss man beim Szenario aus Aufgabe 3.6 mindestens durchführen, um mit Wahrscheinlichkeit 0,95 eine absolute Abweichung von $|\overline{X} - \mu| \leq 3$ garantieren zu können?

3.8 In einem Online-Shop wird festgestellt, dass von $n = 10000$ überprüften Benutzern genau $H = 8120$ Benutzer einen Webbrowser verwenden, der nicht über alle von den Webdesignern des Shops gewünschten Fähigkeiten verfügt. Geben Sie ein Konfidenzintervall für den relativen Anteil der Benutzer mit veralteten Browsern an, das höchstens mit Wahrscheinlichkeit α nicht eingehalten wird.

3.9 Wir betrachten dasselbe Szenario wie in Aufgabe 3.8. Es sei bekannt, dass die gesuchte Häufigkeit im Intervall $I = [0{,}3; 0{,}8]$ liegt. Wie viele Messungen muss man durchführen, um die relative Häufigkeit mindestens mit Wahrscheinlichkeit 0,95 bis auf eine Abweichung von höchstens 0,01 genau angeben zu können? Was gilt für $I = [0{,}7; 0{,}8]$?

Testen von Hypothesen

3.10 Von einem Chip wurden fehlerhafte Exemplare produziert, die man an einer erhöhten Betriebstemperatur erkennen kann. Wir nehmen an, dass die gemessene Temperatur normalverteilt ist gemäß $\mathcal{N}(\mu, \sigma^2)$ bzw. $\mathcal{N}(\mu + 2, 4\sigma^2)$ bei fehlerhaften Chips. Hierbei hänge σ^2 von der Genauigkeit des verwendeten Messgeräts ab. Wie kann zwischen fehlerhaften und fehlerfreien Chips unterschieden werden, so dass höchstens 1% fehlerfreie Chips falsch klassifiziert werden? Wie groß darf σ^2 höchstens sein, damit auch bei fehlerhaften Chips eine Fehlklassifikation nur mit Wahrscheinlichkeit $\leq 0{,}01$ auftritt?

3.11 Ein Web-Dienst steht auf zwei unabhängigen Servern zur Verfügung. Es soll festgestellt werden, welcher Server schnellere Antwortzeiten liefert. Dazu werden $n = 1000$ Anfragen an die Server geschickt und es wird festgestellt, von welchem Server die Antwort zuerst eintrifft. Dabei gehen wir davon aus, dass Pakete nicht gleichzeitig empfangen werden können. In 560 Fällen antwortet Server A vor Server B. Kann man auf einem Signifikanzniveau von $\alpha = 0{,}05$ die Nullhypothese annehmen, dass Server A höchstens so schnell ist wie Server B? Wählen Sie hierzu einen geeigneten statistischen Test.

3.12[+] Eine normalverteilte Zufallsgröße $X \sim \mathcal{N}(\mu, \sigma^2)$ soll durch Ermittlung von n unabhängigen Stichproben $X_1, \ldots, X_n$ auf $\mu \leq \mu_1$ gegen

$\mu \geq \mu_2$ getestet werden. Geben Sie eine geeignete Testgröße an und ermitteln Sie, wie viele Tests mindestens durchgeführt werden müssen, damit die Testfehler erster und zweiter Art kleiner als 0,05 sind.

3.13 Zur Untersuchung des Szenarios aus Aufgabe 3.11 werden verbesserte Messungen durchgeführt, bei denen die exakte Antwortzeit der Server A und B festgestellt wird. Bei jeweils $n = 500$ Anfragen an die Server werden folgende Messwerte für Mittelwert und Stichprobenvarianz ermittelt:

$$\mu_A = 125, \ \sigma_A^2 = 400, \ \mu_B = 120, \ \sigma_B^2 = 350.$$

Wir nehmen an, dass die Antwortzeiten der Server normalverteilt sind und jeweils dieselbe Varianz besitzen. Es soll nun getestet werden, ob Server A signifikant schneller ist als Server B mit einem Signifikanzniveau von $\alpha = 0{,}05$.

3.14 Wir erweitern das Szenario aus Aufgabe 3.11. Dieses Mal werden drei unabhängige Server betrachtet. Durch Tests wird festgestellt, welcher Server auf eine Anfrage zuerst antwortet. Bei $n = 1000$ Anfragen werden folgende Zahlen für die Anzahl der Anfragen ermittelt, bei denen der jeweilige Server zuerst antwortet:

Server:	A	B	C
Anfragen:	350	320	330

Untersuchen Sie die Hypothese, dass alle Server gleich schnell arbeiten. Kann man diese signifikant ablehnen auf einem Signifikanzniveau von $\alpha = 0{,}05$?

3.15 Wir betrachten dasselbe Szenario wie in Aufgabe 3.14. Für die Reihenfolge, in der die Antworten der Server A, B und C eintreffen, gibt es $3! = 6$ Möglichkeiten. Im Einzelnen wurden folgende Häufigkeiten gemessen:

Server:	ABC	ACB	BAC	BCA	CAB	CBA
Anfragen:	320	30	300	20	180	150

Diese Messwerte sind mit den Häufigkeiten aus Aufgabe 3.14 konsistent. Führen Sie nun jedoch einen Test für die Hypothese „alle Server antworten gleich schnell" durch, der *alle* gemessenen Häufigkeiten berücksichtigt (Signifikanzniveau $\alpha = 0{,}05$) und interpretieren Sie das Ergebnis im Vergleich zu Aufgabe 3.14.

3.16 Überprüfen Sie, ob es sich bei den folgenden Zahlenreihen um Häufigkeiten von Zufallszahlen mit der Verteilung Bin(10, 0,3) handeln kann:

Ergebnis	0	1	2	3	4	5	6	7	8	9	10
Anzahl	27	125	250	256	187	99	44	9	3	0	0
Ergebnis	0	1	2	3	4	5	6	7	8	9	10
Anzahl	33	103	212	248	218	124	47	11	4	0	0

Stochastische Prozesse

4.1 Einführung

Bei dynamischen Systemen hat man es oft mit einer zeitlichen Folge von Zufallsexperimenten zu tun. Wenn man beispielsweise Zugriffe auf eine unsichere Netzwerkverbindung analysiert, so wird man meist nicht nur eine einzige Übertragung durchführen wollen, sondern man möchte das System über lange Zeit beobachten. Mathematisch beschreibt man dies durch einen so genannten *stochastischen Prozess*. Darunter versteht man eine Folge von Zufallsvariablen $(X_t)_{t \in T}$, die das Verhalten des Systems zu verschiedenen Zeitpunkten t angeben. Wenn wir $T = \mathbb{N}_0$ annehmen, sprechen wir von einem stochastischen Prozess mit diskreter Zeit. Lässt man andererseits $T = \mathbb{R}_0^+$ zu, so spricht man von stochastischen Prozessen mit kontinuierlicher Zeit.

Die Definition eines stochastischen Prozesses als Folge von Zufallsvariablen ist sehr allgemein. Insbesondere erlaubt sie, dass die Zufallsvariablen X_t voneinander abhängig sind. In der Regel wird dies auch der Fall sein. Betrachten wir dazu wieder unser Beispiel einer Netzwerkverbindung. Würden die Zugriffe auf das Netzwerk unabhängig voneinander mit Wahrscheinlichkeit p gelingen, so wäre die Gesamtanzahl erfolgreicher Zugriffe nach n Übertragungsversuchen binomialverteilt. Eine Modellierung als stochastischer Prozess wäre in diesem Fall nicht nötig. Bei einem realen System kann man allerdings in der Regel nicht davon ausgehen, dass das Scheitern zweier aufeinander folgender Übertragungen unabhängig ist. Wenn zum Zeitpunkt t die Leitung bereits gestört ist, so muss man zum Zeitpunkt $t + 1$ eine höhere Wahrscheinlichkeit für einen erneuten Ausfall ansetzen, da technische Störungen meist eine gewisse Zeit anhalten. Für die Analyse solcher Systeme bietet sich daher eine Modellierung als stochastischer Prozess an.

Eine besonders einfache Art von stochastischen Prozessen sind so genannte *Markov-Ketten*. Diese haben die Eigenschaft, dass der nächste Zustand des Prozesses zwar vom aktuellen Zustand abhängen darf, nicht aber von der Historie, d. h. von der Art und Weise, wie der aktuelle Zustand erreicht wurde. Wir veranschaulichen uns dies wiederum durch ein Beispiel: Stellt man sich jeden Morgen auf die Waage, so wird das beobachtete Gewicht zum einen vom Gewicht am Vortag abhängen und zum anderen von den Aktivitäten am Vortag (Nahrungsaufnahme, sportliche Betätigung, etc.). Das Gewicht von vor einer Woche wird in der Regel andererseits kaum einen (zusätzlichen) Einfluss haben. Außer Markov-Ketten werden in der Literatur noch andere Varianten stochastischer Prozesse untersucht. In diesem Buch werden wir uns jedoch vor allem auf die Behandlung von Markov-Ketten konzentrieren.

4.2   Prozesse mit diskreter Zeit

4.2.1   Einführung

Kehren wir zurück zu unserem Einführungsbeispiel einer Netzwerkverbindung. Um diese nun genauer zu analysieren, nehmen wir an, dass von Rechner A in einem festen Zeitraster (z. B. im Abstand von jeweils einer Sekunde) Datenpakete an Rechner B übertragen werden, um die Funktionsfähigkeit der Verbindung zu überprüfen. Wir interessieren uns zum Zeitpunkt t ($t \in \mathbb{N}_0$ sei die Anzahl der bis dahin durchgeführten Übertragungsversuche) für die Zufallsvariable

$$X_t := \begin{cases} 1 & \text{falls Übertragung im } t\text{-ten Schritt erfolgreich,} \\ 0 & \text{sonst.} \end{cases}$$

Im Normalfall nehmen wir an, dass Rechner B mit Wahrscheinlichkeit 0,9 erreicht werden kann. Wenn jedoch beim vorherigen Versuch ein Fehler aufgetreten ist, so setzen wir diese Wahrscheinlichkeit mit 0,2 an. Ferner gehen wir davon aus, dass diese Wahrscheinlichkeiten nur vom Ausgang des unmittelbar vorangehenden Versuchs abhängen, nicht aber von früheren Versuchen. Formal schreiben wir:

$$\Pr[X_{t+1} = 1 \mid X_t = 1] = 0{,}9 \quad \text{und} \quad \Pr[X_{t+1} = 1 \mid X_t = 0] = 0{,}2 \ .$$

Da die Übertragung zum Zeitpunkt $t + 1$ entweder erfolgreich oder nicht erfolgreich ist, ergeben sich die Wahrscheinlichkeiten für die beiden verbleibenden Möglichkeiten unmittelbar aus der Tatsache, dass in einem Wahrscheinlichkeitsraum die Summe über alle Elementarereignisse Eins ergeben muss:

$$\Pr[X_{t+1} = 0 \mid X_t = 1] = 0{,}1 \quad \text{und} \quad \Pr[X_{t+1} = 0 \mid X_t = 0] = 0{,}8 \,.$$

Es ist oft hilfreich, diese Werte durch einen gerichteten Graphen zu veranschaulichen. Für unser Beispielproblem ergibt sich hier die Abbildung 4.1.

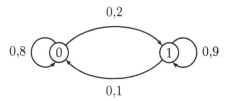

Abbildung 4.1: Beispiel für eine einfache Markov-Kette

Die beiden Knoten entsprechen den möglichen Werten der Zufallsvariablen X_t. Eine von Knoten a zu Knoten b gerichtete Kante ist mit der Wahrscheinlichkeit $\Pr[X_{t+1} = b \mid X_t = a]$ beschriftet. Man lässt Kanten weg, wenn die zugehörige Wahrscheinlichkeit gleich Null ist.

Einen bestimmten Ablauf des Systems kann man sich als so genannten *Random Walk* vorstellen[1]. Wenn wir beispielsweise davon ausgehen, dass unser System zum Zeitpunkt $t = 0$ intakt ist, so befinden wir uns anschaulich gesprochen im Knoten 1 (also $X_0 = 1$). Von dort führen zwei Kanten weiter, nämlich zu den Knoten 0 und 1. Diese Kanten sind mit Wahrscheinlichkeiten beschriftet, die sich zu Eins addieren. Gemäß dieser Wahrscheinlichkeiten entscheiden wir zufällig, wohin wir uns im nächsten Schritt begeben.

Wir können nun z. B. die Frage beantworten, mit welcher Wahrscheinlichkeit wir uns zum Zeitpunkt $t = 2$ im Knoten 1 befinden. Da wir vereinbarungsgemäß beim Knoten 1 starten, gibt es zwei mögliche Wege der Länge zwei durch den Graphen mit Endknoten 1, nämlich „111" und „101". Die Wahrscheinlichkeiten für diese Wege lauten $0{,}9 \cdot 0{,}9 = 0{,}9^2$ bzw. $0{,}1 \cdot 0{,}2$. Insgesamt erhalten wir also eine Wahrscheinlichkeit von $0{,}81 + 0{,}02 = 0{,}83$. Auch eine Aussage über die erwartete Anzahl Schritte, die wir im Knoten 1 bis zum ersten Übergang zu Knoten 0 verbleiben, ist schnell getroffen. Die Wahrscheinlichkeit, dass man genau k Schritte verbleibt, ist $(0{,}9)^k \cdot 0{,}1$. Die Anzahl Schritte ist also geometrisch verteilt mit Erfolgswahrscheinlichkeit $0{,}1$ und der Erwartungswert ist daher $1/0{,}1 = 10$.

---

[1] Der etwas merkwürdig klingende deutsche Begriff hierfür lautet *Irrfahrt*.

Wir fassen die an Hand unseres Beispiels erarbeiteten Begriffe nochmals zusammen. Der gerichtete Graph aus Abbildung 4.1 ermöglicht eine anschau-
liche Darstellung unseres Problems. Allgemein können die Knoten eines gerichteten Graphen als *Zustände* aufgefasst werden und die Kanten/Pfeile
entsprechen den möglichen Zustandsübergängen. Ferner ordnen wir jedem
Zustandsübergang eine Wahrscheinlichkeit zu. Wir nennen einen solchen
Graphen dann auch *Übergangsdiagramm*. Ein Random Walk auf dem Graphen entspricht einer Zustandsfolge und wir können ausgehend von einem
Startzustand ermitteln, mit welcher Wahrscheinlichkeit das System ebendie-
se Zustandsfolge durchläuft.

Ein Graph stellt aber nicht die einzige sinnvolle Darstellungsart für ein solches System dar. Durch Matrizen können wir eine sehr kompakte Darstellung gewinnen. Dazu definieren wir die *Übergangsmatrix* $P = (p_{ij})_{0 \le i,j < n}$
durch

$$p_{ij} := \Pr[X_{t+1} = j \mid X_t = i].$$

Der Eintrag p_{ij} entspricht also der Wahrscheinlichkeit für einen Übergang
vom Zustand i zum Zustand j und wird dementsprechend auch *Übergangswahrscheinlichkeit* genannt. An dieser Stelle wird klar, dass es zweckmäßig
ist, die Zustände mit den Zahlen $0, \ldots, n - 1$ oder auch $1, \ldots, n$ zu bezeichnen, damit wir sie bequem den Zeilen und Spalten der Matrix zuordnen
können. Dies ist für jedes System mit endlich vielen Zuständen problemlos
möglich. Damit p_{ij} sinnvoll definiert ist, darf $\Pr[X_{t+1} = j \mid X_t = i]$ nicht
von t abhängen.

Wie wir oben nachgerechnet haben, befinden wir uns ausgehend vom Startzustand nach zwei Schritten mit Wahrscheinlichkeit 0,83 im Zustand 1. Für
einen beliebigen Zeitpunkt drücken wir dies durch einen *Zustandsvektor* q_t
aus. Der i-te Eintrag von q_t gibt an, mit welcher Wahrscheinlichkeit sich das
System zum Zeitpunkt t im i-ten Zustand befindet. Damit q_t vollständig definiert ist, muss neben der Übergangsmatrix der Startzustand des Systems
bekannt sein. Wir beschränken uns nicht auf einen einzelnen Startzustand,
sondern definieren eine *Startverteilung* durch einen Zustandsvektor q_0. Man
beachte, dass wir für die Zustandsvektoren Zeilenvektoren verwenden. In
Kürze werden wir sehen, warum dies von Vorteil ist. Für unser Beispiel gilt

$$P = \begin{pmatrix} 0{,}8 & 0{,}2 \\ 0{,}1 & 0{,}9 \end{pmatrix} \quad \text{und} \quad q_0 = (0, 1). \tag{4.1}$$

Auch die Werte des Zustandsvektors q_2 haben wir bereits ausgerechnet: Es
gilt $q_2 = (0{,}17,\ 0{,}83)$.

Etwas formaler ausgedrückt können wir das von uns betrachtete System
folgendermaßen charakterisieren:

Definition 4.1 *Eine* (endliche) Markov-Kette *(mit diskreter Zeit) über der Zustandsmenge* $S = \{0, \ldots, n-1\}$ *besteht aus einer unendlichen Folge von Zufallsvariablen* $(X_t)_{t \in \mathbb{N}_0}$ *mit Wertemenge* S *sowie einer* Startverteilung q_0 *mit* $q_0^T \in \mathbb{R}^n$. *Die Komponenten von* q_0 *sind hierbei positiv und addieren sich zu Eins. Für jede Indexmenge* $I \subseteq \{0, \ldots, t-1\}$ *und beliebige Zustände* i, j, s_k $(k \in I)$ *gilt*

$$\Pr[X_{t+1} = j \mid X_t = i, \forall k \in I : X_k = s_k] = \Pr[X_{t+1} = j \mid X_t = i]. \quad (4.2)$$

Sind die Werte

$$p_{ij} := \Pr[X_{t+1} = j \mid X_t = i]$$

von t *unabhängig, so nennt man die Markov-Kette* (zeit)homogen. *In diesem Fall definiert man die* Übergangsmatrix *durch* $P = (p_{ij})_{0 \le i, j < n}$. *Wenn man* $S = \mathbb{N}_0$ *zulässt, so spricht man von einer* unendlichen Markov-Kette.

Bedingung (4.2) heißt *Markov-Bedingung* und besagt anschaulich Folgendes: Wenn wir den Zustand i zum Zeitpunkt t kennen, so hängt die Übergangswahrscheinlichkeit zum Folgezustand j nur von i und j ab. Die Vergangenheit (Zustände zu Zeitpunkten $< t$) der Markov-Kette spielt hierbei keine Rolle. Das „Gedächtnis" der Markov-Kette besteht also nur aus ihrem aktuellen Zustand und sie „weiß" nicht, wie sie dorthin gekommen ist.

Bei einer zeithomogenen Markov-Kette hat die (absolute) Zeit t keinen Einfluss auf die Übergangswahrscheinlichkeiten p_{ij}, d.h. das Systemverhalten wird nur durch den aktuellen Zustand bestimmt und nicht durch eine absolute Uhr. In diesem Buch werden wir nur zeithomogene Markov-Ketten betrachten. Wenn wir daher in Zukunft von einer Markov-Kette sprechen, werden wir immer stillschweigend voraussetzen, dass sie zeithomogen ist.

Wir wollen uns nun überlegen, wie der Wahrscheinlichkeitsraum zu einer Markov-Kette aussieht. Nehmen wir an, dass wir die Kette von der Zeit 0 bis zur Zeit t_0 beobachten wollen. Wir bezeichnen die Folge von Zuständen, die von der Kette in dieser Zeit durchlaufen wurde, mit $\vec{x} = (x_0, x_1, \ldots, x_{t_0})$. $\Omega = S^{t_0+1}$ sei die Menge möglicher Zustandsfolgen. Einer beliebigen Folge $\omega := (x_0, x_1, \ldots, x_{t_0}) \in \Omega$ ordnen wir die Wahrscheinlichkeit

$$\Pr[\omega] = (q_0)_{x_0} \cdot \prod_{i=1}^{t_0} \Pr[X_i = x_i \mid X_{i-1} = x_{i-1}]$$

zu. Dadurch erhalten wir einen diskreten Wahrscheinlichkeitsraum im Sinne von Definition 1.1 auf Seite 3.

4.2.2 Berechnung von Übergangswahrscheinlichkeiten

Markov-Ketten weisen eine gewisse Ähnlichkeit mit (deterministischen) endlichen Automaten auf, wie sie in der Informatik eine wichtige Rolle spielen. Dies wird besonders deutlich, wenn man die graphische Darstellung als Übergangsdiagramm vor Augen hat. Allerdings besteht ein wesentlicher Unterschied: Wegen der randomisierten Zustandsübergänge kann man meist keinen einzelnen Zustand identifizieren, in dem sich die Markov-Kette zu einem bestimmten Zeitpunkt befindet. Diesbezüglich verhalten sich Markov-Ketten also ähnlich wie nichtdeterministische endliche Automaten. Wir geben deshalb, wie bereits oben angedeutet, die Situation zum Zeitpunkt t durch einen Zustandsvektor q_t an. Die i-te Komponente $(q_t)_i$ bezeichnet hierbei die Wahrscheinlichkeit, mit der sich die Kette nach t Schritten im Zustand i aufhält.

Angenommen, wir kennen q_t. Wie können wir daraus q_{t+1} berechnen? Nach dem Satz von der totalen Wahrscheinlichkeit (siehe Satz 1.20 auf Seite 19) gilt für alle $0 \leq k < n$

$$\Pr[X_{t+1} = k] = \sum_{i=0}^{n-1} \Pr[X_{t+1} = k \mid X_t = i] \cdot \Pr[X_t = i].$$

Dies kann man direkt umschreiben zu

$$(q_{t+1})_k = \sum_{i=0}^{n-1} p_{ik} \cdot (q_t)_i.$$

Diese Summe entspricht einer Multiplikation des Vektors q_t von links an die Matrix P, d. h.

$$q_{t+1} = q_t \cdot P.$$

Hier wird deutlich, warum es sinnvoll ist, die Zustandsvektoren q_t in Zeilenform zu notieren. Nur so ist diese kompakte Darstellung möglich.

Mit der Matrixschreibweise können wir beliebige Zustandsvektoren q_t einfach durch die Startverteilung q_0 ausdrücken, denn es gilt

$$q_t = q_0 \cdot P^t.$$

Ebenso gilt wegen der Zeithomogenität allgemein für alle $t, k \in N$:

$$q_{t+k} = q_t \cdot P^k.$$

Die Einträge von P^k geben an, mit welcher Wahrscheinlichkeit ein Übergang vom Zustand i zum Zustand j in genau k Schritten erfolgt. Für diese Wahrscheinlichkeiten führen wir folgende Schreibweise ein:

$$p_{ij}^{(k)} := \Pr[X_{t+k} = j \mid X_t = i] = (P^k)_{ij}.$$

Exponentiation von Matrizen. Die Exponentiation von Matrizen ist im Allgemeinen recht aufwendig. Mit einem kleinen „Trick" aus der linearen Algebra kann man die Rechnung bei diagonalisierbaren Matrizen jedoch stark vereinfachen. Wir werden an dieser Stelle nur kurz das Verfahren skizzieren. Eine ausführlichere Darstellung kann man in jedem einführenden Lehrbuch zur linearen Algebra finden. Nicht alle Matrizen sind diagonalisierbar (vgl. Aufgabe 4.4), jedoch können im allgemeinen Fall ähnliche Techniken angewandt werden.

Wenn P diagonalisierbar ist, so existiert eine Diagonalmatrix D und eine invertierbare Matrix B, so dass $P = B \cdot D \cdot B^{-1}$ gilt. Diese erhalten wir durch Berechnung der Eigenwerte und Eigenvektoren von P und durch Transformation von P in den Raum der Eigenvektoren. Man rechnet leicht nach, dass nun $P^t = B \cdot D^t \cdot B^{-1}$ gilt. D^t kann sehr einfach berechnet werden, da dazu nur die Diagonalelemente mit dem entsprechenden Exponenten versehen werden müssen.

Zur Veranschaulichung wenden wir die Diagonalisierung auf die Übergangsmatrix

$$P = \begin{pmatrix} 0{,}8 & 0{,}2 \\ 0{,}1 & 0{,}9 \end{pmatrix}$$

an. Durch Bestimmung der Nullstellen des charakteristischen Polynoms der Matrix $(P - \lambda \cdot I)$ erhalten wir die Eigenwerte 0,7 und 1, sowie die zugehörigen (rechten) Eigenvektoren

$$\nu_1 = \begin{pmatrix} -2 \\ 1 \end{pmatrix} \quad \text{und} \quad \nu_2 = \begin{pmatrix} 1 \\ 1 \end{pmatrix}.$$

Wir setzen deshalb

$$D = \begin{pmatrix} 0{,}7 & 0 \\ 0 & 1 \end{pmatrix} \quad \text{und} \quad B = \begin{pmatrix} -2 & 1 \\ 1 & 1 \end{pmatrix}$$

und erhalten durch Matrixinversion

$$B^{-1} = \begin{pmatrix} -\frac{1}{3} & \frac{1}{3} \\ \frac{1}{3} & \frac{2}{3} \end{pmatrix}.$$

Daraus folgt beispielsweise

$$P^3 = \begin{pmatrix} -2 & 1 \\ 1 & 1 \end{pmatrix} \begin{pmatrix} 0{,}7^3 & 0 \\ 0 & 1^3 \end{pmatrix} \begin{pmatrix} -\frac{1}{3} & \frac{1}{3} \\ \frac{1}{3} & \frac{2}{3} \end{pmatrix} \approx \begin{pmatrix} 0{,}562 & 0{,}438 \\ 0{,}219 & 0{,}781 \end{pmatrix}.$$

4.2.3   Ankunftswahrscheinlichkeiten und Übergangszeiten

Bei der Analyse von Markov-Ketten treten oftmals Fragestellungen auf, die sich auf zwei bestimmte Zustände i und j beziehen:

- Wie wahrscheinlich ist es, irgendwann von i nach j zu kommen?

- Wie viele Schritte benötigt die Kette im Mittel, um von i nach j zu gelangen?

Dies motiviert die folgenden Definitionen.

Definition 4.2 *Die Zufallsvariable*

$$T_{ij} := \min\{n \geq 1 \mid X_n = j, \text{wenn } X_0 = i\}$$

zählt die Anzahl der Schritte, die von der Markov-Kette für den Weg von i nach j benötigt werden. T_{ij} nennen wir die Übergangszeit (engl. hitting time) vom Zustand i zum Zustand j. Wenn j nie erreicht wird, setzen wir $T_{ij} = \infty$. Ferner definieren wir $h_{ij} := \mathbb{E}[T_{ij}]$.

Die Wahrscheinlichkeit, vom Zustand i nach beliebig vielen Schritten in den Zustand j zu gelangen, nennen wir Ankunftswahrscheinlichkeit f_{ij}. Formal definieren wir

$$f_{ij} := \Pr[T_{ij} < \infty].$$

Bevor wir uns einem allgemeinen Verfahren zur Berechnung von f_{ij} und h_{ij} zuwenden, illustrieren wir diese Begriffe zunächst an einem Beispiel.

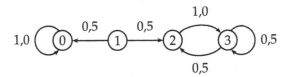

Abbildung 4.2: Beispiel zur Berechnung von f_{ij} und h_{ij}

BEISPIEL 4.3 Wir betrachten die Markov-Kette aus Abbildung 4.2. Einige Besonderheiten fallen sofort auf:

- Beginnt man im Zustand 0, so kann man niemals einen der übrigen Zustände erreichen. Die Übergangszeiten T_{01}, T_{02} und T_{03} sind daher Unendlich.

- Beginnt man im Zustand 1, so entscheidet sich im ersten Schritt, ob die Kette sich zukünftig im „linken Teil" (Zustand 0) oder im „rechten Teil" (Zustand 2 und 3) aufhält. Für die Übergangszeit T_{10} gilt daher

$$T_{10} = \begin{cases} 1 & \text{falls } X_1 = 0, \\ \infty & \text{falls } X_1 = 2. \end{cases}$$

Wegen $\Pr[X_1 = 0 \mid X_0 = 1] = 0{,}5$ folgt $f_{10} = 0{,}5$ und $\mathbb{E}[T_{10}] = \infty$.

- Beginnt man im Zustand 2 oder 3, so wird die Kette auch weiterhin zwischen der Zuständen 2 und 3 „hin und her pendeln". Genauer stellen wir fest: Die Anzahl der Schritte, in denen die Kette im Zustand 3 bleibt, ist geometrisch verteilt mit Parameter 0,5. Der Zustand 3 wird daher im Mittel nach $1/0{,}5 = 2$ Schritten verlassen. Da Zustand 2 der einzige Nachbar von 3 ist, folgt $h_{32} = 2$ und somit insbesondere auch $f_{32} = 1$.

Die Berechnung der oben noch nicht anführten Werte h_{ij} und f_{ij} verläuft analog und sei dem Leser überlassen.

In Beispiel 4.3 haben wir bei der Berechnung von T_{10} bereits gesehen, dass es nützlich sein kann, auf das Ergebnis des ersten Schritts der Markov-Kette zu bedingen. Im Allgemeinen wird man dadurch die Werte h_{ij} und f_{ij} zwar noch nicht wie in unserem Beispiel sofort ablesen können, man erhält jedoch lineare Gleichungssysteme, deren Lösung die gesuchten Werte liefert.

Lemma 4.4 *Für die erwarteten Übergangszeiten gilt*

$$h_{ij} = 1 + \sum_{k \neq j} p_{ik} h_{kj} \quad \text{für alle } i, j \in S, \tag{4.3}$$

sofern die Erwartungswerte h_{ij} und h_{kj} existieren. Für die Ankunftswahrscheinlichkeiten gilt analog

$$f_{ij} = p_{ij} + \sum_{k \neq j} p_{ik} f_{kj} \quad \text{für alle } i, j \in S. \tag{4.4}$$

Beweis: Wir bedingen auf das Ergebnis des ersten Schritts der Markov-Kette und erhalten aufgrund der Gedächtnislosigkeit $\Pr[T_{ij} < \infty \mid X_1 = k] = \Pr[T_{kj} < \infty]$ für $k \neq j$ sowie $\Pr[T_{ij} < \infty \mid X_1 = j] = 1$. Mit Hilfe des Satzes von der totalen Wahrscheinlichkeit schließen wir, dass

$$
\begin{aligned}
f_{ij} &= \Pr[T_{ij} < \infty] = \sum_{k \in S} \Pr[T_{ij} < \infty \mid X_1 = k] \cdot p_{ik} \\
&= p_{ij} + \sum_{k \neq j} \Pr[T_{kj} < \infty] \cdot p_{ik} = p_{ij} + \sum_{k \neq j} p_{ik} f_{kj}.
\end{aligned}
$$

Wegen der Gedächtnislosigkeit folgt $\mathbb{E}[T_{ij} \mid X_1 = k] = 1 + \mathbb{E}[T_{kj}]$ für $k \neq j$. Ferner gilt $\mathbb{E}[T_{ij} \mid X_1 = j] = 1$. Bedingen wir wieder auf das Ergebnis des ersten Schritts, so schließen wir mit Satz 1.45 auf Seite 34:

$$
\begin{aligned}
h_{ij} &= \mathbb{E}[T_{ij}] = \sum_{k \in S} \mathbb{E}[T_{ij} \mid X_1 = k] \cdot p_{ik} \\
&= p_{ij} + \sum_{k \neq j} (1 + \mathbb{E}[T_{kj}]) \cdot p_{ik} = 1 + \sum_{k \neq j} h_{kj} \cdot p_{ik}. \qquad \square
\end{aligned}
$$

Wir illustrieren Lemma 4.4 nochmals an unserem Beispiel.

BEISPIEL 4.5 *(Fortsetzung von Beispiel 4.3)* Für die Berechnung der Übergangszeiten für die Zustände 2 und 3 erhalten wir die Gleichungen

$$h_{22} = 1 + h_{32}, \qquad h_{33} = 1 + \tfrac{1}{2} \cdot h_{23}$$

und

$$h_{23} = 1, \qquad h_{32} = 1 + \tfrac{1}{2} h_{32}.$$

Durch Lösen dieses Gleichungssystems erhalten wir die Werte $h_{22} = 3$, $h_{33} = 1{,}5$, $h_{23} = 1$ und $h_{32} = 2$. Die Ankunftswahrscheinlichkeiten lassen sich analog herleiten. Man erhält $f_{22} = f_{33} = f_{23} = f_{32} = 1$.

Wir betrachten nun noch ein klassisches Problem aus der Theorie der Markov-Ketten, das so genannte „gamblers ruin problem".

BEISPIEL 4.6 *(gamblers ruin problem)* Anna und Bodo spielen Poker, bis einer von ihnen bankrott ist. A verfügt über Kapital a und B setzt eine Geldmenge in Höhe von $m - a$ aufs Spiel. Insgesamt sind also m Geldeinheiten am Spiel beteiligt. In jeder Pokerrunde setzen A und B jeweils eine Geldeinheit. A gewinnt mit Wahrscheinlichkeit p und B trägt folglich mit Wahrscheinlichkeit $q := 1 - p$ den Sieg davon. Wir nehmen an, dass diese Wahrscheinlichkeiten vom bisherigen Spielverlauf und insbesondere vom Kapitalstand der Spieler unabhängig sind.

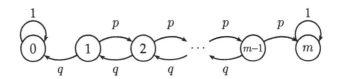

Abbildung 4.3: Markov-Kette zum „gamblers ruin problem"

A interessiert sich nun für die Wahrscheinlichkeit, mit der sie B in den Ruin treibt. Dazu definieren wir eine Markov-Kette mit den Zuständen $0, \dots, m$, wobei im Zustand i das Kapital von A genau i betragen soll. Damit ergibt sich die in Abbildung 4.3 dargestellte Markov-Kette. Das Spiel beginnt im Zustand a und endet, wenn einer der Zustände 0 oder m erreicht wird. Mit den oben eingeführten Abkürzungen können wir die gesuchte Wahrscheinlichkeit durch $f_{a,m}$ bezeichnen. Hierbei schreiben wir $f_{i,j}$ statt f_{ij}, um den ersten und zweiten Index deutlich zu unterscheiden. Für die Berechnung von $f_{a,m}$ verwenden wir die linearen Gleichungen aus (4.4). Wir erhalten:

$$
\begin{aligned}
f_{i,m} &= p \cdot f_{i+1,m} + q \cdot f_{i-1,m} \quad \text{für } 1 \leq i < m - 1, & (4.5)\\
f_{m-1,m} &= p + q \cdot f_{m-2,m},\\
f_{0,m} &= 0.
\end{aligned}
$$

Anschaulich kann man sich diese Gleichungen auch leicht dadurch herleiten, dass je nachdem, ob A im ersten Spiel gewinnt oder verliert, sie ab dem zweiten Spiel den Zielzustand m von $i + 1$ bzw. von $i - 1$ aus erreichen muss.

Für feste Werte für p, q und m stellt die Lösung dieses Gleichungssystems kein grundsätzliches Problem mehr dar. Wir wollen $f_{i,m}$ jedoch allgemein als Funktion von m berechnen. Dazu beobachten wir zunächst, dass wir (4.5) wegen $f_{m,m} = 1$ umschreiben können zu

$$f_{i+1,m} = (1/p) \cdot f_{i,m} - (q/p) \cdot f_{i-1,m} \quad \text{für } 1 \leq i < m. \tag{4.6}$$

Die Werte $f_{i,m}$ erfüllen also eine homogene, lineare Rekursionsgleichung 2. Grades. Um diese Rekursionsgleichung zu lösen, ergänzen wir (4.6) um die Anfangswerte

$$f_{0,m} = 0 \quad \text{und} \quad f_{1,m} = \xi.$$

(Für den Moment fassen wir ξ als Variable auf. Nach Lösung der Rekursion werden wir ξ so wählen, dass die Bedingung $f_{m,m} = 1$ erfüllt ist.) In Band I haben wir Methoden für die Lösung solcher Rekursionsgleichungen kennengelernt. Wenden wir diese an (alternativ kann man natürlich auch ein Computeralgebra-System verwenden), so ergibt sich für $p \neq 1/2$:

$$f_{i,m} = \frac{p \cdot \xi}{2p - 1} \cdot \left(1 - \left(\frac{1-p}{p} \right)^i \right).$$

Setzen wir nun $i = m$ so folgt aus $f_{m,m} = 1$, dass

$$\xi = \frac{2p - 1}{p \cdot \left(1 - \left(\frac{1-p}{p} \right)^m \right)}$$

gelten muss. Insgesamt erhalten wir somit das Ergebnis:

$$f_{j,m} = \frac{1 - \left(\frac{1-p}{p} \right)^j}{1 - \left(\frac{1-p}{p} \right)^m}.$$

Für $p = 1/2$ verläuft die Rechnung ähnlich. Wir überlassen dies dem Leser (siehe Aufgabe 4.6).

Auf den ersten Blick könnte man erwarten, dass die erwartete Übergangszeit $h_{a,m}$ beim „gamblers ruin problem" aus Beispiel 4.6 ein gutes Maß ist, wie lange A auf seinen Gewinn im Mittel warten muss. Da jedoch auch B mit einer positiven Wahrscheinlichkeit darauf hoffen darf, A zu ruinieren, und A in diesem Fall unendlich lange auf den Ruin von B warten wird, kann $h_{a,m}$ nicht endlich sein. Aus diesem Grund werden wir uns im Folgenden statt mit der Übergangszeit mit einer etwas abgewandelten Größe beschäftigen.

BEISPIEL 4.7 (*Fortsetzung von Beispiel 4.6*) Im Folgenden wollen wir berechnen, wie lange A und B im Mittel spielen können, bis einer von ihnen bankrott geht. Hierzu betrachten wir:

$$T_i' := \text{„Anzahl der Schritte von Zustand } i \text{ nach Zustand } 0 \text{ oder } m\text{"}$$

und setzen

$$d_i := \mathbb{E}[T_i'].$$

Zur Bestimmung von d_i leiten wir wiederum ein Gleichungssystem her. Offensichtlich gilt $d_0 = d_m = 0$. Für d_i mit $1 \le i < m$ argumentieren wir wie folgt: Wenn wir mit Wahrscheinlichkeit p zu $i + 1$ übergehen, brauchen wir zusätzlich zu diesem Schritt im Mittel noch d_{i+1} Schritte zum Ziel. Analoges gilt für den Übergang zu $i - 1$. Bedingen wir daher wieder auf die verschiedenen Möglichkeiten für den ersten Schritt der Markov-Kette, so erhalten wir die Gleichung $d_i = qd_{i-1} + pd_{i+1} + 1$.

Dieses Gleichungssystem lösen wir mit demselben Trick wie bei der Berechnung von $f_{i,m}$ in Beispiel 4.6, wobei wir uns im Folgenden aber auf den Fall $p = q = 1/2$ beschränken wollen. Zunächst fassen wir das Gleichungssystem wieder als lineare Rekursion 2. Grades auf:

$$d_{i+1} = 2d_i - d_{i-1} - 2 \quad \text{für } 1 \le i < m, \qquad d_1 = \xi, \ d_0 = 0.$$

Als Lösung erhält man $d_i = \xi \cdot i - i^2 + i$. Aus der Bedingung $d_m = 0$ ergibt sich $\xi = m - 1$ und somit

$$d_i = i \cdot (m - i) \quad \text{für alle } i = 0, \dots, m.$$

Wir halten fest: Wegen $d_i \le mi \le m^2$ folgt, dass das Spiel unabhängig vom Startzustand im Mittel nach höchstens m^2 Schritten beendet ist.

Die in diesem Abschnitt vorgestellten Techniken kann man ebenso gut bei der Behandlung unendlicher Markov-Ketten anwenden. Wir betrachten auch hierzu ein Beispiel.

BEISPIEL 4.8 Nachdem Anna ihr gesamtes Kapital beim Pokerspielen verloren hat, besucht sie ein Spielkasino und bittet die Bank um einen unbegrenzten Kredit. Nach dem ihr dieser gewährt wurde, geht sie zu einem der Roulette-Tische und setzt in jeder Runde eine Geldeinheit auf Schwarz. Wenn wir den Einfluss der Null außer Acht lassen und somit die Erfolgswahrscheinlichkeit mit $\frac{1}{2}$ ansetzen, so können wir Annas Gesamtvermögen (bzw. die Gesamtschulden) durch die in Abbildung 4.4 dargestellte unendliche Markov-Kette modellieren.

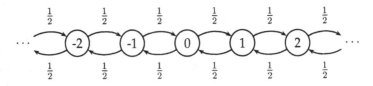

Abbildung 4.4: Random Walk auf den ganzen Zahlen

Diese Markov-Kette wird oft auch als *Random Walk* auf den ganzen Zahlen bezeichnet. Begegnet sind wir ihr bereits in Kapitel 1 in Beispiel 1.100 und 1.107 auf Seite 80. Dort hatten wir bereits gesehen, dass die Ankunftswahrscheinlichkeit $f_{0,0}$ gleich

Eins ist. Dies wollen wir hier nochmals elementar nachweisen. Wie in Beispiel 4.6 erhält man aus (4.4) die Gleichungen

$$f_{0,0} = \tfrac{1}{2} \cdot (f_{-1,0} + f_{1,0}), \quad f_{-1,0} = \tfrac{1}{2} \cdot (f_{-2,0} + 1), \quad f_{1,0} = \tfrac{1}{2} \cdot (f_{2,0} + 1),$$
$$f_{x,0} = \tfrac{1}{2} \cdot (f_{x-1,0} + f_{x+1,0}) \quad \text{für alle } x \in \mathbb{Z}, |x| \geq 2.$$

Aus Symmetriegründen gilt $f_{i,0} = f_{-i,0}$ für alle $i \in \mathbb{N}$. Insbesondere gilt also $f_{1,0} = f_{-1,0} = f_{0,0}$. Aus $f_{1,0} = \tfrac{1}{2} \cdot (f_{2,0} + 1)$ folgt $f_{2,0} = 2f_{0,0} - 1$. Betrachten wir nun die Bedingungen für $x \geq 2$ so erhalten wir die Rekursionsgleichung

$$f_{1,0} = f_{0,0}, \quad f_{2,0} = 2f_{0,0} - 1, \quad f_{n+1,0} = 2f_{n,0} - f_{n-1,0} \quad \text{für alle } n \in \mathbb{N}, n \geq 2.$$

Als Lösung ergibt sich $f_{n,0} = n(f_{0,0} - 1) + 1$. Da $f_{n,0}$ die Wahrscheinlichkeit bezeichnet, mit der wir in beliebig vielen Schritten von Position n zur Position 0 gelangen können, muss gelten $0 \leq f_{n,0} \leq 1$ für alle $n \in \mathbb{N}$. Dies ist nur für $f_{0,0} = 1$ erfüllt.

4.2.4 Stationäre Verteilung

Reale dynamische Systeme laufen oft über eine lange Zeit. Für solche Systeme ist es sinnvoll, das Verhalten für $t \to \infty$ zu berechnen. Dies wird das zentrale Thema dieses Abschnitts sein.

Zur Erläuterung betrachten wir zunächst wieder die Markov-Kette aus Abbildung 4.1 auf Seite 167. Wir hatten gezeigt (siehe Seite 171), dass für die Übergangsmatrix P gilt

$$P = B \cdot D \cdot B^{-1} = \begin{pmatrix} -2 & 1 \\ 1 & 1 \end{pmatrix} \cdot \begin{pmatrix} \tfrac{7}{10} & 0 \\ 0 & 1 \end{pmatrix} \cdot \begin{pmatrix} -\tfrac{1}{3} & \tfrac{1}{3} \\ \tfrac{1}{3} & \tfrac{2}{3} \end{pmatrix}.$$

Daraus folgt

$$P^t = B \cdot D^t \cdot B^{-1} = \begin{pmatrix} -2 & 1 \\ 1 & 1 \end{pmatrix} \cdot \begin{pmatrix} \left(\tfrac{7}{10}\right)^t & 0 \\ 0 & 1^t \end{pmatrix} \cdot \begin{pmatrix} -\tfrac{1}{3} & \tfrac{1}{3} \\ \tfrac{1}{3} & \tfrac{2}{3} \end{pmatrix},$$

und für $t \to \infty$ erhalten wir

$$\lim_{t \to \infty} P^t = \begin{pmatrix} -2 & 1 \\ 1 & 1 \end{pmatrix} \cdot \begin{pmatrix} 0 & 0 \\ 0 & 1 \end{pmatrix} \cdot \begin{pmatrix} -\tfrac{1}{3} & \tfrac{1}{3} \\ \tfrac{1}{3} & \tfrac{2}{3} \end{pmatrix} = \begin{pmatrix} \tfrac{1}{3} & \tfrac{2}{3} \\ \tfrac{1}{3} & \tfrac{2}{3} \end{pmatrix}.$$

Für eine beliebige Startverteilung $q_0 = (a, 1 - a)$ folgt

$$\begin{aligned} \lim_{t \to \infty} q_t &= \lim_{t \to \infty} q_0 \cdot P^t = (a, 1 - a) \cdot \begin{pmatrix} \tfrac{1}{3} & \tfrac{2}{3} \\ \tfrac{1}{3} & \tfrac{2}{3} \end{pmatrix} \\ &= \left(\tfrac{1}{3}a + \tfrac{1}{3}(1 - a), \tfrac{2}{3}a + \tfrac{2}{3}(1 - a) \right) = (\tfrac{1}{3}, \tfrac{2}{3}). \end{aligned}$$

Das System konvergiert also *unabhängig vom Startzustand* in eine feste Verteilung. Der zugehörige Zustandsvektor $\pi = (\tfrac{1}{3}, \tfrac{2}{3})$ hat eine interessante Eigenschaft:

$$\pi \cdot P = (\tfrac{1}{3}, \tfrac{2}{3}) \cdot \begin{pmatrix} 0{,}8 & 0{,}2 \\ 0{,}1 & 0{,}9 \end{pmatrix} = (\tfrac{1}{3}, \tfrac{2}{3}) = \pi.$$

π ist also ein Eigenvektor der Matrix P zum Eigenwert 1 bezüglich Multiplikation von links. Dies bedeutet: Wenn die Kette einmal den Zustandsvektor π angenommen hat, so bleibt dieser bei allen weiteren Übergängen erhalten.

> **Definition 4.9** *P sei die Übergangsmatrix einer Markov-Kette. Einen Zustandsvektor π mit $\pi = \pi \cdot P$ nennen wir* stationäre Verteilung *der Markov-Kette.*

Besitzen alle Markov-Ketten die Eigenschaft, dass sie unabhängig vom Startzustand in eine bestimmte stationäre Verteilung konvergieren, oder stellt die eben betrachtete Kette aus Abbildung 4.1 einen besonderen Fall dar? Im Folgenden werden wir sehen, dass in der Tat letzteres zutrifft: Nicht alle Markov-Ketten konvergieren in eine (eindeutige) stationäre Verteilung. Einige Markov-Ketten besitzen auch mehr als eine stationäre Verteilung. Allerdings werden wir später zwei Eigenschaften kennen lernen, aus denen die Konvergenz in eine eindeutige stationäre Verteilung folgt.

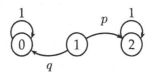

Abbildung 4.5: Eine Markov-Kette mit absorbierenden Zuständen

Wir betrachten ein Beispiel für eine Markov-Kette mit mehr als einer stationären Verteilung. Abbildung 4.5 zeigt die Kette aus dem „gamblers ruin problem" für $m = 2$. Man sieht sofort, dass hier sowohl $\pi_1 = (1, 0, 0)$ als auch $\pi_2 = (0, 0, 1)$ stationäre Verteilungen sind. Der Grund hierfür ist offensichtlich: Die beiden Zustände haben jeweils die Eigenschaft, dass sie keine ausgehenden Kanten besitzen. Solche Zustände heißen *absorbierend*. Formal definieren wir:

> **Definition 4.10** *Wir bezeichnen einen Zustand i als* absorbierend, *wenn aus ihm keine Übergänge herausführen, d. h. $p_{ij} = 0$ für alle $j \neq i$ und folglich $p_{ii} = 1$.*
>
> *Ein Zustand i heißt* transient, *wenn $f_{ii} < 1$, d. h. mit positiver Wahrscheinlichkeit $1 - f_{ii} > 0$ kehrt der Prozess nach einem Besuch in i nie mehr dorthin zurück.*
>
> *Ein Zustand i mit $f_{ii} = 1$ heißt* rekurrent.

Beispiel 4.11 *(Fortsetzung von Beispiel 4.3)* In der Kette aus Abbildung 4.5 ist der Zustand 1 transient. Der Zustand 0 ist absorbierend und damit insbesondere rekurrent. Dasselbe gilt für Zustand 2.

Vereinfacht ausgedrückt besteht die Markov-Kette aus Abbildung 4.5 eigentlich aus zwei „Hälften": Die linke Hälfte besteht aus dem absorbierenden Zustand 0, die rechte Hälfte aus dem Zustand 2. Befindet man sich einmal in einer der Hälften, so verbleibt man dort, egal wie lange man die Markov-Kette noch beobachtet. Anders ausgedrückt: Die Wahrscheinlichkeit zu einem späteren Zeitpunkt in die andere Hälfte zu wechseln ist Null. Die folgende Definition schließt solche Fälle aus.

Definition 4.12 *Eine Markov-Kette heißt* irreduzibel, *wenn es für alle Zustandspaare $i, j \in S$ eine Zahl $n \in \mathbb{N}$ gibt, so dass $p_{ij}^{(n)} > 0$.*

Definition 4.12 besagt anschaulich, dass jeder Zustand von jedem anderen Zustand aus mit positiver Wahrscheinlichkeit erreicht werden kann, wenn man nur genügend viele Schritte durchführt. Dies ist bei endlichen Markov-Ketten genau dann der Fall, wenn der gerichtete Graph des Übergangsdiagramms stark zusammenhängend ist[2].

Irreduzible Markov-Ketten haben die Eigenschaft, dass man von jedem Zustand aus nach endlich vielen Schritten wieder dorthin zurückkehrt.

Lemma 4.13 *Für irreduzible endliche Markov-Ketten gilt: $f_{ij} = \Pr[T_{ij} < \infty] = 1$ für beliebige Zustände $i, j \in S$. Zusätzlich gilt auch, dass die Erwartungswerte $h_{ij} = \mathbb{E}[T_{ij}]$ alle existieren.*

Beweis (Skizze): Wir betrachten zunächst den Beweis für die Existenz von h_{ij}. Für jeden Zustand k gibt es nach Definition 4.12 ein n_k, so dass $p_{kj}^{(n_k)} > 0$. Wir halten n_k fest und setzen $n := \max_k n_k$ und $p := \min_k p_{kj}^{(n_k)}$.

Von einem beliebigen Zustand aus gelangen wir nach höchstens n Schritten mit Wahrscheinlichkeit mindestens p nach j. Wir unterteilen die Zeit in Phasen zu n Schritten und nennen eine Phase erfolgreich, wenn während dieser Phase ein Besuch bei j stattgefunden hat. Die Anzahl von Phasen bis zur ersten erfolgreichen Phase können wir durch eine geometrische Verteilung mit Parameter p abschätzen. Die erwartete Anzahl von Phasen ist somit höchstens $1/p$ und wir schließen $h_{ij} \leq (1/p)n$. Daraus folgt sofort, dass auch $f_{ij} = \Pr[T_{ij} < \infty] = 1$. □

---

[2] Eine Definition des Begriffs *stark zusammenhängend* findet sich beispielsweise in Band I.

Irreduzible endliche Markov-Ketten haben die Eigenschaft, dass sie genau eine stationäre Verteilung besitzen.

Satz 4.14 *Eine irreduzible endliche Markov-Kette besitzt eine eindeutige stationäre Verteilung π und es gilt $\pi_j = 1/h_{jj}$ für alle $j \in S$.*

Beweis: Wir zeigen zunächst, dass es einen Vektor $\pi \neq 0$ gibt mit $\pi = \pi P$. Sei $e := (1, \ldots, 1)^T$ der Einheitsvektor und I die Einheitsmatrix. Für jede Übergangsmatrix P gilt $P \cdot e = e$, da sich die Einträge der Zeilen von P zu Eins addieren. Daraus folgt $0 = Pe - e = (P - I)e$ und die Matrix $P - I$ ist somit singulär. Damit ist auch die transponierte Matrix $(P - I)^T = P^T - I$ singulär. Es gibt also einen (Spalten-)Vektor $\pi \neq 0$ mit $(P^T - I) \cdot \pi = 0$ bzw. $\pi^T P = \pi^T$. Wir betrachten zunächst den Fall, dass $\sum_i \pi_i \neq 0$. Dann können wir ohne Beschränkung der Allgemeinheit annehmen, dass π normiert ist, also dass $\sum_i \pi_i = 1$ gilt.

Wegen Lemma 4.13 existieren die Erwartungswerte h_{ij}. Für einen beliebigen Zustand $j \in S$ gelten somit nach (4.3) die Gleichungen

$$\pi_i h_{ij} = \pi_i \Big(1 + \sum_{k \neq j} p_{ik} h_{kj}\Big) \quad \text{für } i \in S.$$

Wir addieren diese Gleichungen und erhalten wegen $\sum_i \pi_i = 1$

$$
\begin{aligned}
\pi_j h_{jj} + \sum_{i \neq j} \pi_i h_{ij} &= 1 + \sum_{i \in S} \sum_{k \neq j} \pi_i p_{ik} h_{kj} \\
&= 1 + \sum_{k \neq j} h_{kj} \sum_{i \in S} \pi_i p_{ik} = 1 + \sum_{k \neq j} \pi_k h_{kj},
\end{aligned}
$$

wobei wir im letzten Schritt ausgenutzt haben, dass $\pi P = \pi$ und somit $\sum_{i \in S} \pi_i p_{ik} = \pi_k$ gilt. Wegen $h_{jj} \geq 1$ ist auch $\pi_j = 1/h_{jj}$ positiv und π stellt somit einen zulässigen Zustandsvektor dar.

Für den Fall $\sum_i \pi_i = 0$ zeigt die selbe Rechnung wie zuvor, dass $\pi_j = 0$ für alle $j \in S$ gilt. Dies steht im Widerspruch zu $\pi \neq 0$. $\qquad\square$

Auch wenn eine Markov-Kette irreduzibel ist und somit eine eindeutige stationäre Verteilung besitzt, so muss sie nicht zwangsläufig in diese Verteilung konvergieren. Wir betrachten dazu die Markov-Kette aus Abbildung 4.6 auf der nächsten Seite.

Als Startverteilung nehmen wir $q_0 = (1, 0)$ an. Da die Kette im nächsten Schritt deterministisch in den Zustand 1 wechselt, gilt $q_1 = (0, 1)$. Auch die Berechnung von q_2 bereitet keinerlei Probleme: $q_2 = (1, 0)$. Damit ist klar:

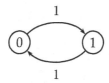

Abbildung 4.6: Eine Markov-Kette mit periodischen Zuständen

$$q_t = \begin{cases} (1,0) & \text{falls } t \text{ gerade,} \\ (0,1) & \text{sonst.} \end{cases}$$

Die Kette pendelt also zwischen den beiden Zustandsvektoren $(1,0)$ und $(0,1)$ hin und her und konvergiert somit nicht in eine bestimmte Verteilung. Wir sagen, dass in dieser Kette alle Zustände die Periode 2 besitzen.

Definition 4.15 *Die* Periode *eines Zustands* j *ist definiert als die größte Zahl* $\xi \in \mathbb{N}$, *so dass gilt:*

$$\{n \in \mathbb{N}_0 \mid p_{ii}^{(n)} > 0\} \subseteq \{i \cdot \xi \mid i \in \mathbb{N}_0\}$$

Ein Zustand mit Periode $\xi = 1$ *heißt* aperiodisch. *Wir nennen eine Markov-Kette* aperiodisch, *wenn alle Zustände aperiodisch sind.*

Wir wollen uns nun überlegen, wie man entscheidet, ob eine Markov-Kette aperiodisch ist. Dazu ist die folgende Aussage hilfreich, die unmittelbar aus der Definition der Übergangswahrscheinlichkeiten folgt: Für ein $n \in \mathbb{N}$ gilt $p_{ii}^{(n)} > 0$ genau dann, wenn es im Übergangsdiagramm einen geschlossenen Weg von i nach i der Länge n gibt.[3] Damit folgt insbesondere: Ein Zustand $i \in S$ einer endlichen Markov-Kette ist sicherlich dann aperiodisch, wenn er im Übergangsdiagramm

- eine Schleife besitzt (also $p_{ii} > 0$) oder

- auf mindestens zwei geschlossenen Wegen W_1 und W_2 liegt, deren Längen l_1 und l_2 teilerfremd sind (für die also $\mathrm{ggT}(l_1, l_2) = 1$ gilt).

Aufbauend auf diesen Überlegungen können wir nun auch die folgende, nützliche Charakterisierung aperiodischer Zustände zeigen.

---

[3] Unter einem Weg von i nach j in einem gerichteten Graphen versteht man eine Folge von Knoten $i = v_0, v_1, \ldots, v_k, v_{k+1} = j$, in der je zwei aufeinanderfolgende Knoten durch eine gerichtete Kante verbunden sind. Man beachte, dass auf einem Weg manche Knoten durchaus mehrfach vorkommen dürfen. Die genauen Definitionen finden sich in Band I.

Lemma 4.16 *Ein Zustand $i \in S$ ist genau dann aperiodisch, falls gilt: Es gibt ein $n_0 \in \mathbb{N}$, so dass $p_{ii}^{(n)} > 0$ für alle $n \in \mathbb{N}, n \geq n_0$.*

Beweis (Skizze): Da je zwei aufeinanderfolgende natürliche Zahlen teilerfremd sind, folgt aus der Existenz eines n_0 mit der im Lemma angegebenen Eigenschaft sofort die Aperiodizität des Zustands. Nehmen wir daher umgekehrt an, dass der Zustand i aperiodisch ist. Mit Hilfe des erweiterten euklidischen Algorithmus (siehe Band I) kann man die folgende Aussage zeigen. Für je zwei natürliche Zahlen $a, b \in \mathbb{N}$ gibt es ein $n_0 \in \mathbb{N}$, so dass gilt: Bezeichnet $d := \mathrm{ggT}(a, b)$ den größten gemeinsamen Teiler von a und b, so gibt es für alle $n \in \mathbb{N}, n \geq n_0$ nichtnegative Zahlen $x, y \in \mathbb{N}_0$ mit $nd = xa + yb$. Wegen $p_{ii}^{(xa+yb)} \geq (p_{ii}^{(a)})^x \cdot (p_{ii}^{(b)})^y$ folgt daraus unmittelbar: Gilt für $a, b \in \mathbb{N}$, dass sowohl $p_{ii}^{(a)}$ als auch $p_{ii}^{(b)}$ positiv sind, so gilt auch $p_{ii}^{(nd)} > 0$ für alle $n \in \mathbb{N}, n \geq n_0$. Aus der Aperiodizität des Zustand i folgt andererseits, dass es Werte $a_0, \ldots, a_k$ geben muss mit $p_{ii}^{(a_i)} > 0$ und der Eigenschaft, dass für $d_1 = \mathrm{ggT}(a_0, a_1)$ und $d_i := \mathrm{ggT}(d_{i-1}, a_i)$ für $i = 2, \ldots, k$ gilt $d_1 > d_2 > \ldots > d_k = 1$. Aus beiden Beobachtungen zusammen folgt die Behauptung. □

Korollar 4.17 *Für irreduzible, aperiodische endliche Markov-Ketten gilt: Es gibt ein $t \in \mathbb{N}$, so dass unabhängig vom Startzustand $(q_t)_i > 0$ für alle $i \in S$.*

Beweis (Skizze): Aus der Irreduzibilität folgt, dass die Markov-Kette irgendwann jeden Zustand $i \in S$ besuchen wird. Wegen Lemma 4.16 wissen wir ferner, dass die Kette hinreichend viele Schritte nach dem ersten Besuch in i in jedem folgenden Zeitschritt mit positiver Wahrscheinlichkeit zu i zurückkehren wird. Da die Kette endlich ist, gibt es daher ein n_0, so dass die Kette sich unabhängig vom Startzustand für alle $n \geq n_0$ in jedem Zustand $i \in S$ mit positiver Wahrscheinlichkeit aufhält. □

Bei Anwendungen ist es oft wünschenswert, sich auf aperiodische, irreduzible Markov-Ketten zu beschränken, da für solche Ketten der Zustandsvektor q_t für $t \to \infty$ unabhängig von der Startverteilung konvergiert, wie wir im Folgenden noch sehen werden. Die Aperiodizität einer irreduziblen Markov-Kette kann dabei auf einfache Weise sichergestellt werden. Dazu fügt man an alle Zustände so genannte *Schleifen* an, also Übergänge, die in denselben Zustand zurückführen. Diese Schleifen versieht man mit der Übergangswahrscheinlichkeit $p = 1/2$ und halbiert die Wahrscheinlichkeiten an allen übrigen Kanten.

Abbildung 4.7 zeigt ein Beispiel. Da bei der dort angegebenen Kette im Mittel bei jedem zweiten Übergang eine Schleife durchlaufen wird, vergrößern

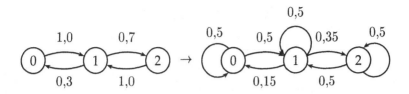

Abbildung 4.7: Einführung von Schleifen

sich die Übergangszeiten gegenüber der ursprünglichen Kette um den Faktor zwei. Durch Analyse der aperiodischen Kette kann man also leicht Rückschlüsse auf die periodische Kette ziehen. Man beachte ferner, dass es bei irreduziblen Ketten genügt, eine einzige Schleife einzuführen, um die Aperiodizität der ganzen Kette sicherzustellen (siehe Aufgabe 4.14).

Definition 4.18 *Irreduzible, aperiodische Markov-Ketten nennt man* ergodisch.

Ergodische Markov-Kette konvergieren für $t \to \infty$ unabhängig vom Startzustand in die stationäre Verteilung, wie der folgende Satz zeigt.

Satz 4.19 (Fundamentalsatz für ergodische Markov-Ketten) *Für jede ergodische endliche Markov-Kette* $(X_t)_{t \in \mathbb{N}_0}$ *gilt unabhängig vom Startzustand*

$$\lim_{n \to \infty} q_n = \pi,$$

wobei π *die eindeutige stationäre Verteilung der Kette bezeichnet.*

Beweis: Aus Satz 4.14 auf Seite 180 wissen wir, dass eine stationäre Verteilung π existiert. Wir zeigen, dass für beliebige Zustände i und k gilt

$$p_{ik}^{(n)} \to \pi_k \quad \text{für } n \to \infty.$$

Daraus folgt die Behauptung, da

$$(q_n)_k = \sum_{i \in S} (q_0)_i \cdot p_{ik}^{(n)} \to \pi_k \cdot \sum_{i \in S} (q_0)_i = \pi_k.$$

$(Y_t)_{t \in \mathbb{N}_0}$ sei eine unabhängige Kopie der Kette $(X_t)_{t \in \mathbb{N}_0}$. Dies bedeutet, dass beide Ketten denselben Übergangswahrscheinlichkeiten gehorchen, aber ihre Übergänge unabhängig voneinander ausgewürfelt werden. Für den Prozess $Z_t := (X_t, Y_t)$ $(t \in \mathbb{N}_0)$, bei dem die Ketten X_t und Y_t gewissermaßen „parallel" betrieben werden, gilt also

$$\Pr[(X_{t+1}, Y_{t+1}) = (j_x, j_y) \mid (X_t, Y_t) = (i_x, i_y)]$$
$$= \Pr[X_{t+1} = j_x \mid X_t = i_x] \cdot \Pr[Y_{t+1} = j_y \mid Y_t = i_y] = p_{i_x j_x} \cdot p_{i_y j_y}.$$

$(Z_t)_{t \in \mathbb{N}_0}$ ist daher ebenfalls eine Markov-Kette. Für die Wahrscheinlichkeit, in n Schritten von (i_x, i_y) nach (j_x, j_y) zu gelangen, erhält man analog $p_{i_x j_x}^{(n)} q_{i_y j_y}^{(n)}$, was für n groß genug gemäß Lemma 4.16 positiv ist. $(Z_t)_{t_0 \in \mathbb{N}}$ ist daher ebenfalls ergodisch.

Wir starten nun Z_t so, dass die Ketten X_t und Y_t in verschiedenen Zuständen i_x bzw. i_y beginnen und interessieren uns für den Zeitpunkt H, bei dem sich X_t und Y_t zum ersten Mal im gleichen Zustand befinden. Die Menge der Zustände von Z_t ist gegeben durch $S \times S$. Wir definieren die Menge

$$M := \{(x, y) \in S \times S \mid x = y\}.$$

von Zuständen der Kette Z_t, an denen sich X_t und Y_t „treffen". Definieren wir nun die Treffzeit H durch

$$H := \max\{T_{(i_x, i_y),(j_x, j_y)} \mid (i_x, i_y) \in S \times S, (j_x, j_y) \in M\},$$

so folgt aus Lemma 4.13 und der Endlichkeit der Markov-Kette sofort, dass $\Pr[H < \infty] = 1$ und $\mathbb{E}[H] < \infty$.

Da die weitere Entwicklung der Ketten X_t und Y_t ab dem Zeitpunkt H nur vom Zustand $X_H = Y_H$ und der Übergangsmatrix abhängt, wird jeder Zustand $s \in S_Z$ zu den Zeiten $t \geq H$ von X_t und Y_t mit derselben Wahrscheinlichkeit angenommen. Es gilt also $\Pr[X_t = s \mid t \geq H] = \Pr[Y_t = s \mid t \geq H]$ und somit auch

$$\Pr[X_t = s, t \geq H] = \Pr[Y_t = s, t \geq H]. \tag{4.7}$$

Als Startzustand wählen wir für die Kette X_t den Zustand i, während Y_t in der stationären Verteilung π beginnt (und natürlich auch bleibt). Damit erhalten wir für einen beliebigen Zustand $k \in S$ und $n \geq 1$

$$\begin{aligned}
|p_{ik}^{(n)} - \pi_k| &= |\Pr[X_n = k] - \Pr[Y_n = k]| \\
&= |\Pr[X_n = k, n \geq H] + \Pr[X_n = k, n < H] \\
&\quad - \Pr[Y_n = k, n \geq H] - \Pr[Y_n = k, n < H]|.
\end{aligned}$$

Nun können wir (4.7) anwenden und schließen, dass

$$|p_{ik}^{(n)} - \pi_k| = |\Pr[X_n = k, n < H] - \Pr[Y_n = k, n < H]|.$$

Zur Abschätzung dieses Ausdrucks zeigen wir die Hilfsaussage, dass für beliebige Ereignisse A, B und C gilt

$$|\Pr[A \cap B] - \Pr[A \cap C]| \leq \Pr[A].$$

Sei ohne Beschränkung der Allgemeinheit $\Pr[A \cap B] \geq \Pr[A \cap C]$, dann folgt sofort

$$|\Pr[A \cap B] - \Pr[A \cap C]| \leq \Pr[A \cap B] \leq \Pr[A].$$

Wenn wir dies auf unser Problem anwenden, erhalten wir

$$|p_{ik}^{(n)} - \pi_k| = \Pr[n < H].$$

Da $\Pr[H < \infty] = 1$ gilt $\Pr[n < H] \to 0$ für $n \to \infty$, d. h. die Wahrscheinlichkeiten $p_{ik}^{(n)}$ konvergieren für $n \to \infty$ gegen π_k. $\qquad \square$

BEISPIEL 4.20 Wir wenden im Folgenden unser neu erworbenes Wissen über stationäre Zustände von Markov-Ketten an, um eine gängige *Paging-Strategie* zu untersuchen. Unter Paging versteht man das Auslagern von Seiten des Hauptspeichers auf den Hintergrundspeicher (Festplatte). Wenn zu einem späteren Zeitpunkt ein Zugriff auf ausgelagerte Seiten erfolgt, so werden diese erneut in den Hauptspeicher geladen und dafür andere Seiten auf die Festplatte ausgelagert. Da Festplattenzugriffe zeitaufwendig sind, sucht man nach Strategien, wie diese möglichst vermieden werden können.

Wir modellieren dieses Problem wir folgt. Wir nehmen an, dass das Programm aus insgesamt n verschiedenen Seiten besteht. Diese nennt man die *logischen* Seiten des Programms. Der Hauptspeicher bestehe andererseits aus m *physikalischen* Seiten. (Interessant ist nur der Fall $m < n$, da nur dann Paging notwendig ist.) Die Zufallsvariable M_t bezeichne die Nummer der logischen Seite, auf die zum Zeitpunkt t zugegriffen wird. Wir nehmen an, dass die Wahrscheinlichkeit mit der auf eine Seite zugegriffen wird, vom Zeitpunkt t unabhängig ist. Es gibt also Konstanten β_i mit $\sum_{i=1}^{n} \beta_i = 1$, so dass für alle t gilt

$$\Pr[M_t = i] = \beta_i \quad \text{für } 1 \leq i \leq n.$$

Zur Vereinfachung unserer Analyse nehmen wir an, dass die Zugriffe voneinander unabhängig erfolgen. Dies ist zwar nicht besonders realistisch, aber detailgetreuere Modellierungen sind in der Analyse sehr viel aufwendiger und wir müssen uns daher an dieser Stelle auf die vereinfachte Version beschränken.

Das Paging organisieren wir nach der in vielen realen Systemen verwendeten Strategie *„least recently used"* (LRU). Dabei erhält jede im physikalischen Speicher vorliegende logische Seite einen Zeitstempel, der angibt, wann zum letzten Mal auf diese Seite zugegriffen wurde. Wenn es notwendig wird, eine Seite auszulagern, so wählen wir diejenige, die am längsten nicht mehr benutzt wurde.

Wir beschränken uns im Folgenden auf den Fall $m = 2$, damit die Rechnungen nicht zu kompliziert werden. Die Zustände der Markov-Kette kodieren wir durch ein Paar (i, j), wobei i die Seite sei, auf die als letzte zugegriffen wurde. j bezeichnet die Seite, die als zweitletzte verwendet wurde.

Wir betrachten nun die Übergangswahrscheinlichkeiten vom Zustand $s_t = (i, j)$ zum Zeitpunkt t. Für den Nachfolgezustand s_{t+1} gilt

$$s_{t+1} = \begin{cases} (i,j) & \text{falls } M_t = i \text{ (zugeordnete Wahrscheinlichkeit } \beta_i) \\ (j,i) & \text{falls } M_t = j \text{ (zugeordnete Wahrscheinlichkeit } \beta_j) \\ (k,i) & \text{falls } M_t = k, k \notin \{i,j\} \text{ (zugeordnete Wahrscheinlichkeit } \beta_k). \end{cases}$$

Daraus können wir sofort die Übergangsmatrix P herleiten. Für den Fall $n = 3$ lautet die Matrix P

	$(1,2)$	$(2,1)$	$(1,3)$	$(3,1)$	$(2,3)$	$(3,2)$
$(1,2)$	β_1	β_2	0	β_3	0	0
$(2,1)$	β_1	β_2	0	0	0	β_3
$(1,3)$	0	β_2	β_1	β_3	0	0
$(3,1)$	0	0	β_1	β_3	β_2	0
$(2,3)$	β_1	0	0	0	β_2	β_3
$(3,2)$	0	0	β_1	0	β_2	β_3

Der Leser überzeuge sich, dass diese Markov-Kette irreduzibel und aperiodisch ist. Folglich existiert eine stationäre Verteilung π, die wir durch Lösen des Gleichungssystems

$$\begin{aligned} \pi &= \pi \cdot P \\ 1 &= \sum_{(i,j) \in S} \pi_{(i,j)} \end{aligned}$$

erhalten. Die dazu nötigen Umformungen überlassen wir dem Leser und geben nur das Ergebnis an:

$$\pi_{(i,j)} = \frac{\beta_i \beta_j}{1 - \beta_i}.$$

Im Zustand (i,j) muss eine Seite nachgeladen werden, wenn auf $k \notin \{i,j\}$ zugegriffen wird. Dies geschieht mit Wahrscheinlichkeit $1 - (\beta_i + \beta_j)$. Damit erhalten wir im stationären Fall den folgenden Ausdruck für die gesamte Wahrscheinlichkeit, mit der ein Seitenfehler auftritt:

$$\Pr[\text{„Paging"}] = \sum_{(i,j) \in S} (1 - \beta_i - \beta_j) \frac{\beta_i \beta_j}{1 - \beta_i}.$$

Doppeltstochastische Matrizen

Aus Satz 4.19 wissen wir, dass ergodische endliche Markov-Ketten für jede Startverteilung in die (eindeutig bestimmte) stationäre Verteilung konvergieren. Wie aber *berechnet* man die stationäre Verteilung? Eine Möglichkeit besteht darin, das lineare Gleichungssystem $\pi \cdot P = \pi$ aufzustellen und zu lösen. Für größere Matrizen ist dieses Verfahren allerdings im Allgemeinen sehr aufwendig. Hier hilft oft ein anderer Ansatz, den wir in diesem Abschnitt vorstellen wollen. Dazu benötigen wir zunächst eine Definition.

> **Definition 4.21** *Eine* $n \times n$ *Matrix* $P = (p_{ij})_{0 \le i,j < n}$ *heißt* stochastisch, *falls alle Einträge* p_{ij} *nichtnegativ sind und alle Zeilensummen gleich Eins sind:*
>
> $$\sum_{j=0}^{n-1} p_{ij} = 1 \qquad \textit{für alle } i = 0, \ldots, n-1.$$
>
> *Sind zusätzlich auch alle Spaltensummen gleich Eins, also*
>
> $$\sum_{i=0}^{n-1} p_{ij} = 1 \qquad \textit{für alle } j = 0, \ldots, n-1,$$
>
> *so nennt man* P doppeltstochastisch.

Die Übergangsmatrix einer Markov-Kette ist immer stochastisch: Die Einträge in der i-ten Zeile entsprechen bekanntlich genau den Übergangswahrscheinlichkeiten

$$\Pr[X_{t+1} = j \mid X_t = i]$$

und diese müssen sich zu Eins summieren. Auch die Umkehrung gilt: Jede stochastische Matrix P kann als Übergangsmatrix einer Markov-Kette interpretiert werden. Dies ist auch der Grund für den Namen „stochastische" Matrix.

Was können wir andererseits über doppeltstochastische Matrizen sagen? Betrachten wir hierzu nochmals die Übergangsmatrix unseres Einführungsbeispiels 4.1

$$P = \begin{pmatrix} 0{,}8 & 0{,}2 \\ 0{,}1 & 0{,}9 \end{pmatrix} \quad \text{und} \quad q_0 = (0, 1),$$

so sieht man sofort, dass eine Übergangsmatrix nicht notwendigerweise auch doppeltstochastisch sein muss. Ist sie es jedoch dennoch, so folgt daraus die auf den ersten Blick vielleicht überraschende Tatsache, dass die Gleichverteilung eine stationäre Verteilung darstellt.

> **Lemma 4.22** *Ist* P *eine doppeltstochastische* $n \times n$ *Matrix, so ist* $\pi = (\frac{1}{n}, \ldots, \frac{1}{n})$ *ein Eigenvektor zum Eigenwert 1 bezüglich Multiplikation von links:*
>
> $$\pi = \pi \cdot P.$$

Beweis: Dies ist schnell nachgerechnet. Für alle $0 \le k < n$ gilt:

$$(\pi \cdot P)_k = \sum_{i=0}^{n-1} \pi_i \cdot p_{ik} = \frac{1}{n} \underbrace{\sum_{i=0}^{n-1} p_{ik}}_{= 1} = \frac{1}{n} = \pi_k. \qquad \Box$$

Zusammen mit Satz 4.19 erhalten wir damit sofort das folgende sehr nützliche Resultat:

Satz 4.23 *Für jede ergodische endliche Markov-Kette $(X_t)_{t \in \mathbb{N}_0}$ mit doppeltstochastischer Übergangsmatrix gilt unabhängig vom Startzustand*

$$\lim_{t \to \infty} q_t = (\tfrac{1}{n}, \ldots, \tfrac{1}{n}),$$

wobei n die Kardinalität der Zustandsmenge bezeichne. $\qquad \Box$

Wir illustrieren die Bedeutung von Satz 4.23 an einem kleinen Beispiel.

BEISPIEL 4.24   Anna und Bodo verabreden sich wieder einmal zu einer Partie Poker. Misstrauisch geworden durch ihre Verluste beim letzten Rendezvous verdächtigt Anna mittlerweile ihren Spielpartner, beim Mischen zu mogeln. Um ganz sicher zu gehen, dass die Karten zukünftig auch wirklich gut gemischt werden, schlägt sie folgendes Verfahren vor: Der Stapel mit Karten wird verdeckt hingelegt und dann werden m-mal zwei Karten daraus zufällig ausgewählt und diese vertauscht. Soll Bodo diesem Prozedere zustimmen?

Wir modellieren den oben skizzierten Mischvorgang durch eine Markov-Kette. Als Zustandsmenge S wählen wir alle möglichen Anordnungen der Karten. Identifizieren wir die Karten mit den Zahlen $[n] = \{1, \ldots, n\}$ so besteht S aus der Menge aller Permutationen der Menge $[n]$. Betrachten wir nun zwei verschiedene Permutationen $\sigma, \rho \in S$. Nach Definition der Markov-Kette ist die Übergangswahrscheinlichkeit $p_{\sigma,\rho}$ genau dann positiv, wenn es $i, j \in [n]$, $i \neq j$, gibt, so dass

$$\rho(k) = \begin{cases} \sigma(j) & \text{falls } k = i, \\ \sigma(i) & \text{falls } k = j, \\ \sigma(k) & \text{sonst.} \end{cases}$$

Da nach Voraussetzung i und j zufällig gewählt werden (und es genau $\binom{n}{2}$ solcher Paare i, j gibt), gilt in diesem Fall $p_{\sigma,\rho} = 1/\binom{n}{2}$. Da man jede Vertauschung zweier Karten durch nochmaliges Vertauschen wieder rückgängig machen kann, sieht man auch sofort ein, dass $p_{\sigma,\rho} = p_{\rho,\sigma}$ gilt. Die Übergangsmatrix P ist also symmetrisch und damit insbesondere auch doppeltstochastisch. Aus Satz 4.23 folgt somit, dass die Markov-Kette unabhängig von der Startverteilung in die Gleichverteilung konvergiert.

Der von Anna vorgeschlagene Mischvorgang ist also in der Tat sinnvoll: Für $m \to \infty$ konvergiert die Wahrscheinlichkeitsverteilung für die sich ergebende Kartenreihenfolge gegen die Gleichverteilung, die Karten sind also bestens gemischt! (Anmerkung: Man kann zeigen, dass für n Karten bereits $m = O(n \log n)$ Vertauschungen genügen, um einen gut durchmischten Kartenstapel zu erhalten. Der Beweis dieses Resultats sprengt allerdings den Rahmen dieses Buches.)

4.3 Prozesse mit kontinuierlicher Zeit

4.3.1 Einführung

Markov-Ketten mit diskreter Zeit haben sich in der Informatik in den letzten Jahren beispielsweise bei der Entwicklung von Algorithmen als sehr nützlich erwiesen. Bei realen technischen Systemen ist man jedoch häufig gezwungen, Änderungen kontinuierlich über die Zeit zu betrachten. Wenn man beispielsweise das Auftreten von Anfragen an einen Server durch eine bestimmte Verteilung modelliert und das Verhalten dieses Servers berechnen möchte, so erscheint es unnatürlich, Anfragen nur zu diskreten Zeitpunkten zuzulassen. Im Folgenden werden wir die Definitionen und Techniken für Systeme mit diskreter Zeit aus dem vorherigen Abschnitt auf den Fall $T = \mathbb{R}_0^+$ erweitern. Den Übergang von diskreten Zeitpunkten zu einer kontinuierlichen Zeitachse können wir, wie bislang schon an einigen Stellen dieses Buches, als Übergang zu einem Grenzwert betrachten.

Übergang von diskreter zu kontinuierlicher Zeit

Wir kehren dazu zum Beispiel zurück, dass wir auf Seite 166 bei der Einführung diskreter Markov-Ketten kennen gelernt haben. Dort haben wir eine unsichere Netzverbindung zwischen zwei Rechnern betrachtet. Bei unserer Modellierung als diskrete Markov-Kette sind wir davon ausgegangen, dass Rechner A die Verbindung einmal pro Sekunde überprüft. Modelliert man also den Status der Leitung aus der Sicht von Rechner A, so erfolgen die Zustandsübergänge zu diskreten Zeitpunkten im Sekundenabstand. Die Verbindung kann andererseits zu beliebigen Zeitpunkten ausfallen, insbesondere auch dann, wenn Rechner A gerade keine Überprüfung durchführt. Wie kann man dieses „wahre" Verhalten der Leitung modellieren?

Dazu stellen wir uns vor, dass Rechner A die Abtastrate, mit der die Leitung überprüft wird, immer mehr erhöht. Wenn die Abtastrate hinreichend groß ist, so können wir beinahe beliebige Ausfallszeitpunkte modellieren. Wir müssen dazu allerdings noch die Übergangswahrscheinlichkeiten sinnvoll festsetzen. Dazu ändern wir unser Modell folgendermaßen: Wir nehmen an, dass die mittlere Ausfall- bzw. Instandsetzungsrate λ bzw. μ beträgt. Dies bedeutet, dass im Mittel λ Ausfälle pro Sekunde erfolgen und im Mittel μ Reparaturen pro Sekunde durchgeführt werden. Die Werte der Ausfallsraten λ und μ hängen nur von dem zugrunde liegenden System ab und sollen somit durch die Erhöhung der Abtastrate nicht verändert werden. Sei n die Anzahl der Überprüfungen pro Sekunde. Dann setzen wir für die Wahrscheinlichkeit eines Ausfalls $p_a := \lambda/n$ und für die Wahrscheinlichkeit einer Wiederherstellung der Verbindung $p_w := \mu/n$. Dadurch bleibt die mittlere Anzahl der Ausfälle bzw. der Wiederherstellungen pro Sekunde gleich λ bzw. μ.

Dieses Vorgehen erinnert uns an den Übergang von der geometrischen zur Exponentialverteilung, den wir in Abschnitt 2.2.3 auf Seite 112 betrachtet haben. Wie dort folgt, dass die Aufenthaltsdauer im Zustand 0 gemessen in Schritten der diskreten Markov-Kette geometrisch verteilt ist und im Grenzwert $n \to \infty$ in eine kontinuierliche Zufallsvariable übergeht, die exponentialverteilt mit Parameter λ ist. Ebenso erhalten wir für die Aufenthaltsdauer im Zustand 1 eine Exponentialverteilung mit Parameter μ. In unserem Beispiel entspricht die Aufenthaltsdauer in einem Zustand natürlich genau der Zeit, die bis zu einem Übergang in den anderen Zustand verstreicht. Die Parameter λ und μ bezeichnen wir daher auch als *Übergangsraten*.

Wie bei diskreten Markov-Ketten veranschaulichen wir auch bei Markov-Ketten mit kontinuierlicher Zeit die Übergänge zwischen den Zuständen durch gerichtete Graphen. Diesmal schreiben wir jedoch an die Kanten statt der Übergangswahrscheinlichkeiten die Übergangsraten. In Abbildung 4.8 ist der entsprechende Graph für unser Beispielproblem dargestellt.

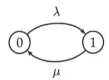

Abbildung 4.8: Beispiel einer Markov-Kette mit kontinuierlicher Zeit

Allgemeine Definition

Ausgehend von den Überlegungen im vorigen Abschnitt, geben wir nun eine allgemeine Definition von Markov-Ketten mit kontinuierlicher Zeit an, die man auf die zuvor beschriebene Weise als Approximation entsprechender diskreter Prozesse interpretieren kann. Damit man Markov-Ketten mit kontinuierlicher Zeit bereits an der Schreibweise von Markov-Ketten mit diskreter Zeit unterscheiden kann, verwenden wir hier die Notation $X(t)$ statt X_t wie bei diskreten Markov-Ketten.

Definition 4.25 *Eine unendliche Folge von Zufallsvariablen $X(t)$ ($t \in \mathbb{R}_0^+$) mit Wertemenge S, nennen wir (diskrete)* Markov-Kette mit kontinuierlicher Zeit, *wenn gilt:*

- *S ist diskret, d. h. wir können ohne Einschränkung annehmen, dass $S \subseteq \mathbb{N}_0$.*

- *Die Zufallsvariablen erfüllen die* Markovbedingung:
  Für alle $n \in \mathbb{N}_0$ und beliebige Zeitpunkte $0 \leq t_0 < t_1 < \ldots < t_n < t$ und Zustände $s, s_1, \ldots, s_n \in S$ gilt

$$\Pr[X(t) = s \mid X(t_n) = s_n, X(t_{n-1}) = s_{n-1} \ldots, X(t_0) = s_0] \quad (4.8)$$
$$= \Pr[X(t) = s \mid X(t_n) = s_n].$$

Eine Markov-Kette heißt zeithomogen, *wenn für alle Zustände $i, j \in S$ und für alle $u, t \in \mathbb{R}_0^+$ gilt:*

$$\Pr[X(t + u) = j \mid X(t) = i] = \Pr[X(u) = j \mid X(0) = i]$$

Die *Markov-Bedingung* (4.8) besagt anschaulich Folgendes: Wenn wir den Zustand des Systems zu einer Reihe von Zeitpunkten $t_0 < t_1 < \ldots < t_n$ kennen, so ist für das Verhalten nach dem Zeitpunkt t_n nur der Zustand zur Zeit t_n maßgebend. Anders formuliert heißt dies: Wenn wir den Zustand des Systems zur Zeit t_n kennen, so besitzen wir bereits die gesamte relevante Information, um Wahrscheinlichkeiten für das zukünftige Verhalten zu berechnen. Die „Geschichte" des Systems, d. h. der „Weg", auf dem der Zustand zur Zeit t_n erreicht wurde, spielt dabei keine Rolle. Eine Markov-Kette mit kontinuierlicher Zeit ist also ebenso wie eine Markov-Kette mit diskreter Zeit *gedächtnislos*.

Für zeithomogene Systeme gilt ferner: Wenn wir ausgehend vom Zustand zur Zeit t Wahrscheinlichkeiten für einen bestimmten Zustand zur Zeit $t + u$ berechnen wollen, so hängen diese nur von der Zeitdifferenz u ab. Der Zeitpunkt t, an dem wir die Vorhersage treffen, geht in die Rechnung nicht ein. Die Zeithomogenität ist für viele reale Systeme erfüllt.

Wie schon bei diskreten Markov-Ketten werden wir uns auch bei Markov-Ketten mit kontinuierlicher Zeit auf zeithomogene Markov-Ketten beschränken und diese Eigenschaft im Folgenden stillschweigend voraussetzen.

Gedächtnislosigkeit der Aufenthaltsdauer. Der Begriff Gedächtnislosigkeit taucht nicht zufällig sowohl bei kontinuierlichen Markov-Ketten als auch bei der Exponentialverteilung auf. Vielmehr besteht ein enger Zusammenhang.

Um dies zu erläutern, betrachten wir einen bestimmten Zustand, sagen wir Zustand 0, und interessieren uns für die Aufenthaltsdauer Y in diesem Zustand. Dazu gehen wir davon aus, dass wir uns zur Zeit $t = 0$ im Zustand 0 befinden. Nach Definition 4.25 gilt dann

$$
\begin{aligned}
\Pr[Y \geq t] &= \Pr[X(t') = 0 \text{ für alle } 0 < t' < t \mid X(0) = 0] \\
&= \Pr[X(t' + u) = 0 \text{ für alle } 0 < t' < t \mid X(u) = 0] \\
&= \Pr[X(t' + u) = 0 \text{ für alle } 0 < t' < t \mid X(t'') = 0 \text{ für alle } 0 \leq t'' \leq u] \\
&= \Pr[X(t') = 0 \text{ für alle } 0 < t' < t + u \mid X(t'') = 0 \text{ für alle } 0 \leq t'' \leq u] \\
&= \Pr[Y \geq t + u \mid Y \geq u].
\end{aligned}
$$

Bei der Anwendung der Markov-Bedingung haben wir ein wenig „gemogelt", da wir diese in (4.8) nur für die Bedingung auf endlich viele Zeitpunkte gefordert hatten, wir sie hier aber für eine Bedingung auf alle früheren Zeitpunkte verwendet haben. Man kann diese Anwendung rechtfertigen, auf den entsprechenden Nachweis wollen hier allerdings verzichten.

Die Aufenthaltsdauer Y erfüllt also die Bedingung (1.8) der Gedächtnislosigkeit und muss daher nach Satz 2.25 auf Seite 111 exponentialverteilt sein.

Bestimmung der Aufenthaltswahrscheinlichkeiten. Wie zuvor bei Markov-Ketten mit diskreter Zeit interessieren wir uns auch bei kontinuierlichen Markov-Ketten für die Wahrscheinlichkeit, mit der sich das System zur Zeit t in einem bestimmten Zustand befindet. Dazu gehen wir von einer *Startverteilung* $q(0)$ mit $q_i(0) := \Pr[X(0) = i]$ für alle $i \in S$ aus und definieren die *Aufenthaltswahrscheinlichkeit* $q_i(t)$ im Zustand i zum Zeitpunkt t durch $q_i(t) := \Pr[X(t) = i]$.

Zur Bestimmung dieser Wahrscheinlichkeiten verwenden wir zum einen die soeben gezeigte Tatsache, dass die Aufenthaltsdauer in jedem Zustand i exponentialverteilt sein muss. Die entsprechenden Parameter der Verteilung bezeichnen wir mit ν_i.

Zum anderen erhalten wir aus der Zeithomogenität, dass beim Übergang von einem bestimmten Zustand i der Nachfolgezustand j mit einer von der Zeit unabhängigen Wahrscheinlichkeit p_{ij} erfolgen muss. Hierbei gilt $p_{ii} = 0$ und $\sum_{j \in S} p_{ij} = 1$ für alle $i \in S$.

Diese beiden Arten von Parametern kombinieren wir nun zu neuen Parametern, indem wir $\nu_{ij} := \nu_i \cdot p_{ij}$ setzen. ν_{ij} nennen wir die *Übergangsrate* vom Zustand i in den Zustand j. Man rechnet leicht nach, dass $\nu_i = \sum_{j \in S} \nu_{ij}$.

Man kann formal zeigen, dass sich die Dynamik einer zeithomogenen, kontinuierlichen Markov-Kette unter Verwendung der Größen ν_{ij} und ν_i durch folgendes System von Differentialgleichungen beschreiben lässt. Hierbei betrachtet man die Änderung der Aufenthaltswahrscheinlichkeit $q_i(t)$ in einem kleinen Zeitintervall $\mathrm{d}t$. Diese Änderung ergibt sich als Summe aller „zufließenden" abzüglich aller „abfließenden" Wahrscheinlichkeiten. Für alle Zustände $i \in S$ gilt

$$\underbrace{\frac{\mathrm{d}}{\mathrm{d}t}q_i(t)}_{\text{Änderung}} = \underbrace{\sum_{j \neq i} q_j(t) \cdot \nu_{ji}}_{\text{Zufluss}} - \underbrace{q_i(t)\nu_i}_{\text{Abfluss}} \,. \qquad (4.9)$$

BEISPIEL 4.26 Der Markov-Kette aus Abbildung 4.8 auf Seite 190 entspricht das Differentialgleichungssystem

$$\frac{\mathrm{d}}{\mathrm{d}t}q_0(t) = \mu \cdot q_1(t) - \lambda \cdot q_0(t) \quad \text{und} \quad \frac{\mathrm{d}}{\mathrm{d}t}q_1(t) = \lambda \cdot q_0(t) - \mu \cdot q_1(t).$$

Wie nicht anders zu erwarten, ist das Lösen der Differentialgleichungssysteme (4.9) meist sehr aufwendig. Wir werden sie deshalb im Folgenden durch Betrachtung des Grenzwertes für $t \to \infty$ zu gewöhnlichen linearen Gleichungen vereinfachen.

Wie schon bei der Analyse von Systemen mit diskreter Zeit, gilt auch für Markov-Ketten mit kontinuierlicher Zeit, dass das System unter gewissen Voraussetzungen für $t \to \infty$ in einen Gleichgewichtszustand konvergiert. Um dies formal darstellen zu können, müssen wir zunächst den Begriff der Irreduzibilität auf Markov-Ketten mit kontinuierlicher Zeit übertragen.

Definition 4.27 *Zustand j ist von i aus* erreichbar, *wenn es ein $t \geq 0$ gibt mit* $\Pr[X(t) = j \mid X(0) = i] > 0$.

Eine Markov-Kette, in der je zwei Zustände i und j untereinander erreichbar sind, heißt irreduzibel.

Für irreduzible kontinuierliche Markov-Ketten gilt ein ähnliches Resultat wie für irreduzible und aperiodische Markov-Ketten im diskreten Fall. Wir zitieren den entsprechenden Satz ohne Beweis.

Satz 4.28 *Für irreduzible kontinuierliche Markov-Ketten existieren die Grenzwerte*

$$\pi_i = \lim_{t \to \infty} q_i(t)$$

für alle $i \in S$ und ihre Werte sind unabhängig vom Startzustand. □

Auf den ersten Blick erscheint es auffällig, dass in Satz 4.28 nicht wie im diskreten Fall die Aperiodizität der Markov-Kette vorausgesetzt wird. Man macht sich allerdings leicht klar, dass sich kontinuierliche Markov-Ketten nicht periodisch verhalten können. Da die Aufenthaltsdauer in einem Zustand, wie auf Seite 191 erläutert, exponentialverteilt ist, können Zustandsübergänge prinzipiell zu jedem Zeitpunkt erfolgen und die Kette kann sich somit zu jeder Zeit in jedem erreichbaren Zustand befinden, wenn auch mit einer möglicherweise winzigen Wahrscheinlichkeit.

Wenn für $t \to \infty$ Konvergenz erfolgt, so gilt

$$\lim_{t \to \infty} \frac{\mathrm{d}q_i(t)}{\mathrm{d}t} = 0,$$

da sich $q_i(t)$ für genügend große t „so gut wie nicht mehr" ändert. Diese Gleichung setzen wir in die Differentialgleichungen (4.9) ein und erhalten

$$0 = \sum_{j \neq i} \pi_j \nu_{ji} - \pi_i \nu_i \qquad (4.10)$$

für alle $i \in S$. Damit sind wir beim versprochenen linearen Gleichungssystem angelangt.

Dieses Gleichungssystem hat immer die triviale Lösung $\pi_i = 0$ für alle $i \in S$. Wir suchen jedoch eine Wahrscheinlichkeitsverteilung und π muss deshalb zusätzlich die Normierungsbedingung $\sum_{i \in S} \pi_i = 1$ erfüllen. Bei Markov-Ketten mit endlicher Zustandsmenge S führt dieses Verfahren immer zum Ziel. Wenn S jedoch unendlich ist, gibt es Fälle, in denen $\pi_1 = \pi_2 = \ldots = 0$ die einzige Lösung von (4.10) darstellt und wir somit keine gültigen Wahrscheinlichkeitsverteilung erhalten. Dafür werden wir später ein Beispiel sehen.

BEISPIEL 4.29 *(Fortsetzung von Beispiel 4.26)* Für die aus Abbildung 4.8 auf Seite 190 bekannte Markov-Kette erhalten wir

$$0 = \mu \cdot \pi_1 - \lambda \cdot \pi_0 \implies \pi_1 = \frac{\lambda}{\mu} \cdot \pi_0.$$

Die zweite Gleichung (für den Zustand 1) stellen wir nicht explizit auf, da sie identisch zur Gleichung für Zustand 0 ist. Weil sich das System in einem der beiden Zustände befinden muss, gilt ferner

$$1 = \pi_0 + \pi_1 = \pi_0 + \frac{\lambda}{\mu} \cdot \pi_0 \implies \pi_0 = \frac{\mu}{\mu + \lambda}.$$

Daraus folgt

$$\pi_1 = \frac{\lambda}{\lambda + \mu}.$$

Wenn wir das System lange genug laufen lassen, so dass der Einfluss des Startzustandes verschwunden ist und es sich hinreichend nahe am Gleichgewichtszustand befindet, dann bezeichnet π_1 die Wahrscheinlichkeit, mit der die Leitung zu einem zufälligen Zeitpunkt betriebsbereit ist. Man bezeichnet π_1 deshalb als *Verfügbarkeit* des Systems.

4.3.2 Warteschlangen

Eine besonders wichtige Anwendung von Markov-Ketten mit kontinuierlicher Zeit stellt die Warteschlangentheorie dar. Diese beschäftigt sich mit Systemen von Servern, die Jobs abzuarbeiten haben. Die Ankunftsrate der Jobs und die Bearbeitungsdauer auf den Servern werden durch Zufallsvariablen modelliert. Wenn ein Job an einem Server ankommt, der bereits beschäftigt ist, so wird er in eine Warteschlange eingeordnet. Aus dieser Warteschlange wählt der Server, wenn er mit dem aktuellen Job fertig ist, einen neuen Job zur Bearbeitung aus (beispielsweise nach der Strategie FCFS, d. h. „first come first served").

Für ein System mit m Servern und einer gemeinsamen Warteschlange hat sich die Bezeichnung $X/Y/m$–*Warteschlange* eingebürgert. Dabei ersetzt man X und Y durch Buchstaben, die jeweils für eine bestimmte Verteilung stehen. Beispielsweise bezeichnet „D" eine feste Dauer (von engl. *deterministic*), „M" die Exponentialverteilung (das M kommt von *memoryless*, dem englischen Wort für gedächtnislos) und „G" eine beliebige Verteilung (von engl. *general*). X gibt die Verteilung der Zeit zwischen zwei ankommenden Jobs an, während Y für die Verteilung der eigentlichen Bearbeitungszeit eines Jobs auf dem Server steht (ohne Wartezeit).

M/M/1–Warteschlangen

In diesem Abschnitt betrachten wir so genannte M/M/1–Warteschlangen, bei denen sowohl die Ankunfts- als auch die Bearbeitungszeiten exponentialverteilt sind. Während sich für viele Verteilungen die Untersuchung der entsprechenden Warteschlangen sehr kompliziert gestaltet, genügen bei M/M/1-Warteschlangen die Techniken zur Analyse von kontinuierlichen Markov-Ketten.

Die Modellierung einer M/M/1–Warteschlange als Markov-Kette mit kontinuierlicher Zeit ist relativ einfach. Man muss dazu nur die Anzahl der Jobs im System (also alle Jobs in der Warteschlange zuzüglich des Jobs, der gegenwärtig bearbeitet wird) als Zustand auffassen. Die Übergangsraten entsprechen genau den Parametern der beiden Exponentialverteilungen, wobei wir annehmen, dass die Verteilung der Ankunftszeiten den Parameter λ besitzt, während der Parameter der Bearbeitungszeiten mit μ bezeichnet wird. Damit erhält man die in Abbildung 4.9 auf der nächsten Seite angegebene kontinuierliche Markov-Kette mit unendlicher Zustandsmenge.

Diese Markov-Kette ist irreduzibel und im Gleichgewichtszustand gelten gemäß (4.10) die Gleichungen

$$0 = \lambda\pi_{k-1} + \mu\pi_{k+1} - (\lambda + \mu)\pi_k \quad \text{für alle } k \geq 1$$
$$0 = \mu\pi_1 - \lambda\pi_0.$$

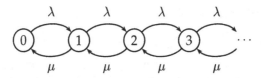

Abbildung 4.9: Modellierung einer M/M/1–Warteschlange

Zunächst formen wir die Gleichungen für $k \geq 1$ ein wenig um und reihen sie aneinander:

$$\mu\pi_{k+1} - \lambda\pi_k = \mu\pi_k - \lambda\pi_{k-1} = \ldots = \mu\pi_1 - \lambda\pi_0 = 0. \qquad (4.11)$$

Zur Vereinfachung führen wir die Größe $\rho := \frac{\lambda}{\mu}$ ein, die man als *Verkehrsdichte* bezeichnet. Damit erhalten wir aus (4.11) eine einfache Rekursionsgleichung für π_k.

$$\pi_k = \rho\pi_{k-1} = \ldots = \rho^k\pi_0.$$

Wie in Beispiel 4.29 bringt die Summe aller Wahrscheinlichkeiten schließlich die Lösung:

$$1 = \sum_{i=0}^{\infty} \pi_i = \pi_0 \cdot \sum_{i=0}^{\infty} \rho^k = \pi_0 \cdot \frac{1}{1-\rho} \quad \Rightarrow \quad \pi_0 = 1 - \rho.$$

Dabei haben wir angenommen, dass $\rho < 1$ ist. Für $\rho \geq 1$ konvergiert das System nicht. Da in diesem Fall $\lambda \geq \mu$ gilt, kommen die Jobs schneller an, als sie abgearbeitet werden können. Intuitiv folgt daraus, dass die Warteschlange immer größer wird. Mathematisch gesehen tritt hier der Fall ein, dass das Gleichungssystem (4.10) nur die triviale Lösung $\pi_0 = \pi_1 = \ldots = 0$ besitzt.

Für $\rho < 1$ erhalten wir als Endergebnis

$$\pi_k = (1 - \rho)\rho^k \quad \text{für alle } k \in \mathbb{N}_0. \qquad (4.12)$$

Aus diesem Resultat können wir einige interessante Schlussfolgerungen ziehen. Zunächst betrachten wir die Zufallsvariable

$$N := \text{Anzahl der Jobs im System (wartend + in Bearbeitung)}.$$

Für N gilt[4]

$$\mathbb{E}[N] = \sum_{k \geq 0} k \cdot \pi_k = \frac{\rho}{1-\rho} \quad \text{und} \quad \text{Var}[N] = \frac{\rho}{(1-\rho)^2}. \qquad (4.13)$$

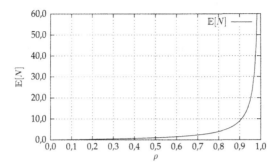

Abbildung 4.10: Mittlere Anzahl der Jobs in einer M/M/1–Warteschlange

Abbildung 4.10 zeigt $\mathbb{E}[N]$ als Funktion von ρ. Man erkennt, wie das System für $\rho \to 1$ divergiert.

Für eine weitergehende Analyse der Leistung des Systems definieren wir für den i-ten Job (bezüglich der Reihenfolge, mit der die Jobs im System ankommen):

$$R_i := \text{Antwortzeit (Gesamtverweildauer im System)}.$$

Der Wert von R_i hängt natürlich vom Zustand des Systems zur Ankunftszeit des Jobs ab. Betrachten wir das System jedoch im Gleichgewichtszustand, so können wir den Index i auch weglassen und einfach von der Antwortzeit R sprechen. Bei der Berechnung von R hilft uns der folgende Satz.

Satz 4.30 (Formel von Little) *Für Warteschlangen-Systeme mit mittlerer Ankunftsrate λ, bei denen die Erwartungswerte $\mathbb{E}[N]$ und $\mathbb{E}[R]$ existieren, gilt*

$$\mathbb{E}[N] = \lambda \cdot \mathbb{E}[R].$$

Hierbei werden keine weiteren Annahmen über die Verteilung der Ankunfts- und Bearbeitungszeiten getroffen.

Beweis (Skizze): Wir beobachten das System über einen (langen) Zeitraum (siehe Abbildung 4.11 auf der nächsten Seite). In einer Zeitspanne der Länge t_0 seien $n(t_0)$ Anforderungen eingetroffen. $N(t)$ gibt die Anzahl der Jobs an, die sich zum Zeitpunkt t im System befinden. Nun betrachten wir die beiden Größen

---

[4] Die Berechnung von $\mathbb{E}[N]$ und $\text{Var}[N]$ erfolgt mit den schon bei der geometrischen Verteilung in Abschnitt 1.5.3 auf Seite 50 verwendeten Summenformeln.

$$\sum_{i=1}^{n(t_0)} R_i \quad \text{und} \quad \int_0^{t_0} N(t)\, \mathrm{d}t.$$

Beide Größen messen „ungefähr" die in Abbildung 4.11) grau gefärbte Fläche.

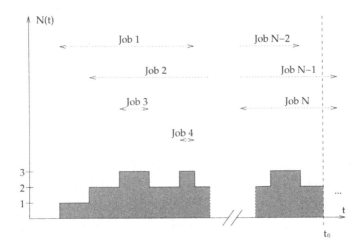

Abbildung 4.11: Graphik zum Beweis des Satzes von Little

Die rechte Größe misst sogar genau diese Fläche, bei der Summe wird hingegen bei den Jobs, die zur Zeit t_0 noch im System sind, die gesamte Aufenthaltsdauer gezählt, statt nur der Anteil bis zum Zeitpunkt t_0. Für große t_0 ist der Unterschied dieser beiden Größen aber vernachlässigbar. Führt man daher den Grenzübergang $t_0 \to \infty$ durch und normiert beide Größen mit $1/n(t_0)$, erhält man

$$\lim_{t_0 \to \infty} \frac{1}{n(t_0)} \sum_{i=1}^{n(t_0)} R_i = \lim_{t_0 \to \infty} \frac{1}{n(t_0)} \int_0^{t_0} N(t)\, \mathrm{d}t = \lim_{t_0 \to \infty} \frac{t_0}{n(t_0)} \cdot \frac{1}{t_0} \int_0^{t_0} N(t)\, \mathrm{d}t.$$

Mit

$$\overline{R}(t_0) := \frac{1}{n(t_0)} \sum_{i=1}^{n(t_0)} R_i, \quad \overline{N}(t_0) := \frac{1}{t_0} \int_0^{t_0} N(t)\, \mathrm{d}t \quad \text{und} \quad \overline{\lambda}(t_0) := \frac{n(t_0)}{t_0}$$

erhalten wir daraus wegen

$$\lambda = \lim_{t_0 \to \infty} \overline{\lambda}(t_0) = \lim_{t_0 \to \infty} \frac{n(t_0)}{t_0},$$

$$\mathbb{E}[R] = \lim_{t_0 \to \infty} \overline{R}(t_0) = \lim_{t_0 \to \infty} \frac{1}{n(t_0)} \sum_{i=1}^{n} R_i \quad \text{und}$$

$$\mathbb{E}[N] \;\; = \;\; \lim_{t_0 \to \infty} \overline{N}(t_0) = \lim_{t_0 \to \infty} \frac{1}{t_0} \int_0^{t_0} N(t) \, \mathrm{d}t$$

sofort die Behauptung. Bei der Berechnung von $\mathbb{E}[R]$ haben wir verwendet, dass sich für lange Beobachtungszeiträume die relative Häufigkeit immer mehr dem Erwartungswert annähert. Man vergleiche dies mit dem Gesetz der großen Zahlen, Satz 1.81 auf Seite 62. Bei den Zufallsvariablen R_i ist allerdings die Unabhängigkeit nicht gesichert und ein formal korrekter Beweis von $\mathbb{E}[R] = \lim_{t_0 \to \infty} \overline{R}(t_0)$ würde deshalb aufwendiger. $\mathbb{E}[N] = \lim_{t_0 \to \infty} \overline{N}(t_0)$ gilt aufgrund ähnlicher Überlegungen.

Die obige Argumentation ist zweifellos ein wenig informell, sie sollte jedoch ausreichen, um die Hintergründe des Satzes zu verdeutlichen. $\qquad\square$

Mit Satz 4.30 ist die Berechnung von $\mathbb{E}[R]$ für die Markov-Kette aus Abbildung 4.9 kein Problem mehr. Aus (4.13) folgt

$$\mathbb{E}[R] = \frac{\mathbb{E}[N]}{\lambda} = \frac{\rho}{\lambda(1 - \rho)}. \tag{4.14}$$

Manchmal sieht man statt R auch die leicht abgewandelte Größe

$$W := \text{(reine) Wartezeit.}$$

Wegen der Linearität des Erwartungswerts ist die Berechnung von $\mathbb{E}[W]$ für M/M/1–Warteschlangen kein Problem:

$$\mathbb{E}[W] = \mathbb{E}[R] - \frac{1}{\mu} = \frac{\rho}{\mu(1 - \rho)}. \tag{4.15}$$

Zum Abschluss der Betrachtungen zu M/M/1–Warteschlangen halten wir fest, dass die Annahme einer FCFS-Strategie keine wesentliche Einschränkung darstellt.

Bemerkung 4.31 Die oben hergeleiteten Formeln für π_k, $\mathbb{E}[N]$ und $\mathbb{E}[R]$ gelten auch für M/M/1–Warteschlangen, die nicht gemäß FCFS arbeiten, sofern die Scheduling-Strategie die folgenden Bedingungen erfüllt:

- Solange Jobs in der Warteschlange sind, arbeitet der Server.

- Der Server besitzt keine a-priori-Information über die Bearbeitungsdauer eines Jobs, d. h. diese stellt auch für den Server nichts anderes dar als eine exponentialverteilte Zufallsgröße mit Parameter μ.[5]

---

[5] Diese Bedingung wäre beispielsweise verletzt, wenn die Ausführungszeit eines Prozesses in einem Multiprozessorsystem durch eine Untersuchung des Programmcodes geschätzt werden könnte.

- Der zusätzliche Rechenaufwand, der für die Scheduling-Strategie nötig ist, kann vernachlässigt werden.

Die oben genannten Bedingungen sind beispielsweise für die bei Multiprozessorsystemen (in Varianten) übliche Round-Robin-Strategie gültig, sofern man die Zeit für das Umschalten zwischen verschiedenen Tasks vernachlässigt. Bei dieser Strategie wird jedem Task reihum für dieselbe Zeitspanne der Prozessor zugeteilt und dann wieder entzogen.

4.3.3 Birth-and-Death Prozesse

M/M/1-Warteschlangen stellen einen Spezialfall so genannter *Birth-and-Death Prozesse* dar. Darunter versteht man kontinuierliche Markov-Ketten mit einem Übergangsdiagramm der in Abbildung 4.12 angegebenen Form.

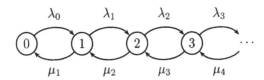

Abbildung 4.12: Ein Birth-and-Death Prozess

Bei solchen Prozessen erhalten wir das folgende Gleichungssystem für den Gleichgewichtszustand:

$$0 = \lambda_{k-1}\pi_{k-1} + \mu_{k+1}\pi_{k+1} - (\lambda_k + \mu_k)\pi_k \quad \text{für alle } k \geq 1,$$
$$0 = \mu_1\pi_1 - \lambda_0\pi_0.$$

Dieses System können wir mit derselben Technik wie bei den M/M/1-Warteschlangen auflösen und erhalten

$$\pi_k = \pi_0 \cdot \prod_{i=0}^{k-1} \frac{\lambda_i}{\mu_{i+1}} \quad \text{für alle } k \geq 1. \tag{4.16}$$

Die Normierungsbedingung $\sum_{k\geq 0} \pi_k = 1$ liefert

$$\pi_0 = \frac{1}{1 + \sum_{k\geq 1} \prod_{i=0}^{k-1} \frac{\lambda_i}{\mu_{i+1}}}, \tag{4.17}$$

sofern $\sum_{k\geq 1} \prod_{i=0}^{k-1} \frac{\lambda_i}{\mu_{i+1}}$ nicht divergiert. Ansonsten hat das Gleichungssystem wiederum nur die triviale Lösung $\pi_0 = \pi_1 = \ldots = 0$.

Viele interessante Probleme lassen sich einfach als Birth-and-Death Prozess modellieren. Wir betrachten abschließend zwei Beispiele.

BEISPIEL 4.32 Abbildung 4.13 zeigt eine M/M/1-Warteschlange mit beschränktem Warteraum. Dieser liegt das Modell zu Grunde, dass ankommende Jobs nur dann ins System aufgenommen werden, wenn im aktuellen Zustand weniger als N Jobs auf ihre Bearbeitung warten. Neben den klassischen Beispielen einer Arztpraxis oder ähnlichem ist dieses Modell auch für viele Probleme in der Informatik zutreffend, da hier für die Verwaltung der auf Bearbeitung wartenden Jobs oft fest dimensionierte Arrays vorgesehen werden.

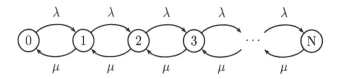

Abbildung 4.13: M/M/1-Warteschlange mit beschränktem Warteraum

Die Verteilung im Gleichgewichtszustand erhalten wir sofort, in dem wir in (4.16) und (4.17) die entsprechenden Werte für λ_i und μ_i einsetzen:

$$\pi_k = \rho^k \cdot \pi_0 \quad \text{für alle } 1 \leq k \leq N \text{ mit } \rho = \lambda/\mu$$

und

$$\pi_0 = \frac{1}{1 + \sum_{i=1}^{N} \rho^i} = \frac{1}{\sum_{i=0}^{N} \rho^i} = \begin{cases} \frac{1}{N+1} & \text{für } \rho = 1, \\ \frac{1-\rho}{1-\rho^{N+1}} & \text{sonst.} \end{cases}$$

In diesem Fall konvergiert das System für alle Werte von ρ in einen stationären Zustand. Auch für $\rho \geq 1$ kann die Warteschlange nicht beliebig lang werden, da im Zustand N keine weiteren Jobs mehr entgegengenommen werden. Für $\rho < 1$ und $N \to \infty$ konvergiert das System gegen eine „normale" M/M/1-Warteschlange.

BEISPIEL 4.33 Wir modellieren ein Anfragesystem mit einem einzelnen Server, an den M Terminals angeschlossen sind. An den Terminals treffen Anfragen mit der Rate λ ein und werden an den Server weitergeleitet. Wenn ein Terminal eine Anfrage abgeschickt hat, die noch nicht bearbeitet wurde, so bleibt es blockiert, bis es eine Antwort vom Server erhalten hat.

Wir stellen dieses System durch eine kontinuierliche Markov-Kette dar, deren Zustände $S = \{0, \ldots, M\}$ der Anzahl von Anfragen entsprechen, die gerade beim Server in Bearbeitung sind (die Bearbeitungsrate bezeichnen wir wieder wie gewohnt mit μ).

Im Zustand 0 treffen beim Server Anfragen mit der Rate $M\lambda$ ein, da sich die Anfragen aller M Terminals addieren. Im Zustand i warten i Terminals auf Antwort vom Server und sind deshalb blockiert. Somit muss der Server nur noch eine Anfragerate von $(M - i)\lambda$ entgegennehmen. Abbildung 4.14 auf der nächsten Seite zeigt das resultierende System.

Auch hier finden wir die stationäre Verteilung durch Einsetzen der entsprechenden Werte für λ_i und μ_i in (4.16) und (4.17):

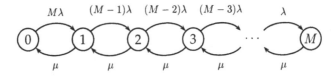

Abbildung 4.14: Markov-Kette zu einem Server mit M Terminals

$$\pi_k = \pi_0 \cdot \prod_{i=0}^{k-1} \frac{\lambda(M-i)}{\mu} = \pi_0 \cdot \left(\frac{\lambda}{\mu}\right)^k \cdot M^{\underline{k}} \quad \text{für alle } k \geq 1$$

und

$$\pi_0 = \frac{1}{\sum_{k=0}^{M} \left(\frac{\lambda}{\mu}\right)^k \cdot M^{\underline{k}}}.$$

Hierbei bezeichnet $M^{\underline{k}} := M(M-1)\ldots(M-k+1)$ die *k-te fallende Faktorielle von M* (siehe Band I).

Übungsaufgaben

Prozesse mit diskreter Zeit

4.1 Die Zufallsvariablen $X_1, X_2, \ldots$ seien unabhängig und geometrisch verteilt mit Parameter $0 < p < 1$. Zeigen Sie, dass es sich bei $(Y_t)_{t\in\mathbb{N}}$ mit $Y_t := \min(X_1, \ldots, X_t)$ um eine Markov-Kette handelt. Wie lauten die Übergangswahrscheinlichkeiten? Stellt $Z_t := \max(X_1, \ldots, X_t)$ ebenfalls eine Markov-Kette dar?

4.2 Beweisen oder widerlegen Sie: Bilden die Zufallsvariablen $(X_t)_{t\in\mathbb{N}_0}$ eine Markov-Kette, so ist auch $(Z_t)_{t\in\mathbb{N}_0}$ mit $Z_t := |X_t|$ eine Markov-Kette.

4.3 Eine Folge $(X_t)_{t\in\mathbb{N}_0}$ von Zufallsvariablen mit Wertemenge S erfülle für alle $t \in \mathbb{N}$, $I \subseteq \{0, \ldots, t-1\}$ und $i, j, s_k \in S$ die Bedingung

$$\Pr[X_{t+2} = j \mid X_t = i, \forall k \in I: X_k = s_k] = \Pr[X_{t+2} = j \mid X_t = i].$$

Ist $(X_t)_{t\in\mathbb{N}_0}$ eine Markov-Kette?

4.4 Begründen Sie, dass die Matrix

$$P = \begin{pmatrix} \frac{3}{4} & 0 & \frac{1}{4} \\ \frac{1}{4} & \frac{1}{2} & \frac{1}{4} \\ 0 & \frac{1}{2} & \frac{1}{2} \end{pmatrix}$$

nicht diagonalisierbar ist. (Hinweis: Diese Aufgabe erfordert einige elementare Kenntnisse aus der linearen Algebra.)

4.5 Auf einem Zentralrechner treffen Jobs zur Bearbeitung ein. Hierbei unterscheiden wir rechenintensive und einfache Jobs. In jedem Schritt handelt es sich unabhängig von allen anderen Jobs mit Wahrscheinlichkeit p um einen rechenintensiven Job. Da der Server nicht ausreichend dimensioniert ist, stürzt das System ab, wenn zwei rechenintensive Jobs aufeinander folgen. Wie viele Schritte vergehen bis zu diesem Moment im Mittel?

4.6˘ Wir betrachten die Markov-Kette aus Abbildung 4.3 auf Seite 174. Es gelte $p = q$. Wie groß ist f_{jm} für beliebiges $j \in S$?

4.7 In einer Verwaltung arbeiten fünf Mitarbeiter. A,B,C,D sind Sachbearbeiter. Sie bearbeiten jeden Tag alle Akten, die sich auf ihrem Schreibtisch befinden nach folgenden Prinzipien. A reicht alle Akten an D weiter. (Weitergereichte Akten werden von der Hauspost transportiert und erreichen ihr Ziel erst nach Dienstschluss. Die Akte kann daher vom Adressaten erst am nächsten Tag bearbeitet werden.) B wirft für jede Akte eine Münze. Zeigt diese Kopf, reicht er die Akte an A, zeigt sie Zahl lässt er sie einen weiteren Tag unbearbeitet auf seinem Schreibtisch liegen. C wirft für jede Akte einen Würfel. Zeigt dieser eine 1 oder 2, lässt er die Akte unbearbeitet auf seinem Schreibtisch liegen, bei Augenzahl 3, 4 bzw. 5 reicht er die Akte an A, B bzw. E weiter. Bei einer 6 bearbeitet er die Akte korrekt. Sachbearbeiter D ist Hobbygolfer und hat sich in seinem Zimmer eine Minitrainingsanlage installiert. Für jede Akte versucht er einen Putt. Gelingt dieser ($p = 0.4$), bearbeitet er die Akte korrekt, ansonsten reicht er sie an C weiter. Mitarbeiter E ist Archivar. Er archiviert jede Akte ohne sie zu bearbeiten. Jede neu eingehende Akte beginnt ihre Odyssee auf dem Schreibtisch von Sachbearbeiter A. Modellieren Sie den Lauf einer Akte als Markov-Kette. Mit welcher Wahrscheinlichkeit wird eine Akte innerhalb von vier Tagen korrekt bearbeitet? Mit welcher Wahrscheinlichkeit wird eine Akte ohne Bearbeitung im Keller archiviert?

4.8˘ Wir betrachten das „gamblers ruin problem" mit $p = 18/37$ (Roulette unter Berücksichtigung der Null). Wie groß muss das Kapital der Bank mindestens sein, damit ein Spieler, der zu Beginn 100 Euro besitzt und in jeder Runde einen Euro auf eine der 36 Zahlen setzt, die Bank mit 99,9% Sicherheit nicht sprengen kann.

4.9 Anna und Bodo spielen das folgende Spiel. Wenn A an der Reihe ist, würfelt sie so lange mit einem Würfel, bis sie entweder eine ungerade Zahl würfelt (dann ist B an der Reihe) oder drei Mal hintereinander eine gerade Zahl geworfen hat (dann ist das Spiel zu Ende und A hat gewonnen). Ist B an der Reihe, so würfelt er einmal. Zeigt der Würfel eine Sechs, so ist das Spiel zu Ende und B hat gewonnen. Ansonsten ist A wieder an der Reihe. A beginnt. Berechnen Sie die Wahrscheinlichkeit mit der A gewinnt. Wie lange dauert das Spiel im Mittel?

4.10⁻ Erläutern Sie, welche Zustände der Markov-Ketten aus Aufgabe 4.1 absorbierend/transient/rekurrent sind.

4.11 Beweisen oder widerlegen Sie: Ein Zustand i einer Markov-Kette ist genau dann rekurrent, wenn $\sum_{n=1}^{\infty} p_{ii}^{(n)} = \infty$.

4.12 Beweisen oder widerlegen Sie: Es sei $(X_t)_{t\in\mathbb{N}_0}$ eine Markov-Kette und π eine stationäre Verteilung. Dann gilt

$$\lim_{n\to\infty} p_{ij}^{(n)} = \pi_j,$$

wenn die Markov-Kette a) ergodisch, b) irreduzibel, c) aperiodisch ist.

4.13 Berechnen Sie die erwartete Übergangszeit h_{in} für $i = 1,\ldots,n$ der Markov-Kette aus Abbildung 5.2 auf Seite 217.

4.14 Sei eine beliebige Markov-Kette gegeben. Zeigen Sie, dass durch die Einführung von *Schleifen* mit Wahrscheinlichkeit p an allen Zuständen und entsprechende Skalierung der Übergangswahrscheinlichkeiten mit dem Faktor $1 - p$ die Aperiodizität der Kette sichergestellt wird. Zeigen Sie ferner, dass es bei irreduziblen Ketten genügt, an einem einzigen Zustand eine Schleife einzuführen.

4.15 Beweisen oder widerlegen Sie: Eine Markov-Kette hat genau dann eine eindeutig bestimmte stationäre Verteilung, wenn sie ergodisch ist.

4.16 Die Markov-Kette in Abbildung 4.15 wird *random walk with barriers* genannt. Für die Übergangswahrscheinlichkeiten werden hierbei die Abkürzungen $r_i := p_{i-1,i}$ und $s_i := p_{i+1,i}$ verwendet.

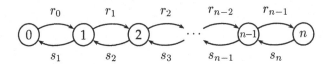

Abbildung 4.15: Markov-Kette *random walk with barriers*

Damit es sich hierbei um eine korrekte Markov-Kette handelt, muss gelten, dass $r_0 = s_n = 1$, sowie $r_i + s_i = 1$ für alle i. Berechnen Sie die stationäre Verteilung. Konvergiert die Kette in diese stationäre Verteilung? Was geschieht, wenn man die Werte von r_i und s_i für alle i halbiert und zusätzliche Übergänge der Form $p_{i,i} = 1/2$ einführt?

4.17 Wir betrachten einen Behälter, der durch eine Membran in zwei Hälften geteilt wird und in dem sich insgesamt n Moleküle eines Gases befinden. In jedem Zeitschritt wandert ein zufällig ausgewähltes Molekül in die andere Hälfte des Behälters. Modellieren Sie diesen Prozess als Markov-Kette und berechnen Sie die stationäre Verteilung.

Bemerkung: Diese Markov-Kette wird *Ehrenfest-Modell* für Diffusion genannt.

4.18 Eine Münze, bei der mit Wahrscheinlichkeit p Kopf fällt, wird mehrfach geworfen. X_n bezeichne die Anzahl der Würfe mit Ergebnis „Kopf" nach insgesamt n Würfen. Begründen Sie, dass die Zufallsvariablen $Y_n := X_n \bmod 10$ eine Markov-Kette darstellen. Konvergiert diese Kette für $n \to \infty$ in eine stationäre Verteilung? Wenn ja, wie lautet diese?

4.19 Ein Grashüpfer hüpft über ein Blumenbeet, das aus $n + 1$ ringförmig angeordneten Blumen besteht, wobei n ungerade sei. Die Blumen identifizieren wir mit den Zuständen $0, \ldots, n$ einer Markov-Kette. Bei den geradzahligen Zuständen handelt es sich um besonders schöne Blumen, auf denen das Insekt länger verweilt. Ansonsten bewegt es sich völlig zufällig zu einer der Nachbarblumen. Wir modellieren dies durch Übergangswahrscheinlichkeiten

$$p_{i,i} = 1/2, \; p_{i,i-1} = p_{i,i+1} = 1/4 \text{ für } i \text{ gerade,}$$
$$p_{i,i} = 0, \; p_{i,i-1} = p_{i,i+1} = 1/2 \text{ für } i \text{ ungerade.}$$

Hierbei sind die Indizes der Übergangswahrscheinlichkeiten modulo $n + 1$ zu verstehen. Ist diese Kette ergodisch? Wie lautet die stationäre Verteilung, sofern sie existiert?

Prozesse mit kontinuierlicher Zeit

4.20 Wir wollen die Verfügbarkeit eines Kopierers abschätzen. Dazu nehmen wir an, dass ein Kopierauftrag im Mittel zwei Minuten dauert. In 10% der Fälle wird der Kopierer mit einem Papierstau hinterlassen und es vergehen im Mittel 30 Minuten, bis jemand den Papierstau beseitigt und dann einen eigenen Kopierauftrag startet. Ansonsten beträgt die Wartezeit auf einen Auftrag im Mittel zehn Minuten. Approximieren Sie dieses Szenario durch eine kontinuierliche Markov-Kette und berechnen Sie deren Gleichgewichtszustand.

4.21 Bei einem Netzwerkanschluss treffen im Mittel 400 zu übertragende Pakete pro Sekunde ein. Mit welcher Rate muss das Netz die Pakete senden können, damit im Mittel höchstens 10ms vergehen, bis ein Paket vollständig verschickt ist? Geben Sie zunächst eine geeignete Modellierung des Problems an.

4.22 Bei einem Webserver werden im Mittel 20 Sitzungen gleichzeitig behandelt, wobei eine Sitzung durchschnittlich fünf Minuten dauert. Wie groß ist die mittlere Ankunftsrate der Sitzungen?

4.23 Begründen Sie, dass sich jede M/M/k Warteschlange als Birth-and-Death Prozess formulieren lässt. Unter welchen Bedingungen existiert der Gleichgewichtszustand und wie lautet er?

4.24 Auf einem Rechner mit zwei unabhängigen Prozessoren werden Jobs gestartet, deren Laufzeit exponentialverteilt sei mit Parameter μ. Die Ankunftsrate der Jobs bezeichnen wir mit λ. Modellieren Sie das System durch eine geeignete Warteschlange. Unter welchen Bedingungen existiert der Gleichgewichtszustand und wie lautet er?

4.25 Bestimmen Sie den Gleichgewichtszustand einer Warteschlange vom Typ M/M/2 mit Ankunfts- bzw. Bearbeitungsraten λ und μ. Berechnen Sie daraus die mittlere Anzahl $\mathbb{E}[N]$ von Jobs im System, sowie die mittlere Antwortzeit $\mathbb{E}[R]$. Vergleichen Sie dieses Ergebnis mit der Parallelschaltung von zwei M/M/1-Warteschlangen, auf welche die ankommenden Jobs zufällig verteilt werden. Ist eine gemeinsame zwei getrennten Warteschlangen vorzuziehen?

4.26 Ein Mechaniker ist für zwei Maschinen zuständig, deren Funktionszeit exponentialverteilt mit Parameter λ_1 bzw. λ_2 ist. Sobald eine der beiden Maschinen defekt ist, macht er sich an deren Reparatur. Die Reparaturzeiten sind für beide Maschinen ebenfalls exponentialverteilt mit Parameter μ_1 bzw. μ_2 ist. Da Maschine 1 wichtiger ist, wird diese immer zuerst repariert. Insbesondere gilt: Fällt Maschine 1 aus während Maschine 2 bereits repariert wird, unterbricht der Mechaniker sofort die Arbeit an Maschine 2 und beginnt mit der Reparatur von Maschine 1. Bestimmen Sie den Zeitanteil, den Maschine 2 defekt ist für $\lambda_1 = 2, \lambda_2 = 3, \mu_1 = 50, \mu_2 = 20$.

5

Ausblick: Randomisierte Algorithmen

5.1 Einführung

Beim Entwurf eines Algorithmus versucht man eine Strategie zu finden, die das betrachtete Problem für alle zulässigen Eingaben korrekt und möglichst schnell löst. Eine Strategie, die auf manchen Eingaben gute Resultate liefert, kann allerdings für andere Eingaben ungeeignet sein. Bei vielen Problemen ist es zudem so, dass sich *jede* Strategie des Algorithmus für bestimmte Eingaben als ungünstig erweist. Dies führt dazu, dass die Laufzeit des Algorithmus bezüglich einer *worst case* Analyse recht hoch sein kann, obwohl der Algorithmus für „viele" Eingaben ein gutartiges Verhalten zeigt. Würde man daher bei der Anwendung des Algorithmus die Eingabe „auswürfeln", so könnte man erwarten, dass sich der Algorithmus mit hoher Wahrscheinlichkeit gutartig verhält. In realen Anwendungen werden die Eingaben jedoch nicht ausgewürfelt, sondern liegen deterministisch fest und empirisch ist es leider oft so (Murphys Gesetz!), dass dies gerade die für den Algorithmus ungünstigen Eingaben sind. Betrachten wir einige Beispiele.

Der Sortieralgorithmus „Quicksort" sortiert ein Array $a[\cdot]$ durch Partitionierung in zwei Teilarrays $a_1[\cdot]$ und $a_2[\cdot]$, auf die der Algorithmus rekursiv angewandt wird. Hierbei enthält $a_1[\cdot]$ die Elemente von $a[\cdot]$, die kleiner als ein zuvor gewähltes *Pivotelement* y sind, während $a_2[\cdot]$ alle größeren Elemente enthält. Die Laufzeit des Quicksort-Algorithmus hängt maßgeblich von der Wahl des Pivotelementes ab. Wählt man deterministisch ein bestimmtes Element von $a[\cdot]$ (beispielsweise immer das Element $a[0]$) als Pivotelement, so ist die Laufzeit von Quicksort im schlimmsten Fall quadratisch, nämlich dann, wenn $a[\cdot]$ bereits sortiert ist. Eine durchschnittliche Laufzeitanalyse zeigt andererseits (vgl. Band I), dass der Algorithmus im Mittel wesentlich schneller ist. Besteht die Eingabe allerdings überwiegend aus vorsortierten Daten, so ist die Aussage über die durchschnittliche Laufzeit wenig aussagekräftig.

Für die Speicherung einer Adressenliste soll eine effiziente Datenstruktur entwickelt werden. Eine einfache Vorgehensweise besteht darin, die Adressenliste entsprechend der Anfangsbuchstaben der Nachnamen in mehrere Teillisten aufzuteilen. Besteht die zu bearbeitende Liste aus zufällig ausgewürfelten Daten, so liefert dieses Verfahren im Allgemeinen brauchbare Ergebnisse. Soll andererseits die Adressenliste eines Sachbearbeiters, der für alle Kunden mit Anfangsbuchstaben S zuständig ist, verarbeitet werden, so ist dieses Verfahren offensichtlich absolut nutzlos.

Für den Test, ob eine natürliche Zahl n Primzahl ist, kann man folgenden Ansatz machen: Zu einer Zahl $a \in \mathbb{N}, a \le n$ definiert man ein geeignetes Prädikat WITNESS(n, a), das genau dann wahr ist, wenn a (auf eine Art und Weise, die wir hier nicht näher erläutern wollen) „bezeugt", dass n keine Primzahl ist. Man kann zeigen, dass es ein Prädikat WITNESS(n, a) gibt, das zum einen leicht zu überprüfen ist und das zum anderen die Eigenschaft hat, dass für alle n, die keine Primzahl sind, mindestens die Hälfte aller $a \in \mathbb{N}, a \le n$ die Zusammengesetztheit von n bezeugen. — Da man aber für ein gegebenes n nicht weiß, welche der a's Zeugen sind, muss man mindestens die Hälfte aller Zahlen $1, \ldots, n$ überprüfen, bis man sicher sein kann, dass es keinen Zeugen gibt.

Für diese Beispiele ist es schwer bzw. unmöglich, gute deterministische Verfahren anzugeben. Erlaubt man jedoch dem Algorithmus zu „würfeln", so ist es nicht schwer gute Ergebnisse zu erzielen:

- Wählt man im Quicksort-Algorithmus das Pivot-Element nicht deterministisch sondern *zufällig*, so kann man zeigen: Für *alle* Eingaben ist die Laufzeit mit *hoher Wahrscheinlichkeit* gutartig (vgl. Abschnitt 5.2).

- Wählt man für die Aufteilung in Teillisten ein *Hashing-Verfahren*, so kann man für *alle* Datensätze erwarten, dass die Aufteilung in die Teillisten mit *hoher Wahrscheinlichkeit* gleichmäßig ist (vgl. Bemerkung 1.19).

- Prüft man das Prädikat WITNESS(n, a) für 100 *zufällig* ausgewählte Zahlen a, so gilt für *alle* zusammengesetzten Zahlen n: Die Wahrscheinlichkeit, dass alle 100 a's keine Zeugen sind ist kleiner gleich $1/2^{100} \approx 10^{-30}$.

Diese Beispiele zeigen, dass es sinnvoll sein kann, die Steuerung eines Algorithmus teilweise dem Zufall zu überlassen, wenn auf diese Weise „im

Mittel" gute Entscheidungen getroffen werden. Einen Algorithmus, der Zufallszahlen verwendet, bezeichnet man als *randomisierten Algorithmus*. Hierbei unterscheidet man *Las-Vegas-Algorithmen* und *Monte-Carlo-Algorithmen*. Bei Las-Vegas-Algorithmen hängt zwar die Laufzeit vom Zufall ab, das berechnete Ergebnis ist jedoch immer richtig. Hingegen ist es Monte-Carlo-Algorithmen erlaubt, mit einer gewissen (geringen) Wahrscheinlichkeit entweder kein Ergebnis oder ein falsches Ergebnis zu liefern. Man mag sich vielleicht fragen, ob ein Algorithmus sinnvoll ist, der unter Umständen falsche Ergebnisse berechnet. Ist die Wahrscheinlichkeit dafür allerdings so klein wie in dem oben skizzierten Primzahltest, so wird man in der Regel damit leben können, da auch reale Rechensysteme nicht gegen zufällige Störungen gefeit sind.

In den letzten Jahren hat sich indessen gezeigt, dass randomisierte Verfahren bei zahlreichen Anwendungen eine bessere Laufzeit liefern oder deutlich einfacher zu implementieren sind als ihre deterministischen Kontrahenten. Randomisierte Techniken stellen daher ein sehr wichtiges Hilfsmittel beim Entwurf von Algorithmen dar. In diesem Kapitel werden wir drei einfache Beispiele näher betrachten.

5.2 Analyse von Quicksort

In diesem Abschnitt wollen wir die in der Einleitung vorgestellte Variante des Quicksort-Algorithmus, bei der das Pivot-Element in jedem Schritt zufällig und gleichwahrscheinlich unter allen Elementen des Arrays ausgewählt wird, analysieren. Bei diesem *randomisierten Quicksort-Algorithmus* handelt es sich um einen Las-Vegas-Algorithmus, da zwar die Laufzeit je nach Wahl der Pivotelement variiert, aber immer korrekt sortiert wird. Wir zeigen den folgenden Satz:

Satz 5.1 *Der randomisierte Quicksort-Algorithmus benötigt zum Sortieren von n Elementen im Mittel $\mathcal{O}(n \log n)$ Vergleiche.*

Beweis: Wir untersuchen im Folgenden den Erwartungswert der Zufallsvariablen $X :=$ „Anzahl der von Quicksort durchgeführten Vergleiche". Es wird sich herausstellen, dass $\mathbb{E}[X]$ nur von den zufälligen Entscheidungen des Algorithmus und nicht von der Eingabe abhängt.

Für die folgende Analyse betrachten wir eine beliebige Eingabe S. Mit $S_{(i)}$ bezeichnen wir das i-te Element von S bezüglich der sortierten Reihenfolge. Man beachte: Da diese Reihenfolge existiert, ist die Definition von $S_{(i)}$

sinnvoll, auch wenn wir vor Ausführung des Algorithmus $S_{(i)}$ nicht explizit kennen.

Zur Berechnung von $\mathbb{E}[X]$ wenden wir den aus Beispiel 1.63 auf Seite 44 bekannten „Trick" an. Wir stellen X durch $X := \sum_{i=1}^{n} \sum_{j=i+1}^{n} X_{ij}$ dar. Hierbei bezeichnet X_{ij} eine Indikatorvariable, die genau dann gleich Eins ist, wenn $S_{(i)}$ mit $S_{(j)}$ verglichen wird (egal in welchem der rekursiven Aufrufe von Quicksort). Die Wahrscheinlichkeit für dieses Ereignis bezeichnen wir mit p_{ij}. Damit erhalten wir

$$\mathbb{E}[X] = \sum_{i=1}^{n} \sum_{j=i+1}^{n} \mathbb{E}[X_{ij}] = \sum_{i=1}^{n} \sum_{j=i+1}^{n} p_{ij}.$$

Wir müssen nun noch überlegen den Wert von p_{ij} bestimmen. Dazu überlegen wir uns, welche Bedingungen erfüllt sein müssen, damit $S_{(i)}$ und $S_{(j)}$ miteinander verglichen werden. Zunächst halten wir fest, dass dafür eines der beiden Elemente als Pivotelement gewählt werden muss. Dies muss erfolgen *bevor* irgendein anderes Elemente der Menge $\{S_{(i+1)}, \ldots, S_{(j-1)}\}$ als Pivotelement gewählt wird. Falls letzteres geschehen würden $S_{(i)}$ und $S_{(j)}$ in zwei verschiedene Teilmengen S_1 und S_2 eingeteilt. Da diese Teilmengen getrennt voneinander weiterbearbeitet werden, könnten $S_{(i)}$ und $S_{(j)}$ danach nie mehr miteinander verglichen werden. Insgesamt haben wir folgende Situation erhalten:

$S_{(1)}$	$\cdots$	$S_{(i-1)}$	$S_{(i)}$	$S_{(i+1)}$	$\cdots$	$S_{(j-1)}$	$S_{(j)}$	$S_{(j+1)}$	$\cdots$	$S_{(n)}$
spielen keine Rolle			$S_{(i)}$ oder $S_{(j)}$ als erstes Pivot					spielen keine Rolle		

Wir führen die Abkürzung $T := \{S_{(i)}, S_{(i+1)}, \ldots, S_{(j-1)}, S_{(j)}\}$ ein. Aus Symmetriegründen wird jedes Element von T mit gleicher Wahrscheinlichkeit vor allen anderen Elementen von T als Pivotelement gewählt (So lange noch kein Element aus T zum Pivot gewählt wurde, behandelt der Algorithmus alle Elemente aus T gleich). Damit gilt $p_{ij} = \frac{2}{(j-i+1)}$ und wir erhalten insgesamt

$$\begin{aligned}
\mathbb{E}[X] &= \sum_{i=1}^{n} \sum_{j=i+1}^{n} p_{ij} = \sum_{i=1}^{n} \sum_{j=i+1}^{n} \frac{2}{(j-i+1)} = \sum_{i=1}^{n} \sum_{k=2}^{n-i+1} \frac{2}{k} \\
&\leq 2 \cdot \sum_{i=1}^{n} \sum_{k=1}^{n} \frac{1}{k} = 2 \cdot \sum_{i=1}^{n} H_n = 2n \cdot H_n.
\end{aligned}$$

Hierbei bezeichnet $H_n := \sum_{i=1}^{n} \frac{1}{i}$ die n-te harmonische Zahl. Aus Band I ist bekannt, dass $H_n = \ln n + \mathcal{O}(1)$. Die mittlere Laufzeit von Quicksort beträgt also $\mathcal{O}(n \ln n)$. $\qquad\square$

Bemerkung 5.2 Auch wenn Satz 5.1 für die randomisierte Variante des Quicksort-Algorithmus formuliert wurde, so kann man dieselbe Beweisidee auch für die Analyse des durchschnittlichen Laufzeitverhaltens (engl. *average case*) verwenden. Dabei nimmt man an, dass alle möglichen Eingaben, also alle Permutationen der Eingabe, gleich wahrscheinlich sind, und interessiert sich für den Erwartungswert der Laufzeit. Eine leichte Umformulierung des Beweises von Satz 5.1 ergibt, dass die durchschnittliche Laufzeit des Quicksort-Algorithmus ebenfalls $\mathcal{O}(n \ln n)$ ist. Dieses Ergebnis hatten wir in Band I bereits auf eine ganz andere Art und Weise hergeleitet.

5.3 Berechnung des Medians

In diesem Abschnitt stellen wir einen randomisierten Algorithmus zur Bestimmung des Medians vor, der weniger Vergleiche benötigt als jeder theoretisch mögliche deterministische Algorithmus. Unter dem *Median* versteht man das „mittlere" Element einer sortierten Sequenz von Elementen aus einer vollständig geordneten Menge. Da es in einer Menge mit gerader Kardinalität kein eindeutiges „mittleres" Element gibt, definieren wir den Median als das $\lceil \frac{n}{2} \rceil$-te Element der Menge in sortierter Reihenfolge.

BEISPIEL 5.3 Betrachten wir z. B. die Menge $S := \{7, 4, 3, 8, 1\}$, bzw. $(1, 3, 4, 7, 8)$ in sortierter Reihenfolge. Der Median von S ist „4". Man beachte, dass der Median einer Sequenz nicht gleich dem Mittelwert ist (im Beispiel gilt $\frac{1}{5}(7 + 3 + 4 + 8 + 1)$ $= \frac{23}{5}$).

Wir stellen uns im Folgenden vor, dass die Eingabemenge S als Array $a[1], \ldots, a[n]$ vorliegt, wobei das Array selbstverständlich nicht sortiert sein muss (sonst wäre die Aufgabe trivial). Der gesuchte Algorithmus soll den Median dieses Arrays bestimmen. Dies könnte man beispielsweise dadurch realisieren, dass man die Elemente von $a[.]$ sortiert. Dafür sind Algorithmen bekannt, die Laufzeit $\mathcal{O}(n \log n)$ benötigen. Wir streben jedoch einen Algorithmus für die Bestimmung des Medians an, der Laufzeit $\mathcal{O}(n)$ besitzt.

Die Lösungsidee besteht darin, m Elemente von $a[1], \ldots, a[n]$ zufällig auszuwählen. Jedes dieser m Elemente wird unabhängig und gleichverteilt aus der Menge $\{a[1], \ldots, a[n]\}$ gewählt. Wir wählen also eventuell manche Elemente mehrfach, aber da dies nur selten passiert, wird das nicht weiter stören. Die ausgewählten Elemente werden in ein Array $b[1], \ldots, b[m]$ eingetragen. Die Anzahl m der ausgewählten Elemente wird dabei deutlich kleiner sein als die Anzahl n der Elemente im Array $a[.]$. Konkret werden wir $m = \lceil n^{3/4} \rceil$ setzen. Für diese Wahl von m können wir das Array $b[.]$ in Zeit $\mathcal{O}(n^{3/4} \log n^{3/4}) = o(n)$ sortieren.

Wegen der unabhängigen Auswahl der Elemente erwarten wir, dass der Median von $b[.]$ (also das Element $b[\lceil \frac{1}{2} m \rceil]$ nach dem Sortieren) „nahe beim"

Median von $a[.]$ liegt. Dieses Wissen verwenden wir, um eine kleine Menge von Kandidaten für den Median von $a[.]$ zu erhalten. Dazu betrachten wir zwei Pivotelemente

$$
\begin{aligned}
p_\ell &= b[\lfloor \tfrac{1}{2}m - \sqrt{n} \rfloor], \\
p_r &= b[\lceil \tfrac{1}{2}m + \sqrt{n} \rceil].
\end{aligned}
$$

Wir werden zeigen, dass die Menge $T := \{x \in S \mid p_\ell \le x \le p_r\}$ aller Elemente von $a[.]$, die zwischen p_ℓ und p_r liegen, mit hoher Wahrscheinlichkeit die folgenden Eigenschaften besitzt:

1. T ist relativ klein, konkret $|T| < 4n^{3/4}$

2. Der Median von $a[.]$ liegt in T.

Abbildung 5.1 veranschaulicht unser Vorgehen. Die Arrays $a[.]$ und $b[.]$ stelle man sich in der Abbildung sortiert vor. Die Werte $\ell+1$ und $\ell+t$ entsprechen dem *Rang* von p_ℓ bzw. p_r. Unter dem Rang versteht man den Index eines Elements in der sortierten Liste. In Beispiel 5.3 hat das Element 7 also den Rang 4.

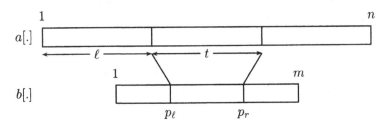

Abbildung 5.1: Randomisierte Bestimmung des Medians

Wenn die Bedingung 1 erfüllt ist, können wir die Menge T ebenfalls in Zeit $\mathcal{O}(n^{3/4} \log n^{3/4}) = o(n)$ sortieren. Wenn zusätzlich die Bedingung 2 erfüllt ist, können wir an Hand des Wertes ℓ leicht berechnen, wo der gesuchte Median in der *sortierten* Menge T liegt. Algorithmus 5.1 auf der nächsten Seite fasst dieses Vorgehen zusammen.

Die Korrektheit von Algorithmus 5.1 ist relativ leicht einzusehen und wir überlassen die Ausformulierung daher dem Leser. Da die Hauptschleife erst verlassen wird, wenn der Median tatsächlich gefunden wurde, handelt es sich bei Algorithmus 5.1 um einen Las-Vegas-Algorithmus. Der folgende Satz zeigt, dass der Algorithmus mit hoher Wahrscheinlichkeit nur Laufzeit $\mathcal{O}(n)$ benötigt.

Algorithmus 5.1 Randomisierte Bestimmung des Medians

func randMedian($a[.]$)

---

repeat

// *Wähle $n^{3/4}$ Elemente aus $a[.]$ zufällig aus.*

for ($i = 1; i \leq \lceil n^{3/4} \rceil; i++$) {

$\quad z = $ Zufallszahl aus $\{1, \ldots, n\}$;

$\quad b[i] = a[z]$;

}

Sortiere die Elemente in $b[.]$ (z.B. mit MergeSort);

$p_\ell = b[\max\{\lfloor \frac{1}{2} n^{3/4} - \sqrt{n} \rfloor, 1\}]$;

$p_r = b[\min\{\lceil \frac{1}{2} n^{3/4} + \sqrt{n} \rceil, \lceil n^{3/4} \rceil\}]$;

// *Bestimme den Rang von p_ℓ und p_r und trage T in $b[.]$ ein.*

$\ell = t = 0$;

for ($j = 1; j \leq n; j++$) {

$\quad$ **if** $p_\ell \leq a[j] \leq p_r$ **then** $t++; b[t] = a[j]$;

$\quad$ **else if** $a[j] < p_\ell$ **then** $\ell++$;

}

until (

// *Median in T*

$\ell < \lceil \frac{n}{2} \rceil$ **and** $\ell + t \geq \lceil \frac{n}{2} \rceil$ **and**

// *T nicht zu groß*

$t < 4n^{3/4}$)

Sortiere $b[.]$ und gib den Median $b[\lceil \frac{n}{2} \rceil - \ell]$ zurück.

Satz 5.4 *Mit Wahrscheinlichkeit $1 - n^{-1/4}$ findet Algorithmus 5.1 den Median in Laufzeit $O(n)$, wobei höchstens $\frac{3}{2}n + o(n)$ Vergleiche durchgeführt werden.*

Beweis (Skizze): Wir betrachten im Folgenden eine Iteration der repeat-Schleife. Bei den beiden Aufrufen eines Sortieralgorithmus werden jeweils $o(n)$ Vergleiche benötigt (wie oben dargestellt). Wir müssen also nur noch die Vergleiche beim Partitionieren betrachten. Man sieht sofort, dass dafür $2n$ Vergleiche ausreichen. Es geht jedoch bei geschickter Implementierung der Vergleiche noch besser. Dazu beobachten wir zunächst, dass aus der Gültigkeit der Bedingungen 1. und 2. folgt, dass mindestens $\frac{1}{2}n - 4n^{3/4}$ Elemente die Bedingung $p_\ell < a[j]$ *nicht* erfüllen. Bei der Durchführung der Abfrage $p_\ell \leq a[j] \leq p_r$ wird daher bei mindestens $\frac{1}{2}n - o(n)$ vielen Elementen von $a[.]$ der zweite Vergleich hinfällig.

Es genügt daher zu zeigen, dass der Algorithmus mit Wahrscheinlichkeit $1 - n^{-1/4}$ nach nur einer Iteration terminiert. Im Folgenden nehmen wir an, dass $n^{3/4}$ ganzzahlig und n gerade ist. Dies erspart uns die Verwendung lästiger Gaußklammern. Bis auf diesen Unterschied verläuft der Beweis für den allgemeinen Fall jedoch analog.

Für die Analyse der Wahrscheinlichkeiten definieren wir S_k als die Menge der k kleinsten Elemente von $a[.]$. Die Zufallsvariable X_k zähle die Anzahl der Elemente in $b[.]$, die zur Menge S_k gehören. Dann gilt $X_k \sim \text{Bin}(n^{3/4}, p)$ mit $p = k/n$ und somit $\mathbb{E}[X_k] = kn^{-1/4}$ und $\text{Var}[X_k] = n^{3/4}p(1-p) \leq \frac{1}{4}n^{3/4}$. Mit Hilfe der Chebyshev-Ungleichung erhalten wir

$$\Pr[|X_k - kn^{-1/4}| \geq \sqrt{n}] \leq \frac{\text{Var}[X_k]}{n} \leq \frac{1}{4}n^{-1/4}. \tag{5.1}$$

Zum Beweis des Satzes zeigen wir, dass höchstens mit Wahrscheinlichkeit $n^{-1/4}$ eines der folgenden Ereignisse eintritt:

$$A := \text{„}\ell \geq n/2\text{''}, \quad B := \text{„}\ell + t < n/2\text{''}$$
$$C := \text{„}\ell < n/2 - 2n^{3/4}\text{''}, \quad D := \text{„}\ell + t \geq n/2 + 2n^{3/4}\text{''}.$$

Wenn keines dieser Ereignisse eintritt, so wird die repeat-Schleife verlassen und es folgt die Behauptung. Somit bleibt zu zeigen, dass $\Pr[A]$, $\Pr[B]$, $\Pr[C]$, $\Pr[D] \leq \frac{1}{4}n^{-1/4}$ gilt.

Wenn das Ereignis A eintritt, so enthält $b[.]$ höchstens $\frac{1}{2}n^{3/4} - \sqrt{n}$ Elemente aus $S_{\frac{n}{2}}$. Daraus folgt mit (5.1):

$$\Pr[A] \leq \Pr[X_{\frac{n}{2}} \leq \tfrac{1}{2}n^{3/4} - \sqrt{n}] \leq \Pr[|X_{\frac{n}{2}} - \tfrac{n}{2} \cdot n^{-1/4}| \geq \sqrt{n}] \leq \tfrac{1}{4}n^{-1/4}.$$

Ebenso erhalten wir

$$\Pr[B] \leq \Pr[X_{\frac{n}{2}} \geq \tfrac{1}{2}n^{3/4} + \sqrt{n}] \leq \tfrac{1}{4}n^{-1/4},$$
$$\Pr[C] \leq \Pr[X_{\frac{n}{2}-2n^{3/4}} \geq \tfrac{1}{2}n^{3/4} - \sqrt{n}] \leq \tfrac{1}{4}n^{-1/4},$$
$$\Pr[D] \leq \Pr[X_{\frac{n}{2}+2n^{3/4}} \geq \tfrac{1}{2}n^{3/4} + \sqrt{n}] \leq \tfrac{1}{4}n^{-1/4}. \qquad \square$$

Bemerkung 5.5 Die Tatsache, dass man mit hoher Wahrscheinlichkeit mit $\frac{3}{2}n + o(n)$ vielen Vergleichen auskommt, ist insbesondere deshalb sehr interessant, da man zeigen kann, dass jeder *deterministische* Algorithmus (in der *worst case* Analyse) mehr als $2n$ Vergleiche benötigt, um den Median zu finden. Der beste bislang bekannte deterministische Medianalgorithmus verwendet sogar $2{,}95n$ Vergleiche und ist zudem deutlich komplizierter als der von uns betrachtete randomisierte Algorithmus.

5.4   Optimierung mit Markov-Ketten

In diesem Abschnitt geben wir ein Beispiel für die Verwendung von Markov-Ketten beim Entwurf von Algorithmen an. Die Grundidee besteht darin, künstlich einen stochastischen Prozess zu erzeugen, von dem man dann zeigt, dass er mit hoher Wahrscheinlichkeit nach „kurzer" Zeit in einen „guten" Zustand gelangt bzw. eine Lösung des Problems findet. Dann muss man für eine konkrete Eingabe nur noch den Prozess simulieren und warten, bis man – vom Zufall auf „wundersame" Weise geführt – auf das gewünschte Ergebnis stößt.

Ein einfaches Optimierungsproblem: 2-SAT

In der theoretischen Informatik und in manchen Anwendungen, wie z. B. bei automatischen Theorembeweisern, spielen so genannte *Erfüllbarkeitsprobleme* eine wichtige Rolle. Dabei geht es darum, die Erfüllbarkeit von *booleschen Formeln* zu testen.

Wir betrachten hier nur boolesche Formeln in *konjunktiver Normalform*. Eine solche Formel besteht aus *booleschen Variablen* $x_1, \ldots, x_n$, die mit Werten aus $\{0, 1\}$ belegt werden können. Bei einem *Literal* handelt es sich entweder um eine Variable oder um eine negierte Variable, also x_i oder $\bar{x}_j$, wobei $\bar{x}_j = 1$ genau dann gilt, wenn $x_j = 0$ ist. Literale werden durch den Oder-Operator „$\vee$" zu *booleschen Klauseln* kombiniert, also z. B. $x_i \vee \bar{x}_j \vee x_k$. Eine Klausel wird durch eine Belegung erfüllt, wenn mindestens ein Literal den Wert „1" hat. Eine boolesche Formel in konjunktiver Normalform besteht aus einer Menge von Klauseln, die durch den Und-Operator „$\wedge$" verknüpft sind. Eine Formel wird durch eine Belegung erfüllt, wenn alle Klauseln erfüllt sind.

BEISPIEL 5.6 Die boolesche Formel in konjunktiver Normalform

$$(x_1 \vee \bar{x}_3) \wedge (\bar{x}_1 \vee x_2) \wedge (x_2 \vee x_3 \vee \bar{x}_4) \wedge (\bar{x}_3 \vee \bar{x}_4)$$

wird beispielsweise erfüllt durch die Belegung $(x_1, x_2, x_3, x_4) = (1, 1, 1, 0)$, oder auch durch $(x_1, x_2, x_3, x_4) = (0, 1, 0, 1)$.

Ein Algorithmus für das Erfüllbarkeitsproblem entscheidet, ob es zu einer booleschen Formel eine erfüllende Belegung gibt. Dieses Problem gehört zur Klasse der so genannten $\mathcal{NP}$-vollständigen Probleme, von denen man annimmt, dass es zur ihrer Lösung keine effizienten Algorithmen gibt.

Das Problem „2-SAT" stellt eine eingeschränkte Variante des allgemeinen Erfüllbarkeitsproblems dar. Hierbei lässt man nur Klauseln zu, die aus höchstens zwei Literalen bestehen. Durch diese Einschränkung wird das Problem effizient lösbar und man kann sich einen deterministischen Algorithmus überlegen, der in Zeit $\mathcal{O}(n)$ die gewünschte Antwort liefert. Wir werden hier jedoch nicht auf diesen Algorithmus eingehen, sondern uns auf die wahrscheinlichkeitstheoretischen Aspekte des Problems konzentrieren.

Im Folgenden stellen wir einen randomisierten Algorithmus vor, der zwar dem zuvor angesprochenen Verfahren mit Laufzeit $\mathcal{O}(n)$ unterlegen ist und somit keine eigenständige Bedeutung besitzt, aber dessen Grundidee bei anderen Varianten des Erfüllbarkeitsproblems zu herausragenden Resultaten geführt hat.

Algorithmus 5.2 Randomisierter Algorithmus für 2-SAT

func twoSat(F)

     $x_1 := 0, \ldots x_n := 0$
     while
          aktuelle Belegung erfüllt F nicht **and**
          max. Anzahl Iterationen $c_{\max}$ noch nicht erreicht
     do
          Wähle nicht-erfüllte Klausel C mit den Variablen x_i und x_j;
          Wähle zufällig $k \in \{i, j\}$;
          Negiere den Wert von x_k;
     od
     if vorzeitiger Abbruch, da $c_{\max}$ erreicht **then**
          // F ist vermutlich nicht erfüllbar.
          return false;
     else
          // Erfüllende Belegung $x_1, \ldots, x_n$ gefunden.
          return true;
     fi

Algorithmus 5.2 verfolgt eine einfache Strategie: die Werte zufällig gewählter Variablen aus nicht-erfüllten Klauseln werden negiert, bis eine erfüllende Belegung gefunden wurde. Wenn der Algorithmus das Ergebnis „true" liefert, so ist dieses nach Konstruktion korrekt. Der folgende Satz zeigt, dass auch die Antwort „false" mit hoher Wahrscheinlichkeit richtig ist.

Satz 5.7 *Wenn Algorithmus 5.2 nach $c_{\max} = 2n^2$ Iterationen die Antwort „false" liefert, so ist diese mit Wahrscheinlichkeit $\geq 1/2$ korrekt.*

Beweis (Skizze): Nehmen wir an, dass es eine erfüllende Belegung B gibt. Die Zufallsvariable X_k zähle die Anzahl von Variablen, die nach der k-ten Iteration den „richtigen" Wert aus B haben. In einer nicht-erfüllten Klausel gibt es mindestens eine Variable, die nicht den Wert aus B besitzt, denn sonst wäre die Klausel erfüllt. Da diese Variable mit Wahrscheinlichkeit $1/2$ negiert wird, gilt $\Pr[X_{k+1} = X_k + 1] \geq 1/2$. Wir modellieren dieses Problem durch die in Abbildung 5.2 auf der nächsten Seite dargestellte Markov-Kette.

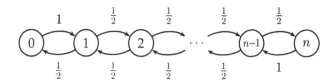

Abbildung 5.2: Markov-Kette zur Analyse des 2-SAT-Algorithmus

Diese Kette gibt im Wesentlichen das Verhalten von Algorithmus 5.2 wieder, wobei die Nummer eines Zustands der Anzahl „richtig" belegter Variablen entspricht. Beim „wirklichen" Algorithmus erfolgen Übergänge von Zustand i nach $i + 1$ mit Wahrscheinlichkeit *mindestens* $1/2$, so dass die Markov-Kette dem Zustand n (der der erfüllenden Belegung B entspricht) allenfalls langsamer entgegenstrebt als der Algorithmus.

Wir schätzen nun die Anzahl von Iterationen ab, die Algorithmus 5.2 benötigt, um die erfüllende Belegung B zu finden. Dazu betrachten wir die Übergangszeit h_{sn}, wobei s der Startzustand der Kette sei. Wir schätzen h_{sn} mit Hilfe von $h_{sn} \leq h_{0n}$ ab. In Beispiel 4.7 auf Seite 175 haben wir bereits eine ähnliche Markov-Kette analysiert und für die Übergangszeit die Schranke $h_{0n} \leq n^2$ gezeigt. Mit Hilfe derselben Techniken wie dort kann man nachrechnen, dass für die Kette aus Abbildung 5.2 $h_{in} = n^2 - i - 2i^2 \leq n^2$ gilt. Also benötigt Algorithmus 5.2 im Mittel höchstens n^2 Iterationen, bis er die Belegung B gefunden hat.

Mit Hilfe der Markovungleichung können wir die Wahrscheinlichkeit abschätzen, dass der Algorithmus auch nach $c_{\max}$ Iterationen die Belegung B noch nicht gefunden hat:

Pr[„Alg. findet erfüllende Belegung B nach $c_{\max}$ Iterationen nicht"]
$$\leq \quad \Pr[T_{sn} > 2n^2] \leq h_{sn}/2n^2 \leq 1/2. \qquad \square$$

Algorithmus 5.2 stellt ein einfaches Beispiel für einen randomisierten Algorithmus mit einseitigem Fehler dar. Wenn eine erfüllende Belegung gefunden wird, so ist diese in jedem Fall korrekt. Wenn der Algorithmus hingegen vermutet, dass die boolesche Formel nicht erfüllbar ist, so kann diese Vermutung mit (kleiner) Wahrscheinlichkeit falsch sein. Wir nennen Algorithmus 5.2 deshalb einen *Monte-Carlo Algorithmus mit einseitigem Fehler*. Um das Vertrauen in die Lösung zu erhöhen, kann man den Algorithmus k-mal wiederholen. Dann gilt

Pr[„Alg. findet B nach k Wiederholungen à $c_{\max}$ Iterationen nicht"]
$$\leq \quad (\Pr[T_{sn} > 2n^2])^k \leq 2^{-k}.$$

Dadurch können wir die Fehlerwahrscheinlichkeit beispielsweise so klein machen, dass ein Fehlverhalten des Algorithmus genauso selten erfolgt wie eine zufällige Fehlfunktion des Prozessors, auf dem das Programm läuft. Dieses „Restrisiko" spielt beim praktischen Einsatz des Algorithmus daher keine Rolle. Man beachte, dass dieses Verfahren zur Verringerung der Fehlerwahrscheinlichkeit bei jedem Monte-Carlo-Algorithmus mit einseitigem Fehler angewendet werden kann.

Bemerkung 5.8 Die Technik von Algorithmus 5.2 kann auch auf Erfüllbarkeitsprobleme übertragen werden, bei denen die Klauseln mehr als zwei Literale enthalten. Für das Problem 3-SAT, bei dem die Klauseln aus exakt drei Literalen bestehen, wurde auf diese Weise im Jahr 1999 ein beeindruckender Durchbruch erzielt. Interessierte Leser seien auf die Originalarbeit von Uwe Schöning, *A Probabilistic Algorithm for k-SAT and Constraint Satisfaction Problems*, FOCS'99, Seite 410–414 verwiesen.

Optimierung durch Simulated Annealing

Bei praktischen Optimierungsproblemen ist man oft nicht in der Lage, mit vertretbarem Aufwand ein „maßgeschneidertes" Lösungsverfahren zu entwerfen. Aus diesem Grund besteht ein großes Interesse an generischen Ansätzen zur Optimierung, die sich auf viele Probleme anwenden lassen. Ein sehr verbreitetes und erfolgreiches Verfahren aus diesem Bereich ist unter dem Namen *Simulated Annealing* bekannt. Hierbei durchläuft man wie in Algorithmus 5.2 auf Seite 216 zufallsgesteuert die Menge aller zulässigen Lösungen (bei 2-SAT sind dies die möglichen Belegungen von $x_1, \ldots, x_n$), bis man eine „gute" Lösung gefunden hat. Dazu definiert man sich zu jeder zulässigen Lösung s eine Menge $N(s)$ von „benachbarten" Lösungen. $N(s)$ definiert einen Graphen auf der Menge aller zulässigen Lösungen (den so genannten *Suchraum*), indem wir von s Kanten zu allen Nachbarknoten in $N(s)$ einfügen. Irgendwo im Suchraum liegt das gesuchte Maximum s_0.

Beim Simulated Annealing sucht man dieses Optimum, indem man für eine bestimmte, vorgegebene Zeit zufällig auf dem Graphen des Suchraums „herumirrt". Dies ist nichts anderes als ein Random Walk, bzw. die Simulation einer über dem Suchraum definierten Markov-Kette, deren Zustände den zulässigen Konfigurationen s entsprechen. Das Erfolgsgeheimnis des Verfahrens liegt in der Wahl der Übergangswahrscheinlichkeiten. Diese wählt man so, dass man bessere Lösungen in jedem Fall akzeptiert (die entsprechende Übergangswahrscheinlichkeit also auf Eins setzt), schlechtere Lösungen hingegen nur mit einer Wahrscheinlichkeit, die mit der Laufzeit des Algorithmus abnimmt. Man kann nun zeigen, dass solch eine Markov-Kette unter gewissen Voraussetzungen mit großer Wahrscheinlichkeit ins gesuchte Optimum konvergiert.

Lösungen der Übungsaufgaben

1.1 Wahrscheinlichkeitsraum: $\Omega := \{1,2,3,4,5,6\}^2$ mit $\Pr[\omega] = 1/36$ für alle $\omega \in \Omega$. Es gilt $A = \{(1,2),(1,4),(1,6),(2,1),(2,3),(2,5),\ldots\}$ mit $|A| = 18$ und $B = \Omega \setminus \{2,3,4,5,6\}^2$ mit $|B| = 36 - 25 = 11$. Also $\Pr[A] = 1/2$ und $\Pr[B] = 11/36$. Wegen $A \cap B = \{(1,2),(1,4),(1,6),$ $(2,1),(4,1),(6,1)\}$, folgt $\Pr[A\cap B] = 6/36$ und $\Pr[A\cup B] = \Pr[A]+\Pr[B]$ $-\Pr[A \cap B] = 1/2 + 11/36 - 1/6 = 23/36$. Da $A \cap \bar{B}$ und $A \cap B$ disjunkt sind, gilt $\Pr[A] = \Pr[A \cap \bar{B}] + \Pr[A \cap B]$. Auflösen ergibt $\Pr[A \cap \bar{B}] = 1/2 - 1/6 = 1/3$.

1.2 A_i bezeichne das Ereignis „Urne i wird beim Würfeln gewählt". Es folgt $\Pr[A_1] = 1/2, \Pr[A_2] = 1/6$ und $\Pr[A_3] = 1/3$. Ferner gilt $\Pr[W|A_1] = 1/3, \Pr[W|A_2] = 2/3, \Pr[W|A_3] = 1/2$. Mit dem Satz von der totalen Wahrscheinlichkeit erhalten wir

$$\Pr[W] = \Pr[W|A_1] \cdot \Pr[A_1] + \Pr[W|A_2] \cdot \Pr[A_2] + \Pr[W|A_3] \cdot \Pr[A_3]$$
$$= 1/3 \cdot 1/2 + 2/3 \cdot 1/6 + 1/2 \cdot 1/3 = 4/9.$$

1.3 4 Asse von 52 Karten, also $\Pr[\text{„As"}] = 4/52 = 1/13$. Diese Wahrscheinlichkeit bleibt gleich, wenn n zufällige Karten entfernt werden. Man kann sich z. B. vorstellen, dass diese Karten ans untere Ende des Kartenstapels gelegt werden. Der Stapel bleibt dadurch immer noch zufällig gemischt.

1.4 Wegen Symmetrie ist die Wahrscheinlichkeit von „Ball 1 > Ball 2" gleich $1/2$. Zur Begründung betrachte man folgende Modifikation des Experimentes: Wir beschriften den Ball i zusätzlich (in einer anderen Farbe) mit der Zahl $101 - i$. Wenn wir nur auf Farbe 1 oder nur auf Farbe 2 achten, so erhalten wir völlig symmetrische Experimente. Wenn jedoch für Farbe 1 gilt, dass Ball 1 größer als Ball 4 ist, so gilt für Farbe 2 genau das Gegenteil.

Für das Ereignis „Maximum gleich m" dürfen drei der Bälle aus der Menge $\{1,\ldots,m-1\}$ gewählt werden. Damit erhalten wir die Wahrscheinlichkeit $\binom{m-1}{3}/\binom{100}{4}$.

1.5 Wir formen die Siebformel $\Pr[A \cup B] = \Pr[A] + \Pr[B] - \Pr[A \cap B]$ um zu $\Pr[A \cap B] = \Pr[A] + \Pr[B] - \Pr[A \cup B]$. Daraus folgt die Behauptung, da $\Pr[A \cup B] \leq 1$.

1.6 A_i bezeichne das Ereignis, dass die gewählte Zahl durch i teilbar ist. Es gilt $\Pr[A_2] = 1/2$ und $\Pr[A_5] = 1/5$. Damit folgt

$$
\begin{aligned}
\Pr[A_2 \cup A_5] &= \Pr[A_2] + \Pr[A_5] - \Pr[A_2 \cap A_5] \\
&= \Pr[A_2] + \Pr[A_5] - \Pr[A_{10}] \\
&= 1/2 + 1/5 - 1/10 = 3/5.
\end{aligned}
$$

Ebenso erhalten wir

$$
\begin{aligned}
\Pr[\bar{A}_4 \cap \bar{A}_8 \cap \bar{A}_{10}] &= 1 - \Pr[A_4 \cup A_8 \cup A_{10}] = 1 - \Pr[A_4 \cup A_{10}] \\
&= 1 - (\Pr[A_4] + \Pr[A_{10}] - \Pr[A_4 \cap A_{10}]) \\
&= 1 - (\Pr[A_4] + \Pr[A_{10}] - \Pr[A_{20}]) \\
&= 1 - (1/4 + 1/10 - 1/20) = 7/10.
\end{aligned}
$$

1.7 Jeder Wurf liefert mit Wahrscheinlichkeit $1/2$ das „richtige" Ergebnis. Deshalb gilt $\Pr[KKWKW] = (1/2)^5$. Für das Ereignis $B :=$ „genau dreimal Kopf" folgt $\Pr[B] = \binom{5}{3} \cdot (1/2)^5$ (Binomialverteilung). Analog erhalten wir für $C :=$ „mindestens dreimal Kopf"

$$
\Pr[C] = \binom{5}{3}(1/2)^5 + \binom{5}{4}(1/2)^5 + \binom{5}{5}(1/2)^5 = 16 \cdot (1/2)^5 = 1/2.
$$

Dieses Ergebnis folgt auch direkt aus $\Pr[C] = \Pr[\bar{C}]$ wegen Symmetrie.

1.8 $\Pr[\text{Alle in verschiedenen Monaten}] = 12!/12^{12} = 0{,}0000537$.

1.9 Genau drei Würfe braucht man mit Wahrscheinlichkeit $(5/6)^2 \cdot (1/6)$. Für das Ereignis „länger als drei Würfe" ergibt sich $(5/6)^3$. Allgemein erhält man als Wahrscheinlichkeit des Ereignisses „erste Sechs im k-ten Wurf $(5/6)^{k-1} \cdot (1/6)$. Dieser Ausdruck ist maximal für $k = 1$. Sei n die Anzahl der Würfe bis man mit Wahrscheinlichkeit $\geq 0{,}95$ eine Sechs gewürfelt hat. Es gilt $1 - (5/6)^n \geq 0{,}95$ genau dann, wenn $n \geq \ln(0{,}05)/\ln(0{,}95) \approx 16{,}43$. Man muss also 17 Würfe zulassen.

1.10 Nach Beispiel 1.18 auf Seite 17 gilt bei m Ziehungen aus $n = \binom{49}{6}$ Möglichkeiten, dass $\Pr[\text{„doppelte Ziehung"}] \geq e^{-m(m-1)/(2n)} \overset{!}{\geq} 1/2$. Durch Auflösen folgt daraus $m \geq \frac{1}{2}(1 + \sqrt{1 + 8\ln 2 \cdot n}) \approx 4403{,}4$. Also sind 4404 Ziehungen nötig. Dies entspricht knapp $42\frac{1}{2}$ Jahren bei 104 Ziehungen pro Jahr.

1.11 Das erste Ereignis ist das Komplement zu „sechsmal keine Sechs", also erhalten wir die Wahrscheinlichkeit $1 - (5/6)^6 \approx 66{,}5\%$. Das zweite Ereignis ist das Komplement zu „keine Sechs, oder genau eine Sechs" mit der Wahrscheinlichkeit $1 - (5/6)^{12} - \binom{12}{1} \cdot (5/6)^{11} \cdot (1/6) \approx 61{,}8\%$. Für den zweiten Teil der Aufgabe erhalten wir mit denselben Argumenten die Wahrscheinlichkeit $1 - (5/6)^4 \approx 51{,}7\%$ für das erste Ereignis und $1 - (35/36)^{24} \approx 49{,}1\%$ für das zweite Ereignis.

1.12 Es gilt $\Pr[\bar{D}_5] = (5/6)^4$, da alle Zahlen außer einer Fünf gewürfelt werden dürfen, also $\Pr[D_5] = 1 - (5/6)^4$. Ferner erhalten wir $\Pr[\bar{D}_2] = (3/6)^4$, da $\bar{D}_2$ genau dann eintritt, wenn keine gerade Augenzahl gewürfelt wurde. Daraus folgt

$$\Pr[\bar{D}_5 \cup D_2] = \Pr[\bar{D}_5 \cap \bar{D}_2] + \Pr[D_2] = (2/6)^4 + 1 - (3/6)^4,$$

und somit $\Pr[F] = \Pr[D_5 \cap \bar{D}_2] = 1 - \Pr[\bar{D}_5 \cup D_2] = (3/6)^4 - (2/6)^4$.

1.13 Sei X die Anzahl der gebuchten Passagiere, die zum Abflug erscheinen. Es gilt $X \sim \text{Bin}(52, 95/100)$ und daher

$$\Pr[X > 50] = \binom{52}{51}(95/100)^{51}(5/100) + (95/100)^{52} \approx 0{,}259.$$

1.14 Für das Ereignis $R := $ „Royal Flush" gilt $\Pr[R] = 4/\binom{52}{5}$. A bezeichne das Ereignis, dass das Herz-Ass offen ausgeteilt wird. Dann gilt

$$\Pr[R|A] = \tfrac{\Pr[R \cap A]}{\Pr[A]} = \tfrac{1/\binom{52}{5}}{\binom{51}{4}/\binom{52}{5}} = \tfrac{13}{5}\Pr[R].$$

1.15 Sei D das Ereignis, insgesamt einen defekten Chip zu bekommen. Wir kennen $\Pr[A] = 0{,}25, \Pr[B] = 0{,}35$ und $\Pr[C] = 0{,}40$, außerdem die bedingten Wahrscheinlichkeiten $\Pr[D|A] = 0{,}05, \Pr[D|B] = 0{,}04$ und $\Pr[D|C] = 0{,}02$. Also gilt

$$\Pr[D] = 0{,}25 \cdot 0{,}05 + 0{,}35 \cdot 0{,}04 + 0{,}4 \cdot 0{,}02 = 0{,}0345.$$

Die gesuchten Wahrscheinlichkeiten $\Pr[A|D], \Pr[B|D]$ und $\Pr[C|D]$ berechnet man mit Hilfe des Satzes von Bayes:

$$\Pr[A|D] = \tfrac{\Pr[D|A]\Pr[A]}{\Pr[D]} = \tfrac{0{,}05 \cdot 0{,}25}{0{,}0345} \approx 0{,}362 \,.$$

Analog folgt $\Pr[B|D] \approx 0{,}406$ und $\Pr[C|D] \approx 0{,}232$.

1.16 I bezeichne das Ereignis „Infektion" und T steht für ein positives Testergebnis. Dann gilt $\Pr[I] = 10^{-5}, \Pr[T|I] = 0{,}95, \Pr[T \mid \bar{I}] = 0{,}005$ und somit

$$\Pr[I|T] = \tfrac{\Pr[T|I] \cdot \Pr[I]}{\Pr[T|I] \cdot \Pr[I] + \Pr[T|\bar{I}] \cdot \Pr[\bar{I}]} = 0{,}00189...$$

1.17 Wir berechnen $\Pr[K_1]$ durch

$$\begin{aligned}
\Pr[K_1] &= \textstyle\sum_{i=1}^3 \Pr[K_1|M_i] \cdot \Pr[M_i] \\
&= (1/3) \cdot (1/3) + (2/3) \cdot (1/3) + 1 \cdot (1/3) = 2/3.
\end{aligned}$$

Daraus folgt $\Pr[M_1|K_1] = \tfrac{\Pr[K_1|M_1] \cdot \Pr[M_1]}{\Pr[K_1]} = \tfrac{(1/3) \cdot (1/3)}{(2/3)} = \tfrac{1}{6}$. Ebenso erhalten wir $\Pr[M_2|K_1] = \tfrac{1}{3}$ und $\Pr[M_3|K_1] = \tfrac{1}{2}$. Als nächstes berechnen wir $\Pr[K_1 \cap K_2]$ durch

$$\begin{aligned}
\Pr[K_1 \cap K_2] &= \textstyle\sum_{i=1}^3 \Pr[K_1 \cap K_2|M_i] \cdot \Pr[M_i] \\
&= (1/3)^2 \cdot (1/3) + (2/3)^2 \cdot (1/3) + 1^2 \cdot (1/3) = 14/27.
\end{aligned}$$

Daraus folgt $\Pr[K_2|K_1] = \Pr[K_1 \cap K_2]/\Pr[K_1] = (14/27)/(2/3) = 7/9$.

1.18 Die Wahrscheinlichkeit für einen Sprung von Spur i zu Spur j ist gleich $p_i p_j$. Also gilt

$$\mathbb{E}[D] = \textstyle\sum_{i=1}^n \sum_{j=1}^n |j - i| \cdot p_i p_j = \sum_{i=1}^n \sum_{j=i+1}^n (j - i) \cdot 2p_i p_j.$$

Wir betrachten zunächst die Gleichverteilung, also $p_i = \frac{1}{n}$. Wegen $\sum_{i=1}^{n} \sum_{j=i+1}^{n} (j-i) = (n^3-n)/6$ folgt $\mathbb{E}[D] = (n^2-1)/(3n)$.

Die Formel $p_i = c_n \cdot (i+100)$ beruht auf der realistischen Annahme, dass die Zugriffswahrscheinlichkeit proportional zur Länge der Spur ist, und dass die innerste Spur bereits eine gewisse Länge hat (hier 101). Da sich Wahrscheinlichkeiten zu Eins addieren, muss gelten, dass $\sum_{i=1}^{n} c_n \cdot (i+100) = 1$ und es folgt $c_n = \frac{2}{n(n+201)}$. Daraus ergibt sich

$$\mathbb{E}[D] = \frac{2}{15} \cdot \frac{2n^4 + 1005\,n^3 + 101000\,n^2 - 1005\,n - 101002}{n(n+201)^2}.$$

1.19 Wir betrachten eine feste Speicherzelle. Die Gesamtanzahl von Anfragen an diese feste Speicherzelle ist binomialverteilt mit den Parametern n und $1/n$. Sei Z_i die Indikatorvariable für das Ereignis „Zelle i erhält genau eine Anfrage". Dann gilt

$$\Pr[Z_i = 1] = b(1; n, 1/n) = n \cdot (1/n)(1 - 1/n)^{n-1} = (1 - 1/n)^{n-1}.$$

Es gilt $X = \sum_{i=1}^{n} Z_i$ und wir erhalten somit

$$\mathbb{E}[X] = \sum_{i=1}^{n} \mathbb{E}[Z_i] = n \cdot (1 - 1/n)^{n-1}.$$

Für $n \to \infty$ folgt wegen $(1 - 1/n)^{n-1} \to e$, dass $\mathbb{E}[X] \to n/e$.

1.20 Wir berechnen $\mathbb{E}[X(X-1)]$ und erhalten

$$
\begin{aligned}
\mathbb{E}[X(X-1)] &= \sum_{i=0}^{\infty} i(i-1)pq^{i-1} = pq \sum_{i=2}^{\infty} i(i-1)q^{i-2} \\
&= pq \frac{d^2}{dq^2}\left(\frac{1}{1-q}\right) = pq \cdot 2(1-q)^{-3} = 2q/p^2.
\end{aligned}
$$

Mit Formel (1.9) von Seite 55 folgt

$$\mathrm{Var}[X] = \mathbb{E}[X(X-1)] + \mathbb{E}[X] - \mathbb{E}[X]^2 = q/p^2.$$

1.21 Wie bei der geometrischen Verteilung erhalten wir $\Pr[X = n] = \prod_{i=1}^{n-1}(1-p_i) \cdot p_n$ und $\Pr[X > n] = \prod_{i=1}^{n}(1-p_i)$. Im Fall (i) folgt daraus

$$\Pr[X > n] = \prod_{i=1}^{n}\left(1 - \frac{1}{i+1}\right) = \prod_{i=1}^{n} \frac{i}{i+1} = \frac{1}{n+1}.$$

$\mathbb{E}[X]$ existiert nicht, da die Summe $\mathbb{E}[X] = \sum_{i=1}^{\infty} \Pr[X \geq i] = \sum_{i=1}^{\infty} \frac{1}{i+1}$ divergiert. Im Fall (ii) folgt analog

$$\Pr[X > n] = \prod_{i=1}^{n} e^{-\lambda i} = e^{-\lambda \cdot \sum_{i=1}^{n} i} = e^{-(\lambda/2)n(n+1)}.$$

Hier existiert $\mathbb{E}[X] = \sum_{i=1}^{\infty} e^{-(\lambda/2)i(i+1)}$, da die Summe durch eine geometrische Reihe abgeschätzt werden kann.

1.22 Sei $g(x) := \Pr[X > x]$. Wegen (1.8) gilt

$$
\begin{aligned}
g(x+1) &= \Pr[X > x+1] = \Pr[X > x+1 \mid X > x] \cdot \Pr[X > x] \\
&= \Pr[X > 1] \cdot \Pr[X > x] = g(1)g(x).
\end{aligned}
$$

Wir wählen $0 \leq p \leq 1$ so, dass $g(1) = 1 - p$. Aus (L.1) folgt mit Induktion $g(i) = (1-p)^i$ und somit $\Pr[X = i] = g(i-1) - g(i) = (1-p)^{i-1}p$.

1.23 Nach Definition gilt

$$\begin{aligned}
\mathbb{E}[(X+1)^{-1}] &= \sum_{i=0}^{\infty} \frac{1}{i+1} \cdot \frac{\lambda^i}{i!} e^{-\lambda} = \frac{1}{\lambda} e^{-\lambda} \cdot \sum_{i=0}^{\infty} \frac{\lambda^{i+1}}{(i+1)!} \\
&= \frac{1}{\lambda} e^{-\lambda}(e^{\lambda} - 1) = \frac{1}{\lambda}(1 - e^{-\lambda}).
\end{aligned}$$

1.24 Nach Definition gilt mit $q := 1 - p$

$$\begin{aligned}
\mathbb{E}[(X+1)^{-1}] &= \sum_{i=0}^{n} \frac{1}{i+1} \binom{n}{i} p^i q^{n-i} \\
&= \frac{1}{p(n+1)} \cdot \sum_{i=0}^{n} \binom{n+1}{i+1} p^{i+1} q^{(n+1)-(i+1)}.
\end{aligned}$$

Die Summe läuft über die Dichte einer $\text{Bin}(n+1, p)$-verteilten Zufallsvariable, wobei der Term $\binom{n+1}{0} p^0 q^{n+1} = q^{n+1}$ fehlt. Daraus folgt

$$\mathbb{E}[(X+1)^{-1}] = \frac{1-q^{n+1}}{p(n+1)}.$$

1.25 Sei A_i das Ereignis „Anna gewinnt den i-ten Ballwechsel" und X die Anzahl der gespielten Ballwechsel. Dann gilt

$$\mathbb{E}[X] = p \cdot \mathbb{E}[X|A_1] + (1-p) \cdot \mathbb{E}[X|\bar{A}_1]. \tag{L.1}$$

Wenn Anna den ersten und Felix den zweiten Ballwechsel gewinnt, so gilt $\mathbb{E}[X|A_1 \cap \bar{A}_2] = 1 + \mathbb{E}[X|\bar{A}_1]$, da sich das restliche Spiel genauso verhält, als hätte Felix den ersten Ballwechsel gewonnen. Daraus folgt mit $\mathbb{E}[X|A_1 \cap A_2] = 2$

$$\begin{aligned}
\mathbb{E}[X|A_1] &= p \cdot \mathbb{E}[X|A_1 \cap A_2] + (1-p) \cdot \mathbb{E}[X|A_1 \cap \bar{A}_2] \\
&= 2p + (1-p)(1 + \mathbb{E}[X|\bar{A}_1]).
\end{aligned}$$

Analog folgt $\mathbb{E}[X|\bar{A}_1] = 2(1-p) + p(1 + \mathbb{E}[X|A_1])$. Wenn wir diese Gleichungen auflösen und in (L.1) einsetzen, erhalten wir

$$\mathbb{E}[X] = \frac{2+p(1-p)}{1-p(1-p)}.$$

1.26 Sei $X \sim \text{Bin}(n,p)$. Dann gilt $\Pr[X = k]/\Pr[X = k+1] = \frac{k+1}{n-k} \cdot \frac{1-p}{p} > 1$ genau dann, wenn $k > pn - 1 + p = \mathbb{E}[X] - 1 + p$.

Sei $Y \sim \text{Po}(\lambda)$. Dann gilt $\Pr[Y = k]/\Pr[Y = k+1] = (k+1)/\lambda > 1$ genau dann, wenn $k + 1 > \lambda = \mathbb{E}[X]$.

1.27 Gelte $\Pr[X = t] = 1$ und entsprechend $\Pr[X = n] = 0$ für $n \neq t$. Damit folgt $\Pr[X \geq t] = 1 = \frac{t}{t} = \frac{\mathbb{E}[Y]}{t}$.

1.28 Unter Verwendung der Markov-Ungleichung folgt

$$\Pr[X > t] = \Pr[X + c > t + c] \leq \Pr[(X+c)^2 > (t+c)^2] \leq \frac{\mathbb{E}(X+c)^2]}{(t+c)^2}.$$

1.29 Für $\mathbb{E}[X] = 0$ können wir die Ungleichung aus Aufgabe 1.28 umformen zu

$$\Pr[X > t] \leq \frac{\mathbb{E}[X^2] + 2c\mathbb{E}[X] + c^2}{(t+c)^2} \leq \frac{\mathbb{E}[X^2] + c^2}{(t+c)^2} = \frac{\text{Var}[X] + c^2}{(t+c)^2}. \tag{L.2}$$

Sei $Z := Y - \mathbb{E}[Y]$. Für Z gilt, dass $\mathbb{E}[Z] = 0$ und $\text{Var}[Z] = \text{Var}[Y]$, und wir schließen mit (L.2), dass $\Pr[Z > t] \leq \frac{\text{Var}[Y] + c^2}{(t+c)^2}$. Wenn man die Ableitung dieses Ausdrucks nach c untersucht, so stellt man fest, dass für $c = \text{Var}[Y]/t$ ein Minimum vorliegt. Für diesen Wert von c erhalten wir

$$\Pr[Z > t] \leq \frac{\text{Var}[Y](1 + \text{Var}[Y]/t^2)}{(t + \text{Var}[Y]/t)^2} = \frac{\text{Var}[Y]}{t^2 + \text{Var}[Y]}.$$

1.30 Diese Aufgabe umfasst zahlreiche einfache, aber lästige Summen, die wir z. B. bequem mit Maple ausrechnen können. Wir stellen S dar als $S = \sum_{i=1}^{k} X_i$, wobei X_i dem Wert der i-ten gezogenen Kugel entspricht. Damit gilt

$$\mathbb{E}[X_i] = \sum_{i=1}^{n} \frac{1}{n} \cdot i = \frac{n+1}{2} \implies \mathbb{E}[S] = k\frac{n+1}{2}.$$

Ferner erhalten wir für $i \neq j$

$$\mathbb{E}[X_i^2] = \sum_{i=1}^{n} \frac{1}{n} \cdot i^2 = \frac{1}{6}(n+1)(2n+1).$$
$$\mathbb{E}[X_i X_j] = 2\sum_{i=1}^{n}\sum_{j=i+1}^{n} \frac{i}{n} \cdot \frac{j}{n-1} = \frac{1}{12}(3n+2)(n+1).$$

Daraus folgt $\mathbb{E}[S^2]$, denn

$$\begin{aligned}
\mathbb{E}[S^2] &= \sum_{i=1}^{k}\sum_{j=1}^{k} \mathbb{E}[X_i X_j] \\
&= k \cdot \frac{1}{6}(n+1)(2n+1) + k(k-1) \cdot \frac{1}{12}(3n+2)(n+1) \\
&= \frac{1}{12}k(n+1)(3kn+n+2k),
\end{aligned}$$

und wir erhalten schließlich

$$\mathrm{Var}[S] = \mathbb{E}[S^2] - (\mathbb{E}[S])^2 = \frac{1}{12}k(n+1)(n-k).$$

1.31 Wegen der Linearität des Erwartungswerts gilt

$$\begin{aligned}
\mathrm{Cov}(X,Y) &= \mathbb{E}[(X - \mathbb{E}[X]) \cdot (Y - \mathbb{E}[Y])] \\
&= \mathbb{E}[X \cdot Y - X \cdot \mathbb{E}[Y] - \mathbb{E}[X] \cdot Y + \mathbb{E}[X] \cdot \mathbb{E}[Y]] \\
&= \mathbb{E}[X \cdot Y] - \mathbb{E}[X] \cdot \mathbb{E}[Y] - \mathbb{E}[X] \cdot \mathbb{E}[Y] + \mathbb{E}[X] \cdot \mathbb{E}[Y] \\
&= \mathbb{E}[X \cdot Y] - \mathbb{E}[X] \cdot \mathbb{E}[Y]
\end{aligned}$$

Falls X und Y unabhängig sind, so gilt $\mathbb{E}[X \cdot Y] = \mathbb{E}[X] \cdot \mathbb{E}[Y]$ und somit $\mathrm{Cov}(X,Y) = 0$. Wegen $\mathrm{Var}[X] = \mathbb{E}[X^2] - \mathbb{E}[X]^2$ gilt $\mathrm{Cov}(X,X) = \mathrm{Var}[X]$. Die Kovarianz $\mathrm{Cov}(X,Y)$ ist nach Definition symmetrisch in X und Y. Ferner gilt

$$\begin{aligned}
\mathrm{Var}[X + Y] &= \mathbb{E}[(X+Y)^2] - \mathbb{E}[X+Y]^2 \\
&= \mathbb{E}[X^2] + 2\mathbb{E}[XY] + \mathbb{E}[Y]^2 - \mathbb{E}[X]^2 - 2\mathbb{E}[X]\mathbb{E}[Y] - \mathbb{E}[Y]^2 \\
&= (\mathbb{E}[X^2] - \mathbb{E}[X]^2) + (\mathbb{E}[Y^2] - \mathbb{E}[Y]^2) + 2(\mathbb{E}[XY] - \mathbb{E}[X]\mathbb{E}[Y]) \\
&= \mathrm{Var}[X] + \mathrm{Var}[Y] + 2\,\mathrm{Cov}(X,Y).
\end{aligned}$$

1.32 Es sei X eine Zufallsvariable mit $\Pr[X = 1] = \Pr[X = 0] = \Pr[X = -1] = 1/3$ und Y eine Zufallsvariable mit $Y = 0$, falls $X \neq 0$, und $Y = 1$ sonst. Dann gilt $X \cdot Y \equiv 0$ und somit $\mathbb{E}[X \cdot Y] = 0$. Da auch $\mathbb{E}[X] = 0$ ist, folgt $\mathrm{Cov}(X,Y) = 0$. Andererseits sind X und Y natürlich abhängig, da beispielsweise $\Pr[X = 0, Y = 0] = 0 \neq \frac{2}{9} = \Pr[X = 0] \cdot \Pr[Y = 0]$.

1.33 X und Y sind nicht unabhängig, da z. B. $\Pr[X = 0, Y = 0] = 0$, während $\Pr[X = 0] > 0$ und $\Pr[Y = 0] > 0$. W und V hingegen sind unabhängig, wie man leicht durch Ausrechnen der gemeinsamen Verteilung sieht.

1.34 Wegen der Unabhängigkeit von X und Y gilt mit $q_x := 1 - p_x$ und $q_y := 1 - p_y$

$$\begin{aligned}
\Pr[R > 1] &= \Pr[X > Y] = \sum_{i=1}^{\infty}\sum_{j=i+1}^{\infty} \Pr[Y = i, X = j] \\
&= \sum_{i=1}^{\infty}\sum_{j=i+1}^{\infty} p_y q_y^{i-1} p_x q_x^{j-1}
\end{aligned}$$

$$= \sum_{i=1}^{\infty} p_y q_y^{i-1} q_x^i \sum_{j=1}^{\infty} p_x q_x^{j-1}$$

$$= p_y q_x \sum_{i=0}^{\infty} (q_x q_y)^i = \frac{p_y q_x}{1 - q_x q_y}.$$

$\Pr[R = m/n]$ berechnen wir auf analoge Weise:

$$\Pr[R = m/n] = \sum_{c=1}^{\infty} \Pr[X = cm, Y = cn] = \sum_{c=1}^{\infty} p_x q_x^{cm-1} p_y q_y^{cn-1}$$

$$= \frac{p_x p_y}{q_x q_y} \sum_{c=1}^{\infty} (q_x^m q_y^n)^c = \frac{p_x p_y}{q_x q_y} \cdot \frac{q_x^m q_y^n}{1 - q_x^m q_y^n}.$$

1.35 Da $\mathbb{E}[X_n] = n\frac{1}{2}(1 + p)$ folgt mit der symmetrischen Chernoffschranke

$$\Pr\left[\left|\frac{X_n}{n} - \frac{1}{2}(1 + p)\right| \geq \varepsilon\right] = \Pr\left[|X_n - \mathbb{E}[X_n]| \geq \varepsilon \cdot \frac{2}{1+p} \mathbb{E}[X_n]\right]$$

$$\leq 2\exp\left[-\frac{1}{3}\left(\varepsilon\frac{2}{1+p}\right)^2 \mathbb{E}[X_n]\right] = 2\exp\left[-\frac{1}{3}n\varepsilon^2 \left(\frac{2}{1+p}\right)\right]$$

$$\leq 2e^{-n\varepsilon^2/3}.$$

1.36 Der Lösungsweg ist in der Skizze zum Beweis von Satz 1.87 bereits angegeben. Die Rechnungen verlaufen ähnlich zum Beweis von Satz 1.84.

1.37 Aus der Markov-Ungleichung folgt $\Pr[X = 3] \leq \mathbb{E}[X]/3 = 0{,}5$. Für $X_1 = X_2 = X_3$ wird diese Schranke angenommen: Aus $\mathbb{E}[X] = 3\mathbb{E}[X_1]$ folgt $\mathbb{E}[X_1] = 0{,}5$. Weiter gilt $\Pr[X = 3] = \Pr[X_1 = 1] = \mathbb{E}[X_1] = 0{,}5$.

Für die untere Schranke werfen wir einen idealen Würfel und setzen $X_1 = 1$ ($X_2 = 1$) genau dann, wenn die Augenzahl gerade (ungerade) ist, und $X_3 = 1$ genau dann, wenn die Augenzahl kleiner gleich drei ist. Dann gilt $\mathbb{E}[X_1] = \mathbb{E}[X_2] = \mathbb{E}[X_3] = 0{,}5$. Da andererseits immer X_1 oder X_2 gleich Null ist, folgt $\Pr[X = 3] = 0$.

2.1 Es muss gelten $f(x) \geq 0$, was für alle $c \geq 0$ erfüllt ist, und

$$1 = \int_{-\infty}^{+\infty} f(x)\,\mathrm{d}x = \int_0^{+\infty} c \cdot e^{-2x}\,\mathrm{d}x = \left[-\frac{c}{2} \cdot e^{-2x}\right]_0^{+\infty} = \frac{c}{2}.$$

Also muss $c = 2$ sein. $\Pr[X > 4]$ berechnet sich durch Integration:

$$\Pr[X > 4] = \int_4^{+\infty} 2 \cdot e^{-2x}\,\mathrm{d}x = \left[-e^{-2x}\right]_4^{+\infty} = e^{-8}.$$

2.2 $f_t(x)$ ist für $c_t > 0$ immer positiv. Somit muss nur noch gelten, dass

$$1 = \int_{-\infty}^{+\infty} f_t(x)\,\mathrm{d}x = \int_{-\infty}^{+\infty} \frac{c}{t^2 + x^2}\,\mathrm{d}x = \left[\frac{c}{t}\arctan(x/t)\right]_{-\infty}^{+\infty} = \frac{c}{t} \cdot \pi.$$

Also ist f_t für $c = t/\pi$ eine Dichte. Man nennt die zugehörige Verteilung auch *Cauchy-Verteilung*.

2.3 Für alle x gilt $f(x) \geq 0$. Wir integrieren f und erhalten mit der Substitution $u := -e^{-x}$ und $\mathrm{d}u = e^{-x}\,\mathrm{d}x$:

$$F(t) = \int_{-\infty}^t e^{-x-e^{-x}}\,\mathrm{d}x = \int_{-\infty}^{-e^{-t}} e^u\,\mathrm{d}u = e^{-e^{-t}}.$$

f ist eine zulässige Dichte, da $f \geq 0$ und $\lim_{x\to\infty} F(x) = 1$.

2.4 Wir berechnen F^{-1} und führen die Simulation gemäß (2.1) auf Seite 100 durch. Für $0 < x < 1$ gilt $F^{-1}(x) = (\frac{1}{1-x})^{1/k}$. Die Zufallsvariable $Y := F^{-1}(U)$ besitzt die gewünschte Verteilung.

2.5 Für alle x gilt $h(x) \geq 0$. Es bleibt zu überprüfen, ob das Integral von h den Wert Eins ergibt:

$$\int_{-\infty}^{\infty} h(x) \, dx = \int_{-\infty}^{\infty} \lambda f(x) \, dx + \int_{-\infty}^{\infty} \mu g(x) \, dx = \lambda + \mu.$$

Also muss gelten $\lambda + \mu = 1$.

2.6 Es gilt

$$
\begin{aligned}
F_Z(t) &= \Pr[Z \leq t] = \Pr[Z \leq t \,|\, C = 1] \cdot \Pr[C = 1] \\
&\quad + \Pr[Z \leq t \,|\, C = 0] \cdot \Pr[C = 0] \\
&= \Pr[X \leq t] \cdot p + \Pr[Y \leq t] \cdot (1 - p) \\
&= p \cdot F_X(t) + (1 - p) \cdot F_Y(t).
\end{aligned}
$$

Durch Differenzieren folgt $f_Z(t) = p \cdot f_X(t) + (1 - p) \cdot f_Y(t)$.

2.7 Es gilt $F_Y(t) = \Pr[Y \leq t] = \Pr[aX \leq t - b]$. Nun müssen wir mehrere Fälle unterscheiden: Im Fall $a = 0$ gilt $F_Y(t) = 1$, wenn $t \geq b$ ist, und $F_Y(t) = 0$ sonst. Für $a > 0$ erhalten wir $F_Y(t) = \Pr[X \leq (t - b)/a] = F_X((t - b)/a)$. Durch Differenzieren folgt $f_Y(t) = (1/a) \cdot f_X((t - b)/a)$. Für den Fall $a < 0$ erhalten wir analog $F_Y(t) = 1 - F_X((t - b)/a)$ und somit $f_Y(t) = -(1/a) \cdot f_X((t - b)/a)$.

2.8 Für $t \geq 0$ gilt

$$\Pr[|X| \geq t] = \Pr[X \geq t] + \Pr[X \leq -t] = 1 - F_X(t) + F_X(-t)$$

und somit $F_Y(t) = F_X(t) - F_X(-t)$. Durch Differenzieren erhalten wir $f_Y(t) = F_Y'(t) = f_X(t) + f_X(-t)$. Analog folgt

$$F_Z(t) = \Pr[\sqrt{|X|} \leq t] = \Pr[Y \leq t^2] = F_X(t^2) - F_X(-t^2).$$

Wieder folgt durch Differenzieren $f_Z(t) = f_X(t^2) \cdot 2t + f_X(-t^2) \cdot 2t = 2t \cdot f_Y(t^2)$.

2.9 Das Ereignis „$X \geq t$" tritt genau dann ein, wenn P aus dem Teil des Dreiecks stammt, der durch eine Parallele zur Grundseite im Abstand t begrenzt wird. Das Verhältnis des Flächeninhalts dieses Teildreiecks zum gesamten Dreieck ist gleich $(h - t)^2/h^2$ und es folgt $F(t) = 1 - \Pr[X \geq t] = 1 - (h-t)^2/h^2$ für $0 \leq t \leq h$. Durch Differenzieren erhalten wir die Dichte: $f(t) = F'(t) = 2(h - t)/h^2$ für $0 \leq t \leq h$.

2.10 Zunächst berechnen wir die Verteilung von $W := U^2$:

$$F_W(t) = \Pr[U^2 \leq t] = \Pr[U \leq \sqrt{t}] = \sqrt{t}$$

für $t \in [0, 1]$. Daraus erhalten wir durch Differenzieren die Dichte $f_W(t) = \frac{1}{2} t^{-1/2}$. Gemäß Aufgabe 2.7 besitzt $V := 1 - W$ die Dichte $f_V(t) = \frac{1}{2}(1 - t)^{-1/2}$. Damit können wir f_X als Kombination der Dichten von V und W darstellen. Wir definieren

$$X := \begin{cases} U^2 & \text{falls } M = \text{Kopf}, \\ 1 - U^2 & \text{falls } M = \text{Wappen}. \end{cases}$$

Nach Aufgabe 2.6 besitzt X die gewünschte Dichte.

2.11 $X_{(i)}$ ist genau dann kleiner oder gleich x, wenn mindestens i der n Variablen $X_1, \ldots, X_n$ kleiner gleich x sind. Also

$$\Pr[X_{(i)} \le x] = \sum_{k=i}^{n} \binom{n}{k}(F(x))^k(1 - F(x))^{n-k}.$$

Um die Dichtefunktion zu erhalten, differenzieren wir nach x:

$$
\begin{aligned}
f_{X_{(i)}}(x) &= f(x) \cdot \sum_{k=i}^{n} \binom{n}{k} \cdot k(F(x))^{k-1}(1 - F(x))^{n-k} + \\
&\quad\, f(x) \cdot \sum_{k=i}^{n-1} \binom{n}{k} \cdot (n - k)(F(x))^k(1 - F(x))^{n-k-1} \\
&= \ldots = f(x) \cdot \binom{n}{i} \cdot i \cdot (F(x))^{i-1} \cdot (1 - F(x))^{n-i}.
\end{aligned}
$$

2.12 Zunächst überlegt man sich, dass für jede Permutation $\pi : [4] \to [4]$ aus Symmetriegründen die Wahrscheinlichkeit $c := \Pr[X_{\pi(1)} < X_{\pi(2)} < X_{\pi(3)} < X_{\pi(4)}]$ unabhängig von π sein muss. Da es 4! Permutationen gibt, folgt $c = 1/4!$. Die gesuchte Wahrscheinlichkeit entspricht somit genau der Anzahl linearer Erweiterungen der partiellen Ordnung $X_1 < X_2, X_3 < X_4, X_2 > X_3$ dividiert durch 4!, ist also gleich $5/4!$.

2.13 Sei X die Anzahl der Verbindungswünsche. X ist näherungsweise normalverteilt mit $X \sim \mathcal{N}(\mu, \sigma^2)$, wobei $\mu = np = 50$ und $\sigma^2 = np(1 - p) = 47{,}5$. Damit folgt

$$\Pr[X > 55] \approx 1 - \Phi((55 - 50)/\sqrt{47{,}5}) \approx 0{,}23407\ldots.$$

Der wahre Wert (mit Maple ausgerechnet) beträgt $0{,}21007\ldots$ Eine etwas bessere Approximation erhält man, indem man mit Stetigkeitskorrektur ansetzt $\Pr[X > 55] = \Pr[X > 55{,}5] \approx 1 - \Phi((55{,}5 - 50)/\sqrt{47{,}5}) \approx 0{,}21242\ldots$

2.14 Da die Summe von Normalverteilungen wieder normalverteilt ist, gilt für die gesamte Übertragungszeit $X \sim \mathcal{N}(\mu, \sigma^2)$ mit $\mu = 10 \cdot 30 + 5 \cdot 70 = 650$ und $\sigma^2 = 10 \cdot 300 + 5 \cdot 100 = 3500$. Daraus folgt

$$
\begin{aligned}
\Pr[X \ge 1{,}1\mu] &= 1 - \Phi((1{,}1\mu - \mu)/\sigma) \\
&= 1 - \Phi(65/\sqrt{3500}) \approx 0{,}13594\ldots.
\end{aligned}
$$

2.15 Nach Annahme ist T exponentialverteilt mit Parameter $\lambda = 1/\mathbb{E}[T] = 0{,}05$. Damit erhalten wir $\Pr[T \le 10] = 1 - e^{-0{,}05 \cdot 10} \approx 0{,}39346\ldots$ sowie

$$
\begin{aligned}
\Pr[10 \le T \le 20] &= \Pr[T \le 20] - \Pr[T < 10] \\
&= 1 - e^{-0{,}05 \cdot 20} - 1 + e^{-0{,}05 \cdot 10} \approx 0{,}23865\ldots.
\end{aligned}
$$

Da T eine stetige Dichte besitzt, gilt $\Pr[T = 10] = 0$.

2.16 Sei T_i die Zeitdauer bis zum ersten Absturz von Router i. T_i ist exponentialverteilt mit Parameter $\lambda_i = 1/t$. Da alle Router zum Betrieb benötigt werden, gilt $T = \min\{T_1, \ldots, T_n\}$. Wegen der Unabhängigkeit von $T_1, \ldots, T_n$ ist T wiederum exponentialverteilt mit Parameter $\lambda = \lambda_1 + \ldots + \lambda_n = n/t$. Somit gilt $\mathbb{E}[T] = 1/\lambda = t/n$.

2.17 Wir setzen $T = T_1 + T_2$ an, wobei T_i die Zeitdauer bis zum Absturz des i-ten Routers bezeichne. Gemäß Aufgabe 2.16 gilt $\mathbb{E}[T_1] = t/n$. Wegen der Gedächtnislosigkeit der Exponentialverteilung ist die Situation nach dem Absturz des ersten Routers identisch zur Situation zu

Beginn des Experiments ist (abgesehen davon, dass ein Router außer Betrieb ist). Die Zeitdauer T_2 ist daher wiederum exponentialverteilt, allerdings mit Parameter $(n-1)/t$, da nur noch $n-1$ Router in Betrieb sind. Somit gilt $\mathbb{E}[T_2] = t/(n-1)$ und $\mathbb{E}[T] = t/n + t/(n-1)$.

2.18 Da die Übertragungen zu allen Zeitpunkten gleich wahrscheinlich und voneinander unabhängig erfolgen sollen, muss die Zeitspanne zwischen zwei Übertragungen gedächtnislos und somit exponentialverteilt sein. Der entsprechende Parameter hat den Wert $\lambda = 1/6$. Wir können also das Zufallsexperiment durch einen Poisson-Prozess modellieren. Sei T die Länge des Beobachtungszeitraums und X_T die Anzahl der Übertragungen im Zeitraum T. Für $T = 3600[s]$ besitzt die zugehörige Poisson-Verteilung den Parameter $T\lambda = 600$ und es folgt $\mathbb{E}[X_{3600}] = 600$. Für $T = 10$ erhalten wir eine Poisson-Verteilung mit Parameter $10/6 = 5/3$ und somit

$$\Pr[X_{10} \leq 1] = e^{-5/3} + (5/3) \cdot e^{-5/3} \approx 0{,}50366\ldots$$

2.19 Sei U gleichverteilt auf $[0, l]$. Mit $g(x) = \min\{x, l - x\}$ gilt $V := g(U)$ und für den Erwartungswert folgt

$$\mathbb{E}[V] \;=\; \int_0^l g(x) \cdot (1/l)\,\mathrm{d}x = \int_0^{l/2} x/l\,\mathrm{d}x + \int_{l/2}^l (l - x)/l\,\mathrm{d}x.$$

Mit der Substitution $u = l - x$ und $\mathrm{d}u = -\mathrm{d}x$ erhalten wir

$$l \cdot \mathbb{E}[V] \;=\; \int_0^{l/2} x\,\mathrm{d}x - \int_{l/2}^0 u\,\mathrm{d}u = 2\int_0^{l/2} x\,\mathrm{d}x = l^2/4.$$

Also gilt $\mathbb{E}[V] = l/4$. Für die Varianz erhalten wir analog

$$\begin{aligned}
\mathrm{Var}[V] \;&=\; \mathbb{E}[(V - \mathbb{E}[V])^2] = \int_0^l \left(g(x) - \tfrac{l}{4}\right)^2 \cdot \tfrac{1}{l}\,\mathrm{d}x \\
&=\; \tfrac{2}{l} \cdot \int_0^{l/2} \left(x - \tfrac{l}{4}\right)^2\,\mathrm{d}x = \tfrac{2}{l} \cdot \int_{-l/4}^{l/4} u^2\,\mathrm{d}u = \tfrac{l^2}{48}.
\end{aligned}$$

2.20 Wir betrachten das Integral

$$I := \int_0^\infty x \cdot f(x)\,\mathrm{d}x = \tfrac{1}{2\pi} \int_0^\infty \tfrac{2x}{1+x^2}\,\mathrm{d}x.$$

Eine Stammfunktion von $2x/(1 + x^2)$ ist $\ln(1 + x^2)$. Durch Einsetzen der Grenzen sieht man sofort, dass das uneigentliche Integral I nicht konvergiert. Da I ein Teil des Integrals ist, das für $\mathbb{E}[X]$ ausgewertet werden muss, existiert $\mathbb{E}[X]$ nicht.

2.21 Da Y nur Werte größer Eins annimmt, gilt $F_Y(t) = 0$ für $t \leq 1$. Für $t > 1$ erhalten wir

$$F_Y(t) = \Pr[e^{aX} \leq t] = \Pr[X \leq (\ln t)/a] = 1 - e^{-(\lambda/a)\cdot \ln t} = 1 - t^{-\lambda/a}.$$

Durch Differenzieren berechnen wir die Dichte $f_Y(t) = (\lambda/a) \cdot t^{-\lambda/a-1}$ für $t > 1$. Damit folgt für den Erwartungswert

$$\mathbb{E}[Y] = \int_1^\infty t \cdot f_Y(t)\,\mathrm{d}t = \int_1^\infty (\lambda/a) \cdot t^{-\lambda/a}\,\mathrm{d}t.$$

Dieses Integral existiert genau dann, wenn der Exponent von t kleiner als -1 ist, also wenn $\lambda/a > 1$ bzw. $a < \lambda$. Im Fall $a \leq 0$ folgt $0 < Y \leq 1$ und somit auch $0 < \mathbb{E}[Y] \leq 1$.

2.22 In Gleichung (2.8) setzen wir $a = \mathbb{E}[X]$ und erhalten

$$g(X) \geq g(\mathbb{E}[X]) + \lambda(X - \mathbb{E}[X]).$$

Wegen der Monotonie des Erwartungswerts folgt

$$\mathbb{E}[g(X)] \geq \mathbb{E}[g(\mathbb{E}[X])] + \lambda \underbrace{\mathbb{E}[X - \mathbb{E}[X]]}_{=0} = g(\mathbb{E}[X]).$$

2.23 $-\ln x$ ist konvex (folgt aus $\ln x \leq x - 1$ für alle $x > 0$). Somit gilt $\mathbb{E}[-\ln x] \geq -\ln(\mathbb{E}[X])$. Durch Multiplikation mit -1 folgt die erste Behauptung.

Wir definieren nun X durch $W_X = \{x_1, \ldots, x_n\}$ und $\Pr[X = x_i] = 1/n$ für alle i. Damit folgt

$$\ln\left(\textstyle\prod_{i=1}^{n} x_i\right)^{1/n} = \tfrac{1}{n} \textstyle\sum_{i=1}^{n} \ln x_i = \mathbb{E}[\ln X] \leq \ln(\mathbb{E}[X]) = \ln\left(\tfrac{1}{n} \textstyle\sum_{i=1}^{n} x_i\right).$$

Wir erhalten daraus die Ungleichung für das arithmetische und das geometrische Mittel, indem wir beide Seiten in den Exponenten erheben.

2.24 Für $c \geq 0$ gilt $f(x, y) \geq 0$. Zusätzlich muss noch gelten, dass

$$1 = \int_0^1 \int_x^1 cxy \, \mathrm{d}y \, \mathrm{d}x = \tfrac{c}{2} \int_0^1 x(1 - x^2) \, \mathrm{d}x = \tfrac{c}{8}.$$

Für $c = 8$ ist diese Bedingung erfüllt.

2.25 Durch Faltung erhalten wir für $Z := X_1 + X_2$

$$f_Z(z) = \int_0^z \lambda e^{-\lambda t} \cdot \lambda e^{-\lambda(z-t)} \, \mathrm{d}t = \int_0^z \lambda^2 e^{-\lambda z} \, \mathrm{d}t = \lambda^2 z e^{-\lambda z}.$$

Umgekehrt besitzt die Funktion $F_Z(t) = 1 - \lambda e^{-\lambda t} + \lambda^2 t e^{-\lambda t}$, die Ableitung $F_Z'(t) = \lambda e^{\lambda t} - \lambda e^{\lambda t} + \lambda^2 t e^{\lambda t}$. Daraus folgt die Behauptung.

2.26 Wegen $\int_0^{+\infty} e^{-x} \, \mathrm{d}x = 1$ rechnet man leicht nach, dass

$$\int_0^{+\infty} \int_0^{+\infty} c \cdot e^{-x-y} \, \mathrm{d}x \, \mathrm{d}y = \int_0^{+\infty} c \cdot e^{-y} \, \mathrm{d}y = c.$$

Daraus folgt, dass $c = 1$ gilt. Auf dieselbe Weise berechnen wir die Randverteilungen $f_X(x) = e^{-x}$ und $f_Y(y) = e^{-y}$. X und Y sind also unabhängige exponentialverteilte Zufallsvariablen.

Zur Berechnung von $\Pr[X + Y > 1]$ unterscheiden wir die Fälle $X > 1$ und $X < 1$ und erhalten

$$\begin{aligned}
\Pr[X + Y > 1] &= \int_1^\infty \int_0^\infty e^{-x-y} \, \mathrm{d}y \, \mathrm{d}x + \int_0^1 \int_{1-x}^\infty e^{-x-y} \, \mathrm{d}y \, \mathrm{d}x \\
&= \int_1^\infty e^{-x} \, \mathrm{d}x + \int_0^1 e^{-1} \, \mathrm{d}x = \tfrac{1}{e} + \tfrac{1}{e} = \tfrac{2}{e}.
\end{aligned}$$

Wegen Symmetrie gilt $\Pr[X < Y] = \Pr[Y < X]$, also $\Pr[X < Y] = 1/2$.

2.27 Wir betrachten den Punkt $P = (\xi, \xi)$ mit $\xi := -1/\sqrt{2}$ auf dem Rand von C. Es gilt $F(\xi, \xi) = 0$, da links unterhalb von P keine Punkte von C liegen. Andererseits gilt $F_X(\xi) \neq 0$, da der Schnitt von C mit $\{(x, y) : x \leq \xi\}$ eine Fläche größer Null besitzt. Ebenso folgt $F_Y(\xi) \neq 0$. Wegen $F(\xi, \xi) \neq F_X(\xi) \cdot F_Y(\xi)$ sind X und Y nicht unabhängig.

Die Randdichten berechnen wir durch

$$f_X(x) = \int_{-\infty}^\infty f(x, y) \, \mathrm{d}y = \int_{-(1-x^2)^{1/2}}^{(1-x^2)^{1/2}} \tfrac{1}{\pi} \, \mathrm{d}y = \tfrac{2}{\pi} \sqrt{1 - x^2},$$

denn für alle Punkte aus C gilt $x^2 + y^2 \leq 1$. Aus Symmetriegründe gilt $f_Y(t) = f_X(t)$.

2.28 Für $t \geq 1$ gilt offensichtlich $\Pr[X/(X+Y) \leq t] = 1$. Wir konzentrieren uns deshalb im Folgenden auf den interessanten Fall $0 < t < 1$. Dafür gilt

$$\Pr\left[\frac{X}{X+Y} \leq t\right] = \Pr\left[X \leq \frac{t}{1-t}Y\right] = \int_0^\infty \int_0^{ty/(1-t)} e^{-x-y}\, dx\, dy$$
$$= \int_0^\infty e^{-y} \cdot (1 - e^{-ty/(1-t)})\, dy = 1 - (1-t) = t.$$

Dies entspricht genau der Gleichverteilung.

2.29 Wir berechnen die Verteilung von Y:

$$F_Y(t) = \Pr[Y \leq t] = \Pr[X \leq e^t] = F_X(e^t) = \int_0^{e^t} f_X(x)\, dx$$
$$= \int_0^{e^t} \frac{1}{x\sigma\sqrt{2\pi}} e^{-(\ln(x)-\mu)^2/(2\sigma^2)}\, dx.$$

Durch die Substitution $u = \ln x$ mit $du = (1/x)\, dx$ folgt

$$F_Y(t) = \int_0^t \frac{1}{\sigma\sqrt{2\pi}} e^{-(u-\mu)^2/(2\sigma^2)}\, du.$$

Dies entspricht genau der Normalverteilung.

2.30 Für einen Würfelwurf gilt $\mathbb{E}[X_i] = 7/2$ und $\mathrm{Var}[X_i] = 35/12$. Daraus folgt $\mathbb{E}[X] = 2000 \cdot (7/2) = 7000 =: \mu$ und $\mathrm{Var}[X] = 2000 \cdot (35/12) = 17500/3 =: \sigma^2$. Wegen des Zentralen Grenzwertsatzes können wir die Verteilung von X durch die Normalverteilung approximieren:

$$\Pr[7000 \leq X \leq 7100] \approx \Phi((7100-\mu)/\sigma) - \Phi((7000-\mu)/\sigma) \approx 0{,}40478\ldots$$

Wegen der Symmetrie der Normalverteilung muss für den gesuchten Wert Δ gelten, dass $\Phi(-\Delta/\sigma) \approx 0{,}25$. Dadurch erhält man $\Delta \approx 51{,}5$. Wir überprüfen dieses Ergebnis noch einmal:

$$\Pr[7000 - \Delta \leq X \leq 7000 + \Delta] \approx \Phi(\Delta/\sigma) - \Phi(-\Delta/\sigma) \approx 0{,}49987\ldots$$

2.31 Es gilt $\ln(\prod_{i=1}^n X_i) = \sum_{i=1}^n \ln X_i$. Diese Summe ist nach dem zentralen Grenzwertsatz für $n \to \infty$ asymptotisch normalverteilt, da $\mathbb{E}[\ln X_i]$ und $\mathrm{Var}[\ln X_i]$ aufgrund des beschränkten Wertebereichs der X_i existieren. Wegen Aufgabe 2.29 und Satz 2.38 ist $\prod_{i=1}^n X_i$ also asymptotisch log–normalverteilt für $n \to \infty$.

3.1 Wegen der Linearität des Erwartungswerts gilt

$$\mathbb{E}[Y] = (\lambda_1 + \ldots + \lambda_n) \cdot \mathbb{E}[X] = \mathbb{E}[X].$$

3.2 Die Hilfsaussage folgt mit (2.9). Dazu definieren wir die Zufallsvariable Z mit $W_Z = \{\lambda_1, \ldots, \lambda_n\}$ und $\Pr[Z = \lambda_i] = 1/n$ für alle i. Damit gilt für $g(x) = x^2$

$$\frac{1}{n}\sum_{i=1}^n \lambda_i^2 = \mathbb{E}[g(X)] \geq g(\mathbb{E}[X]) = \left(\frac{1}{n}\sum_{i=1}^n \lambda_i\right)^2 = \frac{1}{n^2}.$$

Da Y erwartungstreu ist, gilt $MSE = \mathrm{Var}[Y]$. Für die Varianz von Y gilt wegen der Unabhängigkeit der X_i

$$\mathrm{Var}[Y] = \sum_{i=1}^n \mathrm{Var}[\lambda_i X_i] = \sum_{i=1}^n \lambda_i^2 \mathrm{Var}[X] \geq \frac{\mathrm{Var}[X]}{n}.$$

Für $\lambda_1 = \ldots = \lambda_n = 1/n$ gilt Gleichheit und folglich minimiert diese Wahl der λ_i die Varianz von Y.

3.3 Die Likelihood-Funktion lautet

$$L(\vec{x}, \lambda) = \prod_{i=1}^{n} \lambda e^{-\lambda x_i} = \lambda^n \exp\left(-\lambda \sum_{i=1}^{n} x_i\right).$$

Zur Bestimmung des Maximums berechnen wir die Ableitung

$$\tfrac{\partial L}{\partial \lambda} = n\lambda^{n-1}E - \left(\sum_{i=1}^{n} x_i\right)\lambda^n E$$

mit $E := \exp\left(-\lambda \sum_{i=1}^{n} x_i\right)$. Durch Nullsetzen erhalten wir

$$n = \lambda\left(\sum_{i=1}^{n} x_i\right) \iff \lambda = 1/\overline{x}.$$

3.4 Die Likelihood-Funktion lautet $L(\vec{x}, \lambda) = \prod_{i=1}^{n} e^{-\lambda} \cdot \frac{\lambda^{x_i}}{x_i!}$ und somit $\ln L(\vec{x}, \lambda) = -n\lambda + \sum_{i=1}^{n}(x_i \ln \lambda - \ln(x_i!))$. Zur Bestimmung des Maximums berechnen wir die Ableitung $\frac{\partial \ln L}{\partial \lambda} = -n + \sum_{i=1}^{n} \frac{x_i}{\lambda}$. Durch Nullsetzen folgt $\lambda = \frac{1}{n}\sum_{i=1}^{n} x_i$.

3.5 Sei $\vec{x} := (x_1, \ldots, x_m)$ und $n := \max\{x_1, \ldots, x_m\}$. Es muss gelten, dass $N \geq n$. Da jeder Wert für x_i gleichverteilt aus $1, \ldots, N$ gezogen wird, erhalten wir

$$L(\vec{x}, N) = 0 \quad \text{falls } n > N, \quad \text{bzw.} \quad L(\vec{x}, N) = (1/N)^m \quad \text{falls } n \leq N.$$

Da $L(\vec{x}, N)$ für $n \leq N$ mit N fällt, liegt das Maximum offensichtlich bei $N = n$. n ist somit der ML-Schätzer für N. Für das Konfidenzintervall setzen wir $K := \{n, \ldots, \xi n - 1\}$ für ein geeignetes $\xi > 1$. Damit gilt

$$\Pr[N \notin K] = \Pr[N \geq \xi n] = \Pr[n \leq N/\xi] = \left(\tfrac{N/\xi}{N}\right)^m = \xi^{-m} \overset{!}{\leq} \alpha$$

Für $\xi \geq \alpha^{-1/m}$ erhalten wir die gewünschte Sicherheitswahrscheinlichkeit. Also setzen wir $K = \{n, \ldots, \lceil n\alpha^{-1/m}\rceil - 1\}$.

3.6 Wir erhalten das gesuchte Konfidenzintervall aus (3.4). Für die Varianz müssen wir die obere Schranke $\sigma^2 = 110$ ansetzen, da sonst das Konfidenzintervall eventuell zu klein wird. Daraus folgt $z_{0,975} \cdot \frac{\sigma}{\sqrt{100}} \approx 2{,}056$ und somit $K \approx [37{,}94; 42{,}06]$.

3.7 Wir verwenden (3.4) und setzen $\sigma^2 = 110$. Für die absolute Abweichung gilt

$$\text{abs. Abweichung} \leq z_{0,975} \cdot \frac{\sqrt{110}}{\sqrt{n}} \overset{!}{\leq} 3 \ \Rightarrow \ n \geq 46{,}95..$$

3.8 Wir konstruieren das Konfidenzintervall wie in (3.5) angegeben. Für $h_n := H/n$ definieren wir

$$\delta \ := \ z_{(1-\frac{\alpha}{2})}\sqrt{\frac{h_n(1-h_n)}{n}} \approx 0{,}0077 .$$

Nach Beispiel 3.10 erhalten wir das Konfidenzintervall $K := [h_n - \delta, h_n + \delta] \approx [0{,}8043; 0{,}8197]$ für den Anteil der Benutzer mit veralteten Browsern.

3.9 Der Ausdruck $\sqrt{h_n(1 - h_n)}$ wird maximal für $h_n = 0{,}5$. Deshalb schätzen wir die Abweichung der wahren Häufigkeit vom Schätzwert h_n ab abs. Abweichung $\leq z_{0,975} \cdot \sqrt{\frac{0,5^2}{n}} \stackrel{!}{\leq} 0,01 \Rightarrow n \geq 9603,64..$

Für $I = [0,7; 0,8]$ wird $\sqrt{h_n(1 - h_n)}$ maximal für $h_n = 0,7$ und wir erhalten analog $n \geq 8067,06..$

3.10 Wir klassifizieren einen Chip als fehlerhaft, wenn seine Temperatur $\geq t$ gemessen wird. Damit gilt

$$\Pr[\text{"OK als nicht OK"}] = 1 - \Phi\left(\frac{t-mu}{\sigma}\right) \leq 0,01 \iff t \geq z_{0,99} \cdot \sigma + \mu.$$

Damit erhalten wir

$$\Pr[\text{"nicht OK als OK"}] = \Phi\left(\frac{t-(\mu+2)}{2\sigma}\right) = \Phi\left(\frac{z_{0,99}\sigma-2}{2\sigma}\right) \stackrel{!}{\leq} 0,01.$$

Daraus folgt die Bedingung

$$\frac{z_{0,99}}{2} - \frac{1}{\sigma} \leq z_{0,01} \iff \sigma \geq \left(\frac{z_{0,99}}{2} - z_{0,01}\right)^{-1} = 0,286..$$

3.11 Wir verwenden den approximativen Binomialtest mit der Nullhypothese $H_0 : p \leq 0,5$. Hierbei bezeichnet p die Wahrscheinlichkeit, dass die Antwort von Server A zuerst eintrifft. Wenn sich herausstellt, dass wir H_0 signifikant ablehnen können, so folgt $p > 0,5$ und Server A kann somit als schneller als Server B angesehen werden. Für die Testgröße gilt $Z := \frac{h-0,5n}{\sqrt{n0,5^2}} = \frac{560-500}{0,5\sqrt{1000}} \approx 3,794$. Daraus folgt $Z > z_{1-\alpha} = z_{0,95} \approx 1,645$ und wir können H_0 ablehnen.

3.12 Wir wenden den Gaußtest an und wählen die Testgröße $T = \frac{1}{n}\sum_{i=1}^{n} X_i$ sowie den Ablehnungsbereich $K = [t, \infty[$. Wegen $T \sim \mathcal{N}(\mu, \sigma^2/n)$ gilt

$$\Pr[\text{"Fehler 1. Art"}] = \Pr_{\mu=\mu_1}[T \geq t] = 1 - \Phi\left(\sqrt{n}\frac{t-\mu_1}{\sigma}\right) \stackrel{!}{\leq} 0,05$$

$$\Pr[\text{"Fehler 2. Art"}] = \Pr_{\mu=\mu_2}[T < t] = \Phi\left(\sqrt{n}\frac{t-\mu_2}{\sigma}\right) \stackrel{!}{\leq} 0,05$$

Damit erhalten wir das Ungleichungssystem

$$\sqrt{n} \cdot \frac{t-\mu_1}{\sigma} \geq z_{0,95} \quad \text{und} \quad \sqrt{n} \cdot \frac{t-\mu_2}{\sigma} \leq z_{0,05}.$$

Für den Ablehnungsbereich folgt $t = (z_{0,95} \cdot \sigma)/\sqrt{n} + \mu_1$ und deshalb

$$n \geq \left(\frac{\sigma(z_{0,95}-z_{0,05})}{\mu_2-\mu_1}\right)^2.$$

3.13 Zum Vergleich der Mittelwerte wenden wir den t-Test mit der Nullhypothese $H_0 : \mu_B \leq \mu_A$ an. Im Fall $m = n$ vereinfacht sich die Formel für die Testgröße zu

$$T := \sqrt{n} \cdot \frac{\bar{u}_B - \mu_A}{\sqrt{S_X^2 + S_Y^2}} = \sqrt{500} \cdot \frac{5}{\sqrt{750}} \approx 4,082.$$

Dies ist zu vergleichen mit $t_{2n-2,1-\alpha} = t_{1000,0,95} \approx 1,646$. Da also $T > t_{2n-2,1-\alpha}$, können wir die Nullhypothese signifikant ablehnen und somit davon ausgehen, dass Server A signifikant schneller ist als Server B.

3.14 Mit p_A, p_B und p_C bezeichnen wir die Wahrscheinlichkeit, dass der jeweilige Server als erster antwortet. Wir verwenden den χ^2-Test um die

Nullhypothese $p_A = p_B = p_C = 1/3$ zu überprüfen. Für die Testgröße erhalten wir

$$L(\vec{x}, N) = T = \frac{(350-1000/3)^2 + (320-1000/3)^2 + (330-1000/3)^2}{1000/3} = 1{,}4 \ .$$

Dies vergleichen wir mit $\chi^2_{2,0,95} \approx 5{,}99$. Wir haben also keinen Anhaltspunkt erhalten, die Nullhypothese abzulehnen.

3.15 Wenn alle Server gleich schnell antworten, ist die Wahrscheinlichkeit für jede Permutation der Antworten gleich groß, nämlich 1/6. Dies Testen wir wie in Aufgabe 3.14 mit dem χ^2-Test. Für die Testgröße gilt $T = 491{,}6$. Dies ist zu vergleichen mit $\chi^2_{5,0,95} \approx 11{,}07$. Der Test liefert also einen signifikanten Hinweis darauf, dass die Server unterschiedlich schnell antworten. Bei genauerem Betrachten der Messwerte stellt man fest, dass Server C entweder sehr langsam oder sehr schnell antwortet. Das könnte daran liegen, dass die Auslastung der Verbindung zu Server C stark schwankt.

3.16 Wir wenden den χ^2-Test Test an und erhalten für die Testgröße den Wert $T = 6{,}04..$ bzw. $20{,}06..$ Dies ist zu vergleichen mit $\chi^2_{10,0,95} = 18{,}30..$ Man kann also nur bei der zweiten Zeile signifikant ablehnen, dass die Häufigkeiten einer Zufallsgröße mit Verteilung Bin$(10, 0,3)$ entsprechen.

4.1 Der Wert von Y_t hängt nur von Y_{t-1} und X_t ab, nicht aber von $Y_{t'}$ für $t' < t-1$ und es gilt $p_{ij} = 0$ für $j > i$ (das Minimum kann nicht steigen), sowie $p_{jj} = \Pr[X_t \geq j]$ und $p_{ij} = \Pr[X_t = j]$ für $j < i$. Die Gültigkeit der Markov-Bedingung kann leicht formal nachgerechnet werden.

Z_t ist ebenfalls eine Markov-Kette. Für die Übergangswahrscheinlichkeiten gilt $p_{jj} = \Pr[X_t \leq j]$, sowie $p_{ij} = \Pr[X_t = j]$ für $j > i$. Da die geometrische Verteilung unbeschränkt ist, steigt das Maximum in jedem Schritt mit positiver Wahrscheinlichkeit und es folgt, dass alle Zustände transient sind.

4.2 $(Z_t)_{t \in \mathbb{N}_0}$ ist im Allgemeinen keine Markov-Kette, wie man anhand des folgenden Beispiels einsieht: Die Kette X_t sei gegeben durch die Zustandsmenge $\{-1, 0, 1\}$ und die Übergangswahrscheinlichkeiten $p_{0,0} = p_{0,1} = 1/2$, $p_{1,-1} = p_{-1,0} = 1$. Dann gilt $\Pr[Z_3 = 1 \mid Z_2 = 1, Z_1 = 1] = 0$. Andererseits gilt $\Pr[Z_3 = 1 \mid Z_2 = 1, Z_1 = 0] = 1$.

4.3 Wir definieren eine Folge von Zufallsvariablen $(X_t)_{t \in \mathbb{N}_0}$ wie folgt:

$$X_t := \begin{cases} 0 & \text{falls } t \equiv 0 \pmod 4, \\ 1 & \text{falls } t \equiv 2 \pmod 4, \\ 2 & \text{sonst.} \end{cases}$$

Man überzeugt sich leicht, dass die Bedingung aus der Aufgabenstellung hier erfüllt ist. (X_t) ist aber keine Markov-Kette, da beispielsweise $1 = \Pr[X_t = 0 | X_{t-1} = 1, X_{t-2} = 2] \neq \Pr[X_t = 0 | X_{t-1} = 1, X_{t-2} = 2] = 0$.

4.4 Gäbe es eine Darstellung $P = B \cdot D \cdot B^{-1}$, so müssten die Einträge in D Eigenwerte und die Spaltenvektoren von B linear unabhängige Eigenvektoren von P sein. Das charakteristische Polynom der Matrix lautet $\det(P - \lambda \cdot I) = \frac{1}{16} - \frac{9}{16}x + \frac{3}{2}x^2 - x^3 = \frac{1}{16}(x-1)(4x-1)^2$. Die Eigenwerte von P sind also $1, 1/4, 1/4$. Jeder zu $1/4$ gehörende Eigenvektor $v = (v_1, v_2, v_3)$ muss wegen $Pv = \frac{1}{4}v$ die Bedingungen $\frac{1}{2}v_1 + \frac{1}{4}v_3 = 0$ und $\frac{1}{2}v_2 + \frac{1}{4}v_3 = 0$ erfüllen. Hieraus folgt aber unmittelbar, dass es zum Eigenwert $1/4$ keine zwei linear unabhängigen Eigenvektoren gibt.

4.5 Wir modellieren den Prozess durch eine Markov-Kette mit den Zuständen 0 (der letzte Prozess war nicht rechenintensiv), 1 (der letzte Prozess war rechenintensiv, der vorletzte jedoch nicht), 2 (die beiden letzten Prozesse waren rechenintensiv). Wir interessieren uns für die Übergangszeit h_{02}. Dafür gelten die Gleichungen

$$h_{02} = 1 + (1-p) \cdot h_{02} + p \cdot h_{12},$$
$$h_{12} = 1 + (1-p) \cdot h_{02}.$$

Daraus folgt

$$h_{02} = 1 + (1-p) \cdot h_{02} + p + p \cdot (1-p) \cdot h_{02} \Rightarrow h_{02} = \frac{1+p}{p^2}.$$

4.6 Für $p = 1/2$ erhält man als Lösung der Rekursion (4.6) die Werte $f_{i,m} = \xi \cdot i$. Daraus folgt wegen $f_{m,m} = 1$, dass $\xi = 1/m$ und somit $f_{i,m} = i/m$.

4.7 Der Akten-Odyssee entspricht die Markov-Kette

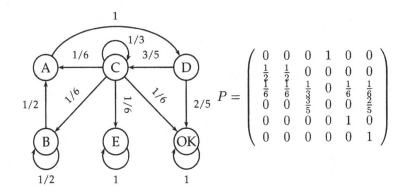

wobei der Zustand „OK" einer korrekt bearbeiteten Akte entspricht und die Reihenfolge der Zustände in der Übergangsmatrix A, B, C, D, E, OK ist. Die angegebenen Startverteilung entspricht dem Vektor $q_0 = (1, 0, 0, 0, 0, 0)$. Die Wahrscheinlichkeit, dass eine Akte innerhalb von 4 Tagen korrekt bearbeitet wird, ist daher $(q_4)_6 = (q_0 \cdot P^4)_6 = 8/15$. Die Wahrscheinlichkeit, dass eine Akte ohne Bearbeitung im Keller archiviert wird ist f_{AE}, wobei $f_{AE} = f_{DE}$, $f_{BE} = (1/2)f_{AE} + (1/2)f_{BE}$, $f_{CE} = (1/6)f_{AE} + (1/6)f_{BE} + (1/3)f_{CE} + 1/6$, $f_{DE} = (3/5)f_{CE}$. Löst man dieses Gleichungssystem, erhält man $f_{AE} = 3/14$.

4.8 Sei k das Kapitel der Bank. Setzen wir $m = k + 100$, so müssen wir k bzw. m so wählen, dass der in Beispiel 4.6 berechnete Wert $f_{100,m} = (1-(19/18)^{100})/(1-(19/18)^m)$ höchstens 0,001 ist. Man erhält $m = 228$.

4.9 Dem Spiel entspricht die folgende Markov-Kette:

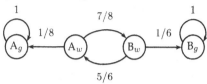

Zustände A_w bzw. B_w: A bzw. B würfelt. Analog A_g bzw. B_g: A bzw. B gewinnt. Stellt man die linearen Gleichungen entsprechend (4.4) auf, so erhält man

$$f_{A_w,A_g} = \tfrac{1}{8} + \tfrac{7}{8} \cdot f_{B_w,A_g}, \qquad f_{B_w,A_g} = \tfrac{5}{6} \cdot f_{A_w,A_g}.$$

Löst man diese, so erhält man $f_{A_w,A_g} = 6/13$. A gewinnt also mit Wahrscheinlichkeit $6/13$. Bezeichnen wir mit h_A bzw. h_B die erwartete Spieldauer, wenn A bzw. B an der Reihe ist, so folgt $h_A = 1 + (7/8)h_B$ und $h_B = 1 + (5/6)h_A$. Daraus folgt $h_A = 90/13$. Die erwartete Spieldauer ist also $90/13$.

4.10 In der Kette $(Y_t)_{t\in\mathbb{N}_0}$ ist der Zustand 1 absorbierend, da die geometrische Verteilung keine Werte kleiner als Eins annimmt. Alle anderen Zustände sind transient, da das Minimum in jedem Schritt mit positiver Wahrscheinlichkeit kleiner wird. In der Kette $(Z_t)_{t\in\mathbb{N}_0}$ sind alle Zustände transient.

4.11 Die Ereignisse $R_k := $ „Kette befindet sich im k-ten Schritt im Zustand i" sind rekurrent im Sinne von Definition 1.101 auf Seite 78 wegen der Markov-Bedingung. Damit folgt die Behauptung aus Satz 1.104 auf Seite 79.

4.12 a) Es gilt $p_{ij}^{(n)} = (q_n)_j$, falls q_0 die Startverteilung ist, die mit Wahrscheinlichkeit 1 im Zustand i startet. Die Aussage folgt daher unmittelbar aus Satz 4.19. b) und c) sind falsch. Die Markov-Kette aus Abbildung 4.6 ist irreduzibel, $\pi = (1/2, 1/2)$ ist eine stationäre Verteilung und es gilt $p_{01}^{(n)} = 0$ bzw. 1, falls n gerade bzw. ungerade ist. Versieht man die Markov-Kette aus Abbildung 4.5 mit einer Schleife am Zustand 1, so ist sie aperiodisch. $(1,0,0)$ ist eine stationäre Verteilung, es gilt jedoch $\lim_{n\to\infty} p_{10}^{(n)} = 1/2$.

4.13 Für die Übergangszeiten gelten die Gleichungen

$$h_{n-1,n} = 1 + \tfrac{1}{2}h_{n-2,n} \tag{L.3}$$
$$h_{i,n} = \tfrac{1}{2}h_{i+1,n} + \tfrac{1}{2}h_{i-1,n} + 1 \quad \text{für } 0 < i < n-1, \tag{L.4}$$
$$h_{0,n} = 1 + h_{1,n} \tag{L.5}$$

Aus (L.4) und (L.5) erhalten wir für $0 < i < n$ die Rekursionsgleichung $h_{i+1,n} = 2h_{i,n} - h_{i-1,n} - 2$ mit den Anfangsbedingungen $h_{0,n} = 1 + \xi$

und $h_{1,n} = \xi$ für ein geeignetes ξ. Durch Standardverfahren berechnen wir die Lösung $h_{i,n} = 1 + \xi - i^2$ und wegen (L.3) folgt $\xi = n^2 - 1$ und somit $h_{i,n} = n^2 - i^2$.

4.14 Für eine beliebigen Zustand i gilt $p_{ii}^{(n)} \geq p_{ii} \cdot p_{ii}^{(n-1)} \geq \ldots \geq p_{ii}^n > 0$ und i ist somit aperiodisch.

Betrachten wir nun eine irreduzible Kette, bei der Zustand v eine Schleife enthält. Jeder Zustand w liegt mit v auf einem geschlossenen Weg, da es sowohl einen Pfad von v nach w als auch von w nach v geben muss. Die Länge dieses Weges W sei l. W kann durch die Schleife bei v zu einem Weg der Länge $l + 1$ verlängert werden. Da w an zwei Kreisen der Länge l bzw. $l + 1$ beteiligt ist, folgt mit der Beobachtung in Anschluss an Definition 4.15 auf Seite 181, dass w aperiodisch ist.

4.15 Die Aussage ist falsch. Man betrachte die Markov-Kette aus Abbildung 4.6. Diese ist periodisch und damit insbesondere nicht ergodisch. Andererseits rechnet man leicht nach, dass $\pi = \pi \cdot P = \pi \cdot \begin{pmatrix} 0 & 1 \\ 1 & 0 \end{pmatrix}$ genau eine Lösung hat: $\pi = (1/2, 1/2)$. Die Markov-Kette besitzt also genau eine stationäre Verteilung; sie ist aber nicht ergodisch.

4.16 Für die stationäre Verteilung folgt aus $\pi = \pi \cdot P$:

$$\pi_0 = s_1 \pi_1, \tag{L.6}$$
$$\pi_i = r_{i-1} \pi_{i-1} + s_{i+1} \pi_{i+1} \text{ für } 0 < i < n. \tag{L.7}$$

Wegen $r_i + s_i = 1$ können wir (L.7) umformen zu

$$s_{i+1} \pi_{i+1} - r_i \pi_i = s_i \pi_i - r_{i-1} \pi_{i-1}. \tag{L.8}$$

Aus (L.6) folgt $s_1 \pi_1 - r_0 \pi_0 = 0$, da $r_0 = 1$. Daraus schließen wir durch wiederholtes Einsetzen von (L.8), dass $s_i \pi_i - r_{i-1} \pi_{i-1} = 0$ für alle i. Somit gilt für $i \geq 1$

$$\pi_i = \frac{r_{i-1}}{s_i} \cdot \pi_{i-1} = \frac{r_{i-1} r_{i-2}}{s_i s_{i-1}} \cdot \pi_{i-2} = \ldots = \frac{\prod_{k=0}^{i-1} r_k}{\prod_{k=1}^{i} s_k} \pi_0.$$

Aus der Gleichung $\sum_{i=0}^{n} \pi_i = 1$ erhalten wir π_0 durch

$$1 = \pi_0 + \sum_{i=1}^{n} \frac{\prod_{k=0}^{i-1} r_k}{\prod_{k=1}^{i} s_k} \pi_0.$$

Die Kette konvergiert nicht in die stationäre Verteilung, da sie periodisch ist (wenn wir z. B. im Zustand 0 starten, so können wir nur nach einer geraden Anzahl von Schritten wieder dorthin zurückkehren). Durch Hinzufügen von Schleifen an jedem Zustand wird die Kette ergodisch. Die Berechnung der stationären Verteilung verläuft im Wesentlichen identisch (skaliere s_i und r_i mit $1/2$) und führt auf dasselbe Ergebnis.

4.17 Die Zustände der Kette seien $\{0, \ldots, n\}$, wobei sich im Zustand i genau i Moleküle in der, sagen wir, rechten Hälfte des Behälters befinden. Damit erhalten wir eine Kette wie in Abbildung 4.15 auf Seite 204, wobei

$r_i = 1 - i/n$ und $s_i = i/n$. Analog zu Aufgabe 4.16 erhalten wir daraus für die stationäre Verteilung

$$\pi_i = \frac{\prod_{k=0}^{i-1} r_k}{\prod_{k=1}^{i} s_k} \pi_0 = \frac{\prod_{k=0}^{i-1} n-k}{\prod_{k=1}^{i} k} \pi_0 = \frac{n^{\underline{i}}}{i!} \pi_0 = \binom{n}{i} \pi_0.$$

Ferner gilt $1 = \sum_{i=0}^{n} \pi_i = 2^n \pi_0$ und es folgt $\pi_i = \binom{n}{i} 2^{-n}$.

4.18 Wir modellieren Y_n durch eine Markov-Kette mit den Zuständen 0, 1, ..., 9 und folgenden Übergangswahrscheinlichkeiten:

$$p_{i,i} = 1 - p \quad \text{und} \quad p_{i,i+1 \bmod 10} = p \text{ für alle } i.$$

Die Kette ist ergodisch (Man beachte die Schleifen an den Zuständen, die dafür sorgen, dass die Kette aperiodisch ist!) und konvergiert somit in die stationäre Verteilung. Da die Kette bezüglich aller Zustände symmetrisch ist, handelt es sich bei der stationären Verteilung um die Gleichverteilung $\pi_i = 1/10$ für alle i.

4.19 Die Kette ist offensichtlich irreduzibel. Wegen der Schleifen an einigen Zuständen ist sie zusätzlich aperiodisch und somit ergodisch. Also existiert die stationäre Verteilung, die wir wie folgt berechnen. Da die Kette bezüglich der geraden und der ungeraden Zustände symmetrisch ist, muss gelten $\pi_i = \pi_j$ für $i \equiv j \pmod 2$. Wir definieren deshalb $u := \pi_1 = \pi_3 = \ldots$ und $g := \pi_0 = \pi_2 = \ldots$. Für die stationäre Verteilung gilt $u = \pi_1 = (1/4) \cdot \pi_0 + (1/4) \cdot \pi_2 = (1/2) \cdot g$. Ferner verwenden wir die Gleichung

$$1 = \sum_{i=0}^{n} \pi_0 = \frac{n+1}{2} u + \frac{n+1}{2} g = \frac{3(n+1)}{2} u,$$

und erhalten somit $u = 2/(3(n+1))$, sowie $g = 4/(3(n+1))$.

4.20 Wir betrachten eine Markov-Kette mit drei Zuständen: 0 (kopierbereit), 1 (kopierend) und 2 (Papierstau). Für die Übergangsraten gilt $\nu_{01} = 1/10$ und $\nu_{21} = 1/30$. Ferner setzen wir $\nu_{10} + \nu_{12} = 1/2$, da das Kopieren im Mittel zwei Minuten dauert, jedoch sowohl im Zustand 0 als auch im Zustand 2 enden kann. Es gilt das Verhältnis $\nu_{10} : \nu_{12} = 9 : 1$ und somit $\nu_{10} = 9/20$ und $\nu_{12} = 1/20$, da es neunmal so wahrscheinlich ist, dass der Kopierer nach dem Kopieren wieder einsatzbereit ist, als dass ein Papierstau auftritt. Damit erhalten wir das folgende Gleichungssystem für den Gleichgewichtszustand:

$$\begin{aligned}
0 &= \pi_1 \cdot (9/20) - \pi_0 \cdot (1/10) \\
0 &= \pi_0 \cdot (1/10) + \pi_2 \cdot (1/30) - \pi_1 \cdot (9/20 + 1/20) \\
0 &= \pi_1 \cdot (1/20) - \pi_2 \cdot (1/30)
\end{aligned}$$

Zusammen mit $\pi_0 + \pi_1 + \pi_2 = 1$ ergibt sich $\pi^T = (9/14, 2/14, 3/14)$.

4.21 Wir modellieren das Problem durch eine M/M/1-Warteschlange mit Parametern $\lambda = 400$ (Aufträge pro Sekunde) und $\mathbb{E}[R] \overset{!}{\leq} 0{,}01$ (Sekunden). Nach (4.14) gilt $\mathbb{E}[R] = \frac{\rho}{\lambda(1-\rho)} = \frac{\lambda/\mu}{\lambda(1-\lambda/\mu)} \overset{!}{\leq} 0{,}01$. Durch Auflösen nach μ erhalten wir $\mu \geq 500$.

4.22 Es gilt $\mathbb{E}[N] = 20$ und $\mathbb{E}[R] = 5$. Damit folgt nach der Formel von Little $\lambda = \mathbb{E}[N]/\mathbb{E}[R] = 4$ (neue Sessions / Minute).

4.23 Im Zustand i befinden sich i Jobs im System. Davon werden $\min\{i, k\}$ von einem Server bearbeitet. Für die Übergangsraten gilt daher $\lambda_i = \lambda$ für alle i und $\mu_i = i \cdot \mu$ für $i = 1, \ldots, k-1$, sowie $\mu_i = k\mu$ für $i \geq k$. Setzt man diese Werte in die Gleichungen (4.16) und (4.17) ein, erhält man

$$\pi_j = \pi_0 \cdot \left(\frac{\lambda}{\mu}\right)^j \cdot \frac{1}{j!} \text{ für } j = 1, \ldots, k \text{ und } \pi_j = \pi_0 \cdot \left(\frac{\lambda}{k\mu}\right)^j \cdot \frac{k^k}{k!} \text{ für } j \geq k.$$

Die stationäre Verteilung existiert genau dann, wenn $\rho := \lambda/(k\mu) < 1$. In diesem Fall gilt:

$$\pi_0 = \frac{1}{1 + \sum_{j=1}^{k} \rho^j \cdot k^j/j! + \sum_{j=k+1}^{\infty} \rho^j \cdot k^k/k!} = \frac{1}{1 + \sum_{j=1}^{k-1} \rho^j \cdot k^j/j! + \rho^k \cdot k^k/(k! \cdot (1-\rho))}.$$

4.24 Das System entspricht einer M/M/2-Warteschlange und somit einem Birth-and-Death Prozess mit den Übergangsraten $\lambda_i = \lambda$ für alle i und $\mu_1 = \mu$, sowie $\mu_i = 2\mu$ für $i \geq 2$ für den die stationäre Verteilung gemäß Aufgabe 4.23 genau dann existiert, wenn $\rho := (\lambda/2\mu) < 1$. Für die stationäre Verteilung erhält man in diesem Fall

$$\pi_0 = \frac{1-\rho}{1+\rho}, \qquad \pi_j = \pi_0 \cdot 2\rho^j \quad \text{für } j \geq 1.$$

4.25 Die Berechnung des Gleichgewichtszustand findet sich in der Lösung zu Aufgabe 4.24. Damit folgt für $\rho < 2$

$$\mathbb{E}[N] \;=\; \sum_{k=0}^{\infty} k \cdot \pi_k = 2\pi_0 \cdot \sum_{k=1}^{\infty} k(\rho/2)^k = \frac{\pi_0 \rho}{(1-\rho/2)^2} = \frac{4\rho}{4-\rho^2}.$$

Mit der Formel von Little folgt $\mathbb{E}[R] = \frac{\mathbb{E}[N]}{\lambda} = \frac{4\rho}{\lambda(4-\rho^2)}$. Im Fall zweier separater M/M/1-Warteschlangen erhalten wir die Ankunftsrate $\lambda/2$, da eine Warteschlange von der Hälfte der Jobs betroffen ist. Mit (4.14) folgt $\mathbb{E}[R'] = \frac{\rho/2}{(\lambda/2)(1-\rho/2)} = \frac{2\rho}{\lambda(2-\rho)}$. Wegen $\rho < 2$ (nur dann existiert der Gleichgewichtszustand) gilt $\mathbb{E}[R'] > \mathbb{E}[R]$, wie man leicht nachprüft. Daraus folgt, dass es günstiger ist, eine gemeinsame Warteschlange für beide Prozessoren zu verwenden.

4.26 Wir unterscheiden vier Zustände: Beide Maschinen laufen (Zustand 0), Maschine 1 läuft, Maschine 2 defekt (Zustand 1), Maschine 1 defekt, Maschine 2 läuft (Zustand 2), beide Maschinen defekt (Zustand 3). Im Gleichgewichtszustand gilt

$$\begin{aligned}
\pi_0 \cdot (\lambda_1 + \lambda_2) &= \pi_1 \cdot \mu_2 + \pi_2 \cdot \mu_1 \\
\pi_1 \cdot (\lambda_1 + \mu_2) &= \pi_0 \cdot \lambda_2 + \pi_3 \cdot \mu_1 \\
\pi_2 \cdot (\lambda_2 + \mu_1) &= \pi_0 \\
\pi_3 \cdot \mu_1 &= \pi_1 \cdot \lambda_1 + \pi_2 \cdot \lambda_2.
\end{aligned}$$

Zusammen mit der Normierungsbedingung $1 = \pi_0 + \pi_1 + \pi_2 + \pi_3$ ist dieses Gleichungssystem eindeutig lösbar. Wir erhalten die Werte $\pi_0 = 530/637$, $\pi_1 = 165/1274$, $\pi_2 = 20/637$, $\pi_3 = 9/1274$. Maschine 2 ist mit Wahrscheinlichkeit $\pi_1 + \pi_3 = 87/637$ defekt.

Tabellen

Dieser Anhang enthält Tabellen zu den Verteilungen, die bei den vorgestellten Testverfahren verwendet werden.

A   Standardnormalverteilung

Diese Tabelle enthält die Werte der Verteilungsfunktion $\Phi(z)$ für $z \geq 0$.

Beispiel: $\Phi(1{,}55) \approx 0{,}9394$.

Funktionswerte für negative Argumente: $\Phi(-z) = 1 - \Phi(z)$.

	0,00	0,01	0,02	0,03	0,04	0,05	0,06	0,07	0,08	0,09
0,0	0,5000	0,5040	0,5080	0,5120	0,5160	0,5199	0,5239	0,5279	0,5319	0,5359
0,1	0,5398	0,5438	0,5478	0,5517	0,5557	0,5596	0,5636	0,5675	0,5714	0,5753
0,2	0,5793	0,5832	0,5871	0,5910	0,5948	0,5987	0,6026	0,6064	0,6103	0,6141
0,3	0,6179	0,6217	0,6255	0,6293	0,6331	0,6368	0,6406	0,6443	0,6480	0,6517
0,4	0,6554	0,6591	0,6628	0,6664	0,6700	0,6736	0,6772	0,6808	0,6844	0,6879
0,5	0,6915	0,6950	0,6985	0,7019	0,7054	0,7088	0,7123	0,7157	0,7190	0,7224
0,6	0,7257	0,7291	0,7324	0,7357	0,7389	0,7422	0,7454	0,7486	0,7517	0,7549
0,7	0,7580	0,7611	0,7642	0,7673	0,7704	0,7734	0,7764	0,7794	0,7823	0,7852
0,8	0,7881	0,7910	0,7939	0,7967	0,7995	0,8023	0,8051	0,8078	0,8106	0,8133
0,9	0,8159	0,8186	0,8212	0,8238	0,8264	0,8289	0,8315	0,8340	0,8365	0,8389
1,0	0,8413	0,8438	0,8461	0,8485	0,8508	0,8531	0,8554	0,8577	0,8599	0,8621
1,1	0,8643	0,8665	0,8686	0,8708	0,8729	0,8749	0,8770	0,8790	0,8810	0,8830
1,2	0,8849	0,8869	0,8888	0,8907	0,8925	0,8944	0,8962	0,8980	0,8997	0,9015
1,3	0,9032	0,9049	0,9066	0,9082	0,9099	0,9115	0,9131	0,9147	0,9162	0,9177
1,4	0,9192	0,9207	0,9222	0,9236	0,9251	0,9265	0,9279	0,9292	0,9306	0,9319
1,5	0,9332	0,9345	0,9357	0,9370	0,9382	0,9394	0,9406	0,9418	0,9429	0,9441
1,6	0,9452	0,9463	0,9474	0,9484	0,9495	0,9505	0,9515	0,9525	0,9535	0,9545
1,7	0,9554	0,9564	0,9573	0,9582	0,9591	0,9599	0,9608	0,9616	0,9625	0,9633
1,8	0,9641	0,9649	0,9656	0,9664	0,9671	0,9678	0,9686	0,9693	0,9699	0,9706
1,9	0,9713	0,9719	0,9726	0,9732	0,9738	0,9744	0,9750	0,9756	0,9761	0,9767
2,0	0,9772	0,9778	0,9783	0,9788	0,9793	0,9798	0,9803	0,9808	0,9812	0,9817

	0,00	0,01	0,02	0,03	0,04	0,05	0,06	0,07	0,08	0,09
2,1	0,9821	0,9826	0,9830	0,9834	0,9838	0,9842	0,9846	0,9850	0,9854	0,9857
2,2	0,9861	0,9864	0,9868	0,9871	0,9875	0,9878	0,9881	0,9884	0,9887	0,9890
2,3	0,9893	0,9896	0,9898	0,9901	0,9904	0,9906	0,9909	0,9911	0,9913	0,9916
2,4	0,9918	0,9920	0,9922	0,9925	0,9927	0,9929	0,9931	0,9932	0,9934	0,9936
2,5	0,9938	0,9940	0,9941	0,9943	0,9945	0,9946	0,9948	0,9949	0,9951	0,9952
2,6	0,9953	0,9955	0,9956	0,9957	0,9959	0,9960	0,9961	0,9962	0,9963	0,9964
2,7	0,9965	0,9966	0,9967	0,9968	0,9969	0,9970	0,9971	0,9972	0,9973	0,9974
2,8	0,9974	0,9975	0,9976	0,9977	0,9977	0,9978	0,9979	0,9979	0,9980	0,9981
2,9	0,9981	0,9982	0,9982	0,9983	0,9984	0,9984	0,9985	0,9985	0,9986	0,9986
3,0	0,9987	0,9987	0,9987	0,9988	0,9988	0,9989	0,9989	0,9989	0,9990	0,9990
3,1	0,9990	0,9991	0,9991	0,9991	0,9992	0,9992	0,9992	0,9992	0,9993	0,9993
3,2	0,9993	0,9993	0,9994	0,9994	0,9994	0,9994	0,9994	0,9995	0,9995	0,9995
3,3	0,9995	0,9995	0,9995	0,9996	0,9996	0,9996	0,9996	0,9996	0,9996	0,9997
3,4	0,9997	0,9997	0,9997	0,9997	0,9997	0,9997	0,9997	0,9997	0,9997	0,9998
3,5	0,9998	0,9998	0,9998	0,9998	0,9998	0,9998	0,9998	0,9998	0,9998	0,9998
3,6	0,9998	0,9998	0,9999	0,9999	0,9999	0,9999	0,9999	0,9999	0,9999	0,9999
3,7	0,9999	0,9999	0,9999	0,9999	0,9999	0,9999	0,9999	0,9999	0,9999	0,9999
3,8	0,9999	0,9999	0,9999	0,9999	0,9999	0,9999	0,9999	0,9999	0,9999	0,9999
3,9	1,0000	1,0000	1,0000	1,0000	1,0000	1,0000	1,0000	1,0000	1,0000	1,0000

Die folgende Tabelle zeigt einige Quantile z_α der Standardnormalverteilung. Für das Quantil $z_{1-\alpha}$ gilt $\Phi(z_{1-\alpha}) = 1 - \alpha$,

Beispiel: $z_{0.95} \approx 1,6449$

0,6	0,8	0,9	0,95	0,975	0,99	0,995	0,999	0,9995
0,2533	0,8416	1,2816	1,6449	1,9600	2,3263	2,5758	3,0902	3,2905

B t-Verteilung

Für das Quantil $t_{n,1-\alpha}$ gilt $F(t_{n;1-\alpha}) = 1 - \alpha$, wenn F die Verteilungsfunktion der t-Verteilung mit n Freiheitsgraden bezeichnet.

Beispiel: $t_{10,0,95} \approx 1,8125$

Die Quantile für $0 < \alpha < 0,5$ erhält man durch $t_{n,\alpha} = -t_{n,1-\alpha}$

Approximation für $n > 30$: $t_{n,\alpha} \approx z_\alpha$ (z_α ist das α-Quantil der Standardnormalverteilung)

	0,6	0,8	0,9	0,95	0,975	0,99	0,995	0,999	0,9995
1	0,3249	1,3764	3,0777	6,3138	12,706	31,821	63,657	318,31	636,62
2	0,2887	1,0607	1,8856	2,9200	4,3027	6,9646	9,9248	22,327	31,599
3	0,2767	0,9785	1,6377	2,3534	3,1824	4,5407	5,8409	10,215	12,924
4	0,2707	0,9410	1,5332	2,1318	2,7764	3,7469	4,6041	7,1732	8,6103
5	0,2672	0,9195	1,4759	2,0150	2,5706	3,3649	4,0321	5,8934	6,8688
6	0,2648	0,9057	1,4398	1,9432	2,4469	3,1427	3,7074	5,2076	5,9588
7	0,2632	0,8960	1,4149	1,8946	2,3646	2,9980	3,4995	4,7853	5,4079
8	0,2619	0,8889	1,3968	1,8595	2,3060	2,8965	3,3554	4,5008	5,0413
9	0,2610	0,8834	1,3830	1,8331	2,2622	2,8214	3,2498	4,2968	4,7809
10	0,2602	0,8791	1,3722	1,8125	2,2281	2,7638	3,1693	4,1437	4,5869
11	0,2596	0,8755	1,3634	1,7959	2,2010	2,7181	3,1058	4,0247	4,4370
12	0,2590	0,8726	1,3562	1,7823	2,1788	2,6810	3,0545	3,9296	4,3178
13	0,2586	0,8702	1,3502	1,7709	2,1604	2,6503	3,0123	3,8520	4,2208
14	0,2582	0,8681	1,3450	1,7613	2,1448	2,6245	2,9768	3,7874	4,1405
15	0,2579	0,8662	1,3406	1,7531	2,1314	2,6025	2,9467	3,7328	4,0728
16	0,2576	0,8647	1,3368	1,7459	2,1199	2,5835	2,9208	3,6862	4,0150
17	0,2573	0,8633	1,3334	1,7396	2,1098	2,5669	2,8982	3,6458	3,9651
18	0,2571	0,8620	1,3304	1,7341	2,1009	2,5524	2,8784	3,6105	3,9216
19	0,2569	0,8610	1,3277	1,7291	2,0930	2,5395	2,8609	3,5794	3,8834
20	0,2567	0,8600	1,3253	1,7247	2,0860	2,5280	2,8453	3,5518	3,8495
21	0,2566	0,8591	1,3232	1,7207	2,0796	2,5176	2,8314	3,5272	3,8193
22	0,2564	0,8583	1,3212	1,7171	2,0739	2,5083	2,8188	3,5050	3,7921
23	0,2563	0,8575	1,3195	1,7139	2,0687	2,4999	2,8073	3,4850	3,7676
24	0,2562	0,8569	1,3178	1,7109	2,0639	2,4922	2,7969	3,4668	3,7454
25	0,2561	0,8562	1,3163	1,7081	2,0595	2,4851	2,7874	3,4502	3,7251
26	0,2560	0,8557	1,3150	1,7056	2,0555	2,4786	2,7787	3,4350	3,7066
27	0,2559	0,8551	1,3137	1,7033	2,0518	2,4727	2,7707	3,4210	3,6896
28	0,2558	0,8546	1,3125	1,7011	2,0484	2,4671	2,7633	3,4082	3,6739
29	0,2557	0,8542	1,3114	1,6991	2,0452	2,4620	2,7564	3,3962	3,6594
30	0,2556	0,8538	1,3104	1,6973	2,0423	2,4573	2,7500	3,3852	3,6460
50	0,2547	0,8489	1,2987	1,6759	2,0086	2,4033	2,6778	3,2614	3,4960
100	0,2540	0,8452	1,2901	1,6602	1,9840	2,3642	2,6259	3,1737	3,3905
500	0,2535	0,8423	1,2832	1,6479	1,9647	2,3338	2,5857	3,1066	3,3101
∞	0,2533	0,8416	1,2816	1,6449	1,9600	2,3263	2,5758	3,0902	3,2905

C χ^2-Verteilung

Für das Quantil $\chi^2_{n,1-\alpha}$ gilt $F(\chi^2_{n,1-\alpha}) = 1 - \alpha$, wenn F die Verteilungsfunktion der χ^2-Verteilung mit n Freiheitsgraden bezeichnet.

Beispiel: $\chi^2_{10,0,95} \approx 18{,}307$.

Approximation für $n > 30$:

$$\chi^2_{n,\alpha} \approx n \cdot \left(1 - \frac{2}{9n} + z_\alpha \sqrt{\frac{2}{9n}}\right)^3.$$

(z_α ist das α-Quantil der Standardnormalverteilung.)

	0,01	0,025	0,05	0,1	0,5	0,9	0,95	0,975	0,99
1	0,0002	0,1015	0,0039	0,0158	0,4549	2,7055	3,8415	5,0239	6,6349
2	0,0201	0,5754	0,1026	0,2107	1,3863	4,6052	5,9915	7,3778	9,2103
3	0,1148	1,2125	0,3518	0,5844	2,3660	6,2514	7,8147	9,3484	11,345
4	0,2971	1,9226	0,7107	1,0636	3,3567	7,7794	9,4877	11,143	13,277
5	0,5543	2,6746	1,1455	1,6103	4,3515	9,2364	11,070	12,833	15,086
6	0,8721	3,4546	1,6354	2,2041	5,3481	10,645	12,592	14,449	16,812
7	1,2390	4,2549	2,1673	2,8331	6,3458	12,017	14,067	16,013	18,475
8	1,6465	5,0706	2,7326	3,4895	7,3441	13,362	15,507	17,535	20,090
9	2,0879	5,8988	3,3251	4,1682	8,3428	14,684	16,919	19,023	21,666
10	2,5582	6,7372	3,9403	4,8652	9,3418	15,987	18,307	20,483	23,209
11	3,0535	7,5841	4,5748	5,5778	10,341	17,275	19,675	21,920	24,725
12	3,5706	8,4384	5,2260	6,3038	11,340	18,549	21,026	23,337	26,217
13	4,1069	9,2991	5,8919	7,0415	12,340	19,812	22,362	24,736	27,688
14	4,6604	10,165	6,5706	7,7895	13,339	21,064	23,685	26,119	29,141
15	5,2293	11,037	7,2609	8,5468	14,339	22,307	24,996	27,488	30,578
16	5,8122	11,912	7,9616	9,3122	15,338	23,542	26,296	28,845	32,000
17	6,4078	12,792	8,6718	10,085	16,338	24,769	27,587	30,191	33,409
18	7,0149	13,675	9,3905	10,865	17,338	25,989	28,869	31,526	34,805
19	7,6327	14,562	10,117	11,651	18,338	27,204	30,144	32,852	36,191
20	8,2604	15,452	10,851	12,443	19,337	28,412	31,410	34,170	37,566
21	8,8972	16,344	11,591	13,240	20,337	29,615	32,671	35,479	38,932
22	9,5425	17,240	12,338	14,041	21,337	30,813	33,924	36,781	40,289
23	10,196	18,137	13,091	14,848	22,337	32,007	35,172	38,076	41,638
24	10,856	19,037	13,848	15,659	23,337	33,196	36,415	39,364	42,980
25	11,524	19,939	14,611	16,473	24,337	34,382	37,652	40,646	44,314
26	12,198	20,843	15,379	17,292	25,336	35,563	38,885	41,923	45,642
27	12,879	21,749	16,151	18,114	26,336	36,741	40,113	43,195	46,963
28	13,565	22,657	16,928	18,939	27,336	37,916	41,337	44,461	48,278
29	14,256	23,567	17,708	19,768	28,336	39,087	42,557	45,722	49,588
30	14,953	24,478	18,493	20,599	29,336	40,256	43,773	46,979	50,892

Literaturhinweise

K. L. Chung: *Elementare Wahrscheinlichkeitstheorie und stochastische Prozesse*; Springer-Verlag, 1978.

L. Fahrmeir, R. Künstler, I. Pigeot, G. Tutz: *Statistik – Der Weg zur Datenanalyse*; Springer-Verlag, 1997.

W. Feller: *An Introduction to Probability Theory and Its Applications*; John Wiley & Sons, 3. Auflage, 1968.

H. Gordon: *Discrete Probability*; Springer-Verlag, 1997.

R.L. Graham, D.E. Knuth O. Patashnik: *Concrete Mathematics: A Foundation for Computer Science*; Addison-Wesley, 2. Auflage, 1994.

M. Greiner, G. Tinhofer: *Stochastik für Studienanfänger der Informatik*; Carl Hanser Verlag, 1996.

N. Henze: *Stochastik für Einsteiger*; Vieweg Verlag, 1999.

D. E. Knuth: *The Art of Computer Programming, Vol. 2*; Addison-Wesley, 3. Auflage, 1997.

R. Motwani, P. Raghavan: *Randomized Algorithms*; Cambridge University Press, 1995.

S. M. Ross: *Introduction to Probability Models*; Academic Press, 7. Auflage, 2000.

D. Stirzaker: *Elementary Probability*; Cambridge University Press, 2. Auflage, 1995.

D. Stoyan: *Stochastik für Ingenieure und Naturwissenschaftler*; Akademie Verlag, 1993.

K. S. Trivedi: *Probability and Statistics with Reliability, Queuing, and Computer Science Applications*; Prentice-Hall, 1982.

Index

Druck (Computer to Film): Saladruck Berlin
Verarbeitung: Stürtz AG, Würzburg